北京高校"优质本科教材"

北京高校人工智能通识教材

人工智能专业教材丛书

国家新闻出版改革发展项目库入库项目

高等院校信息类新专业规划教材

人工智能导论

（第 2 版）

郭　军　　徐蔚然　主编

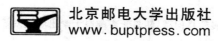

北京邮电大学出版社

www.buptpress.com

内容简介

　　本书第一版是为理工科专业大一新生所设计的人工智能入门教材,以"导认识""导兴趣""导原理""导重点"为目标,旨在为高中基础的大学生量身定制学习人工智能的先行知识体系,使学生在树立人工智能正确认识的基础上,找准学习方向和重点,激发学习兴趣,打下专业基础。第一版在三个方面具有原创性。一是提出人工智能的能力属性、工具属性和实用属性,着力从根本上认识人工智能,把握人工智能与应用紧密结合的主流方向;二是提出以数学原理为核心的人工智能圈层知识结构,揭示人工智能的数学本质;三是提出智能函数的概念,指出机器学习的本质是智能函数中的参数优化。这些内容支撑了课程的教学理念和知识架构。

　　本次改版是根据国家和北京市对人工智能通识教育的新要求以及大模型等最新技术进展对第一版所进行的结构改造和内容更新。在结构上,将易于理解的应用部分提前,以更好地激发学习兴趣;在内容上,大幅增加了大模型所带来的新知识,增加了"人工智能的社会角色"这一新的重要内容。根据教学经验,对难点和重点部分进一步改进表述和讲解,力求深入浅出,易于理解。

　　本书可作为高等院校计算机类、自动化类、电气类、电子信息类等相关专业的学生学习人工智能的通识课程教材,也可供非理工科专业的学生以及人工智能交叉学科研究的科研人员学习使用,同时也适用于对人工智能领域感兴趣的具有高中水平以上的普通读者阅读。

图书在版编目(CIP)数据

人工智能导论 / 郭军,徐蔚然主编 . -- 2 版 .

北京:北京邮电大学出版社,2024.(2025 重印)

ISBN 978-7-5635-7363-9

Ⅰ. TP18

中国国家版本馆 CIP 数据核字第 2024QM6649 号

策划编辑:姚 顺　　责任编辑:姚 顺　　责任校对:张会良　　封面设计:七星博纳

出版发行:北京邮电大学出版社
社　　　址:北京市海淀区西土城路 10 号
邮政编码:100876
发 行 部:电话:010-62282185　传真:010-62283578
E-mail:publish@bupt.edu.cn
经　　　销:各地新华书店
印　　　刷:保定市中画美凯印刷有限公司
开　　　本:787 mm×1 092 mm　1/16
印　　　张:15.25
字　　　数:404 千字
版　　　次:2021 年 10 月第 1 版　2024 年 11 月第 2 版
印　　　次:2025 年 2 月第 5 次印刷

ISBN 978-7-5635-7363-9　　　　　　　　　　　　　　　　　　　定价:39.80 元

人工智能专业教材丛书

编 委 会

深度学习和大语言模型这两次重大技术突破使人工智能正以雷霆之势推动着人类社会的发展和变革。了解人工智能、学习人工智能、拥抱人工智能已经成为全人类的紧迫任务。教育部于2018年发布《高等学校人工智能创新行动计划》，提出将人工智能纳入大学计算机基础教学内容。2024年7月北京市教委发布文件，将在市属公办高校全覆盖开设人工智能通识课。可以预见，在北京实施之后，人工智能通识教育即将在全国范围内普遍展开。

2020年，北京邮电大学人工智能学院在全国率先开设面向全校大一新生的"人工智能导论"课程，至今已持续4年，收到很好的效果。北京市教委高度重视这一宝贵的探索经验，对课程内容进行了专家论证，在此基础上构建了面向北京市高校的"人工智能导论"课程内容。

本书第一版是北京邮电大学人工智能学院"人工智能导论"课程的教材，出版于2021年。教材根据大一新生的基础和特点，以"导认识""导兴趣""导原理""导重点"为目标，为高中基础的大学生量身定制学习人工智能的先行知识体系，使学生在树立人工智能正确认识的基础上，找准学习方向和重点，激发学习兴趣，打下专业基础。

第一版在三个方面具有原创性。一是提出人工智能的能力属性、工具属性和实用属性，着力从根本上认识人工智能，把握人工智能与应用紧密结合的主流方向；二是提出以数学原理为核心的人工智能圈层知识结构，揭示人工智能的数学本质；三是提出智能函数的概念，指出机器学习的本质是智能函数中的参数优化。这些内容支撑了课程的教学理念和知识架构。

本次改版是根据国家和北京市对人工智能通识教育的新要求以及大模型等最新技术进展对第一版进行结构改造和内容更新的。在结构上，将易于理解的应用部分提前，以更好地激发学习兴趣；在内容上，大幅增加了大模型所带来的新知识，增加了"人工智能的社会角色"这一新的重要内容。根据教学经验，对难点和重点部分进一步改进表述和讲解，力求深入浅出，易于理解。

本次改版将为人工智能通识教育新形势下的"人工智能导论"课程提供优质教材。

本书共有9章，主要内容如下。

第1章　认识人工智能。首先结合人工智能的起源及发展简史提出并阐释其能力属性、工具属性和实用属性，以及其以数学原理为核心的圈层知识结构；其次以智能函数为基本概念阐述人工智能的数学原理以及机器学习在其中的关键作用；最后介绍人工智能的姊妹科学——认知科学。

第2章　自然语言处理。首先讲解自然语言处理的基本概念和技术——文本语义表示和相似性度量；其次介绍文本摘要、机器翻译、知识图谱等经典任务及其关键技术；最后重点讲解大语言模型的技术特点及其应用。

第3章　计算机视觉。首先阐述计算机视觉中的图像表示与特征提取，介绍特征提取的常用神经网络模型；其次讲解计算机视觉的基本原理和工作流程；最后对视觉大模型的技术特点、发展状况和典型应用进行介绍并对计算机视觉的未来研究方向进行展望。

第4章　智能音频技术。首先讲解智能音频技术的基本概念和处理流程；其次分别以音频信息识别和音频信息检索为例，介绍相关系统的技术特征、核心能力和应用场景；最后介绍音频大模型的技术特点和应用案例，并对智能音频技术的发展前景进行展望。

第5章　机器学习基础。首先通过智能函数的模型形式、求解算法、优化目标等内容讲解机器学习中的基本数学问题；其次从哲学视角讨论机器学习的基本范式；最后具体介绍几种典型的机器学习算法。

第6章　深度神经网络。首先阐述神经网络的基本概念、计算机理和学习过程；其次讲解深度神经网络的基本特征、主要挑战和关键技术；最后对构建大模型的核心技术注意力机制和Transformer架构进行剖析，并对Transformer的主要应用进行介绍。

第7章　大模型：人工智能的新前沿。首先介绍语言模型的发展历程，讨论大模型通用性和开放性的主要特点；其次讲解大模型的核心技术原理、知识工程和攻击防范；最后分析大模型在应用中可能出现的问题和风险，对大模型的未来发展进行展望。

第8章　人工智能的社会角色。首先从人工智能的基本属性出发给出其社会角色的基本定义，进而对其发展愿景进行宏观描绘；其次介绍与人工智能发展愿景相背离的各种风险、威胁和挑战；最后介绍和解读保证人工智能正确发挥其角色作用的法律治理体系、技术防范方法和行政管理措施。

第9章　人工智能计算基础。讲解人工智能算力系统的各类计算单元、芯片和架构的基本知识，计算机集群的类型和工作过程，深度学习服务器的组成及GPU的工作原理，云-边-端协同工作模式以及各个组成部分。

本书由郭军和徐蔚然担任主编，另有多名作者参与编写，所有作者来自同一个友爱共事、亲如一家的教学科研团队。在教材编写过程中，集体讨论和修改不计其数，每位作者都贡献了宝贵的智慧和辛勤的汗水。

本书第一版编写者包括郭军、徐蔚然、马占宇、张闯、吴铭、陈光、梁孔明、刘瑞芳、邓伟洪、刘刚、李思和徐雅静。

在第二版的编写中，郭军主笔第1章和第8章并对全书进行审校和统稿，李思和徐雅静主笔第2章，胡佳妮主笔第3章，刘刚主笔第4章，徐蔚然主笔第5章并对全书进行审校，吴铭主笔第6章，陈光主笔第7章，张闯主笔第8章，刘瑞芳主笔第9章。

由于作者水平有限，加之人工智能技术发展迅速，新知识还在不断积累、沉淀和升华之中，本书中难免存在不当乃至错误之处，恳请广大读者批评指正。

作　者

目 录

第1章

认识人工智能

　　学习人工智能首先要在总体上对人工智能有一个正确的认识，了解人工智能的起源和历史，研究人工智能奠基人和主要开拓者的学术思想，以及人工智能理论和技术的发展脉络，从而认清人工智能的本质属性内涵和基本内涵。

　　本章首先对上述问题进行讲解，提出并阐释人工智能的能力属性、工具属性和实用属性，分析和描述人工智能基本能力的内在逻辑关系，用圈层结构概括人工智能的知识体系。然后介绍人工智能的数学基础，阐述人工智能的数学原理以及机器学习在其中的核心作用。最后介绍人工智能的姊妹科学——认知科学，从更加广阔的视野来认识人工智能。

1.1　何谓人工智能？

　　智者灵也，能者动也。人工智能则乃人类所创造之灵动者也。其魅自神奇，其功在造化。其诱人也深焉，其助人也劲焉！

　　这是多年前作者写的一段话，期间虽然经历了深度学习和大模型所带来的人工智能技术的飞跃，但仍然适合作为学习人工智能的导语。这段描述尽管不是严谨的学术定义，但是却道出了人工智能的本质，即它是人类创造的强大生产力，是人类的神奇助手。

　　在学术上，人工智能这一名词是 1956 年提出来的。英文是 Artificial Intelligence，简称 AI。提出者当时都是 20 多岁的年轻人，包括麦卡锡（John McCarthy）、西蒙（Herbert Simon）、纽埃尔（Allen Newell）、明斯基（Marvin Minsky）、香农（Claude Shannon）等。这几位年轻人为了探讨如何让机器模拟人类的思维能力，他们在美国的达特茅斯小镇足足开了 2 个多月的会议，会议达成的最重要共识就是将他们所谈论的内容用 Artificial Intelligence 来命名。

　　历史证明，这的确是一项划时代的成果，因为这个名词概括出了机器模拟人类的思维能力这一问题的实质，那便是 Artificial Intelligence，也就是人工智能。这一名词的提出，也标志着人工智能研究正式启航。

　　要理解这一名词，需要解读 Artificial Intelligence 这两个英文词的原意。Artificial 就是人造或人工的意思。关键是如何理解 Intelligence。根据词典的定义，Intelligence 是指学习、判断、理解等人类大脑的能力。这里的重点是能力 Abibity，也就是说，Artificial Intelligence 就是人造的大脑能力。需要特别强调的是，能力是客观存在的，是可观测和可度量的，是与精神或意识完全不同的概念。也就是说，人工智能本不涉及精神和意识。这一点十分重要，是使人工智能沿着正确方向发展的基本保证。

还有一点需要指出："人工智能"是 Artificial Intelligence 的汉语直译，翻译本身虽然没错，但含义却变得模糊了。因为"智能"的意义不像"Intelligence"那样单纯，"智能"是复合词，合在一起有智慧和能力双重意思。另一个问题是汉语的"智能"不仅有名词的意思，还有形容词的意思。这难免会使人将关注的重点放在人工智能的程度强不强、高不高，而忽视"人工智能本身是什么"这一根本问题。

关于人工智能的严格定义，学术界一直在探讨和争论。但时至今日，并没有达成一个统一的意见。各派学者从不同的角度给出了形形色色的定义，表面上各不相同，本质上却大同小异。例如，理论学派将人工智能定义为对计算机系统如何能够履行那些只有依靠人类智慧才能完成的任务的理论研究；技术学派将人工智能定义为使计算机去做过去只有人类才能做的智能工作的技术研究；知识学派将人工智能定义为怎样表示知识以及怎样获得知识并使用知识的科学。而跨越各个学派的一种简单观点将实现利用机器进行问题求解作为定义人工智能的核心要义。事实上，这些争议并未对人工智能的发展产生实质性的影响，这说明这些定义以及它们之间的差异并不重要。本书认为，与其死抠人工智能的定义，不如从 AI 这一名词的本义出发，紧紧把握它的能力属性、工具属性和实用属性才更有利于认识人工智能的实质。

1.2　人工智能的发展简史

新一代人工智能
发展规划

人工智能的发展历史是人类在创造人工智能的同时不断认识其特征和本质的历史。从 1956 年人工智能元年以来，人工智能的发展经历了两次大的曲折，史称人工智能的两次寒冬。此后在深度学习和大模型技术的强力推动下，整体水平和能力迅猛达到了重构人类经济社会格局的高度，被称为新质生产力的核心要素。简要回顾这段历史，了解其中主流技术与理论思想的变迁，确定人工智能的正确路线和正确方法，这是认识和学习人工智能的第一步。

对人工智能进行研究的早期是以机器逻辑推理和数学定理证明为主要研究内容。在取得若干成功之后，全球范围的研究热潮迅速形成。乘着这一热潮，一些偏离方向且不切实际的研究项目纷纷涌现。结果，到了 20 世纪 70 年代，大批项目的研究目标落空，令支持研究的各国政府陷入尴尬，不得不宣布终止对项目的资助，人工智能的发展进入了第一个寒冬。

20 世纪 80 年代以知识工程为核心的专家系统技术异军突起，在很多重要领域得到应用。同期，日本又提出了雄心勃勃的第五代计算机研究计划，其核心便是制造具有人类感知能力和思维能力的计算机，也就是智能计算机。在这两大动力的共同作用下，人工智能的研究再次进入高潮。各国纷纷投入大量的研究力量和资金对相关项目进行资助和开发。可惜好景不长，到了 20 世纪 90 年代，由于开发的技术达不到市场预期，大量的投入得不到回报，人们再次对人工智能技术丧失信心和兴趣，人工智能的发展进入了第二个寒冬。

虽然经过了两次寒冬的打击，但是研究者们并没有放弃。在 2000 年以后，以辛顿（Geoffrey Hinton,1947—　）为代表的一批科学家将历时十多年研究的深度学习理论和方法与应用紧密结合逐渐崭露头角，在一系列重要技术竞赛中取得了令人刮目相看的成绩。2012年，在 Image 图像识别大赛中深度卷积神经网络 AlexNet 的性能达到甚至超越了人眼的识别精度,以显著优势拔得头筹。2016 年,以深度神经网络为内核的 AlphaGo 战胜了人类围棋顶级选手柯洁和李世石,震惊全世界。

自此之后,以深度学习为特征的新一代人工智能在图像识别、语音识别、自然语言处理、机器翻译等重要应用中不断刷新性能,人工智能技术整体上发展势头迅猛,涉及领域之广,颠覆作用之大,令人猝不及防。为了抢占发展先机,占领科技制高点,各国政府纷纷制定了发展人工智能技术的国家战略,教育界、科技界、产业界积极响应,形成了人工智能发展新的时代洪流。

2022 年 11 月,OpenAI(美国开放人工智能研究中心)发布了大语言模型 ChatGPT,标志着人工智能进入了大模型时代。大模型以人机对话的方式提供广泛领域的智能服务,在与人的对话过程中,机器的"善解人意"和"无事不通"的人性化表现令人赞叹。生成的语言、程序代码、动画、图像、视频等内容流畅自然,问题回答、信息咨询、心理咨询、文案辅助、计划制定、娱乐消遣等功能灵巧实用。大模型涌现出的上下文理解和思维链推理等能力出乎意料,其所具备的完成多样化任务的功能令人感到通用人工智能已经不再遥远。

至此,人类社会对人工智能的关注已经超越了所有的技术领域,人工智能成为领跑公共舆论的最热门话题。产业界对大模型研发的投入几乎瞬间爆发,各大头部企业纷纷在不到一年的时间内发布了自己的大模型。在我国,以百度的文心一言、华为的盘古、阿里云的通义千问等为代表的一大批企业的大模型展现了不俗的水平和能力。

2024 年 2 月,OpenAI 发布了视频生成大模型 Sora,使大模型具备了对三维物理世界进行精确建模的能力,从而引发了人们利用大模型构建"世界模型"的思考和努力。而这个方向的研究对人工智能所带来的改变目前是难以估量的。

上述人工智能的发展简史是如何体现人工智能的正确路线和正确方法的呢?这个问题需要从它的技术变迁之中寻找答案。总体上,我们可以用两句话概括人工智能近 70 年的技术变迁:一是核心内容由逻辑演算和规则决策转变为与实用紧密结合的机器学习;二是基本方法由逻辑精准推理转变为相关性概率推断。这说明机器学习是人工智能的"牛鼻子",抓住它就能牵引人工智能的整体发展,就能为实现判别、推理、决策等能力奠定基础。同时,基于深度神经网络的概率推断方法是实现人工智能最有效的方法。

人工智能的发展历史不仅是技术的发展史,也是理论思想的发展史。如要回顾和总结它的理论思想发展史,则需要结合代表人物的贡献来加以梳理。

人工智能的首要奠基人当属英国数学家和逻辑学家图灵(Alan Mathison Turing,1912—1954 年)。他提出的图灵机模型直接给出了计算机以存储器为核心的体系结构,为计算机的发明做出了决定性的贡献。图灵机模型阐述的思想是,记忆是计算的基础,只要有足够的记忆能力将所有中间结果和操作都记忆下来,那么任何计算都可以由机器实现。计算机的发明完全证明了这一点。

图灵对人工智能更直接的贡献是首次提出了机器能否思维,亦即是否可实现机器智能的问题。为了判断机器智能,他给出了具体的测试方法,即图灵测试。这是一个十分重要的准则,它明确地定义了人工智能的能力属性。

简而言之,所谓图灵测试,就是测试机器在与人的交互过程中,回答问题的能力是否达到了人类水平。如果测试者分辨不出问题的答案是人还是某个机器给出的,那么便判断该机器具有智能。图灵测试不涉及机器的结构和工作原理是否与人脑类似,机器是否具有主观意识等问题,而只是测试机器解答问题的能力是否达到了人类的水平,便判断它具有智能。这显然是将人工智能的能力属性作为第一原则的理论思想。而恰恰是这一思想为人工智能沿着正确方向不断发展提供了不竭的动力。

美国 MIT 教授乔姆斯基（Avram Noam Chomsky，1928—　）提出了以脑功能和语言为基础研究认知的思想，倡导从语言和认知出发，将人工智能的研究与人类智能的具体载体联系起来。他所提出的转换语法理论将自然语言处理转化为计算问题，为计算机处理自然语言奠定了基础。语言是人类思维的工具，也是人类智能最为重要的表现形式之一。因此，机器能否很好地处理自然语言是其是否具有智能的十分重要的标志。乔姆斯基对自然语言处理的研究为人工智能开辟了一个不可或缺的发展方向。大语言模型所展示出的多方面的通用能力充分说明从语言出发研究人工智能是一条十分正确的路线。不仅如此，人工智能还将语言的概念泛化为各种有意义的符号（Token）序列，现今的大模型的理解和生成对象已经远远超越了狭义语言的界限，将程序代码、图像、视频、基因序列、化学分子式等事物通通作为"语言"进行处理。大模型的成功深刻揭示了研究人工智能与探索广义语言规律之间紧密的内在联系。

Artificial Intelligence 这一名词的提出者之一，同为美国 MIT 教授的明斯基（Marvin Minsky，1927—2016 年）是最早研究基于神经网络实现人工智能的学者之一。1951 年，明斯基构建了世界上第一个神经网络模拟器，并将其称为学习机。1954 年，明斯基以《神经网络和脑模型问题》（*Neural Nets and the Brain Model Problem*）为题完成博士论文，获得博士学位。1969 年，发表著作 *Perceptrons*，为神经网络的理论分析奠定了基础。同时，这部著作也指出了感知器网络在建模能力方面的不足，对后期人工智能的发展走向产生了重大影响。明斯基坚信人的思维过程可以用机器去模拟，而人工神经网络是其首先尝试的手段。1969 年，明斯基获得图灵奖，他是第一位获此殊荣的人工智能学者。如今，神经网络已经成为实现各类人工智能系统不可或缺的数学模型，而如何将更多的神经元组织起来以形成更强大的智能函数是现今技术创新的本质问题。

我国著名数学家吴文俊（1919 年 5 月—2017 年 5 月）是中国人工智能领域卓越的开拓者和贡献者。他在 20 世纪 70 年代提出了数学机械化的命题，认为中国传统数学的机械化思想与现代计算机科学是相通的，开始了利用现代计算机技术进行几何定理证明的研究，并取得重要成果。他的方法在国际上称为"吴方法"，不仅被用于几何定理证明，还被用于由开普勒定律推导牛顿定律、化学平衡问题与机器人问题的自动证明等。吴文俊的工作在人工智能早期的数学定理证明和逻辑推理等研究中独树一帜、成果卓著，这使他成为对人工智能发展做出重要贡献的中国人的杰出代表。吴文俊将人工智能与数学紧密结合的思想阐释了人工智能的数学本质，而正是人工智能的数学本质才使其能够不受伪科学和玄学的干扰而牢牢植根于科学范畴。

当代最负盛名的人工智能学者是加拿大多伦多大学教授辛顿。他长期致力于机器学习的研究，将机器学习作为发展人工智能的主要动力。为构建高效的机器学习数学模型，他和他的团队将目光投向了深度神经网络模型。辛顿认为，相对于拥有相同数量神经元的浅层神经网络，深度神经网络具有更强的函数实现潜力。并且，拥有更多层次隐变量（神经元）及其参数的深度神经网络具有更大的潜力。而使潜力变成 AI 能力的关键是找到高效的参数学习算法。这一理论思想成为其开创深度学习研究并取得成功的基本信条，同时也决定了深度学习一直以来的技术路线。预训练大模型出现之后，人们发现了所谓的"伸缩率"（Scaling Law），即随着模型参数的增长，它的性能也会以某个幂律关系增长。这一关系也被人们简单地概括为"大力出奇迹"，因为模型参数越多，训练模型所需的算力越大。伸缩率的发现进一步验证了辛顿深度学习理论思想的正确性。

辛顿的另一重要贡献是将概率论的方法与深度神经网络紧密结合实现各类人工智能模型,从而将人工智能所依赖的数学手段由早期的基于符号系统的逻辑推理转变为基于随机变量的概率推断。概率论的方法不仅使大数据成为人工智能的关键要素之一,而且也使系统的性能直接伸缩于大数据的尺度。这是由于概率模型的推断精度总是取决于样本数量。基于概率论的大模型所展现的非凡能力越来越令人相信各种物理规律的概率性质。这种认识正在产生多方面的深刻影响,包括刷新对量子力学的认知。

大模型的突破性进展在给人类带来了惊喜的同时,也带来了担忧。许多人怀疑人工智能的发展速度是否太快,是否会脱离人类的掌控。甚至连辛顿也对此深表忧虑。于是,关于人工智能安全的研究随即成为热点话题,包括中国和美国在内的国家纷纷在政府层面组织人工智能安全方面的研讨,联合国也在紧急制定相应的政策和条约。目前关注的焦点主要集中在人工智能的滥用方面,例如,如何避免将其用于恐怖和大规模杀伤,如何避免用于挑唆政治动荡,如何避免产生职业、地域及种族歧视等问题。

大模型的突破性进展还引燃了关于通用人工智能的热议。所谓通用人工智能也同样没有统一的定义。简单地说就是适用于所有任务、所有场合的人工智能。说到底,这只是一个含义和本质还没搞清的名词,而且是否应该或需要开发通用人工智能一直存在巨大的争议。大模型功能的多样性和适应性似乎让人们看到了通用人工智能的端倪,甚至有人将其直接看作是通用人工智能。但大模型并不是通用人工智能,它仅仅是将人工智能向通用方向推进的一步,虽然幅度可观,但距离想象中的通用人工智能还十分遥远。

更具实质意义的是,大模型以能力为核心的发展路线进一步体现了人工智能的能力属性。大模型的成功也让人们看到,将人工智能作为辅助人类的工具去更好地解决实际问题是发展人工智能的唯一正确道路。这也进一步彰显了人工智能的工具属性和实用属性。

认识人工智能的能力属性、工具属性和实用属性是正确认识人工智能的基础,有了这个基础,就能遵循人工智能的主流思想和技术去逐步深入系统地学习它的知识,就能不受"伪人工智能"的影响,避免坠入"人工意识""人工精神""人机敌对"等幻想陷阱。

1.3　人工智能的内在逻辑及知识体系

人工智能是大脑能力的机器实现。在技术发展过程中,人们将记忆、计算、学习、判别、决策等作为基本能力加以研究和实现,并按照它们之间的内在逻辑加以贯穿,人工智能才逐步达到了今天的整体水平(见图 1.1)。

高等学校人工智能
创新行动计划

(1)记忆是实现所有智能的基础,这也是我们人类非常直观的经验。一个人如果丧失了记忆便会成为痴呆患者。如前所述,图灵机模型的核心是记忆,有了充足的记忆空间,图灵机可以完成任何计算。现今的大模型也可以被看作是对超大规模训练数据的高效有机记忆体,即通过编码压缩、层次化关联、自组织映射等方法实现的抽象浓缩记忆结构。无论是大模型的预训练过程还是推理过程,内存占用和访问开销都是"瓶颈"问题。这也旁证了记忆在人工智能系统中的根基作用。

(2)计算是一种高度抽象的智能,也是其他动物所不具备的能力。计算机是人工智能的开山之作,它不仅完美实现了机器对人类计算能力的模拟和延伸,同时也为机器模拟其他智能提供了必要和有利的条件。因为无论是学习还是判别决策，都需要进行大量和高效的计算。

（3）历史上，在实现了计算能力之后，人们的下一个着眼点主要落到了机器推理上。但是，研究进展并不顺利，期间经历了两次人工智能的寒冬。而机器学习，特别是深度学习的突破性进展使得学习能力最终成为计算能力之后机器所实现的关键能力。从与其他能力的关系上讲，计算是学习的手段，记忆是学习的结果，而学习是判别决策的基础。

（4）判别能力是进行事物分类、模式识别所需要的能力，是智能的典型外在表现。在机器学习的基础上，机器在不同任务中的判别能力也已经得到高度的实现，如人脸识别、语音识别、异常检测和样本分类等。

（5）决策是以判别为前提加以实现的能力。在人工智能系统中，决策能力一般作为末端能力加以输出，而记忆、计算、学习、判别能力作为系统的基础能力在前端加以整合集成。随着这些基础能力的提高，机器的自动决策能力和水平也在不断取得令人惊叹的突破，如博弈程序、机器人运动、蛋白质折叠结构预测、气象预测等。

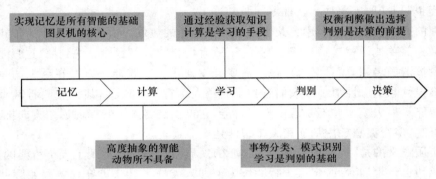

图 1.1　人工智能的内在逻辑关系

事实上，人工智能的理论发展路径也恰好遵从了上述逻辑。计算机的发明基本解决了记忆和计算的问题，而其后便有待于学习、判别和决策方面的突破。机器学习特别是深度学习的突破性进展带来了人工智能系统能力的显著跃升，在深度学习模型中，记忆、计算、学习、判别、决策等能力有机融合，使其整体智能得以爆发式增长。

从 1956 年至今，人工智能研究的里程碑成果正是循着这一逻辑不断产生的，形成了次第深入、一脉相承的理论体系（见图 1.2）。

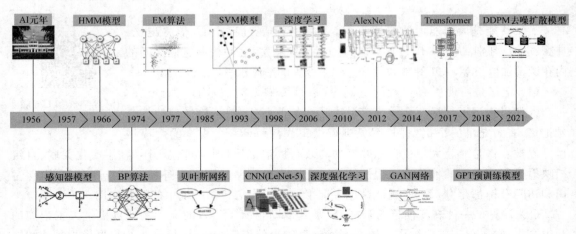

图 1.2　人工智能理论研究里程碑

1957 年,被称为感知器的神经元模型问世,标志着机器学习有了基元模型。神经元模型不仅能判断输入向量与其权重向量的匹配度,权重向量还可通过误差反馈学习进行调整,这便提供了机器学习的一种基本机制。

1966 年,隐马尔可夫模型(HMM 模型)问世,将包含隐变量的概率模型用于数据分布的建模。隐变量的引入赋予了模型捕捉观测数据之间相关性的潜在因素的能力,指引了机器学习模型的发展方向。

1974 年,反向传播学习算法(BP 算法)问世,解决了带有隐层的神经网络学习问题,建立了机器学习的一个基本数学原理,成为一直以来训练神经网络的最主要方法。

1977 年,期望最大算法(EM 算法)问世,实现了对具有隐变量概率模型的估计,成为一种与 BP 算法并立的机器学习基本方法。

1985 年,贝叶斯网络问世,给出了事物相关性的概率推断模型,进一步强化了概率论方法在智能模型中的作用。

1993 年,支持向量机(SVM 模型)问世,建立了从训练样本中选择少量样本构建最优分类器的理论,将机器学习引向了深入。

1998 年,卷积神经网络(CNN)问世,通过引入卷积层和池化层,实现了一个 7 层的深度神经网络,标志着深度学习取得突破。

2006 年,用于高效数据建模的深度自动编码器在 *Science* 上发表,深度学习在理论上取得了重要突破。

2010 年,深度强化学习方法问世,随后在多种博弈决策应用中获得显著成功。

2012 年,综合运用多种深度学习理论和技术的大型深度神经网络 AlexNet 问世,显示出惊人的图像识别能力,成为被后人所仿效的经典实用化深度模型。

2014 年,生成式对抗网络(GAN)模型问世,开创了两个学习体相互对抗,在对抗中相互强化的新的机器学习范式。

2017 年,专注于自然语言上下文语义编码的转换器模型(Transformer)问世,在自动编码器结构中,用注意力机制完全替代了卷积神经网络和循环神经网络,实现了更高效率的机器翻译等语义序列转写能力。后续的发展表明,Transformer 的真正优势在于它优异的可伸缩性,通过将更多的 Transformer 并联和层叠,可以处理更长的上下文,从而为构建大模型打下了基础。

2018 年,基于 Transformer 的生成式预训练模型 GPT 问世,GPT 将众多 Transformer 的基本单元加以层次化集成构建大型语言模型,通过大规模文本数据的预训练,对丰富的语言知识进行学习。此后 GPT 快速发展,版本不断更新,人工智能进入了大语言模型时代。

2021 年,DDPM(Denoising Diffusion Probabilistic Model,去噪扩散概率模型)被提出,很快成为人工智能生成内容(AIGC)的有效工具。DDPM 进一步强化了概率论方法在人工智能大模型时代的关键作用。

上述里程碑成果分属三个阶段:1957—1993 年的成果属于基本模型阶段;1998—2017 年的成果属于深度模型阶段;2018 年之后的成果属于大模型阶段。这三个阶段的模型存在逐级包含的关系,即深度模型包含基本模型,大模型包含深度模型。这些成果是当代人工智能理论的核心内容,对这些内容进行系统学习是掌握人工智能理论和技术的基本要求。换句话说,将这些成果融会贯通也就掌握了人工智能专业知识的精华。

伴随着人工智能理论发展,人工智能技术的创新也持续地在博弈、问答识别、运动等方向上推进。见图 1.3，在博弈方向上，从奥赛罗黑白棋、西洋跳棋、国际象棋、围棋，直到目前的电竞，机器的博弈水平正在不断地超越人类。在运动方向上，人体运动捕捉、运动机器人、自动驾驶等技术正在走向成熟。在问答识别方向上，基于语音识别、图像识别、自然语言处理技术的人机对话系统的能力逐步提高，AlphaFold 技术被用于蛋白质三维结构的预测取得了重大突破。2022 年，ChatGPT 的问世，使人工智能的技术水平再次大幅跃升，在信息咨询、数学求解、代码生成、知识推理、科学实验等不同方面均展现出了非凡的能力。

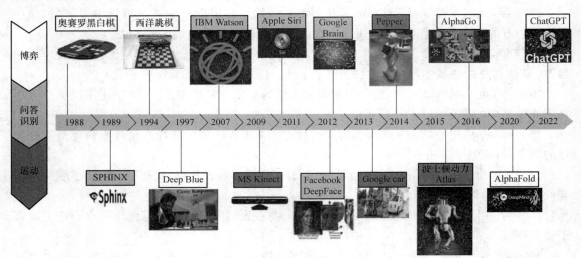

图 1.3　人工智能技术创新的主要方向

伴随人工智能技术水平的迅速提高，人工智能也正在向人类社会的方方面面强力渗透。在赋能产业方面，智能制造、智能物流、智能交通、智能电力等产业变革如火如荼。在造福民生方面，智慧教育、智慧医疗、智慧理财、AI 娱乐、AI 艺术等新生事物强势登场。在人工智能技术的推动下，人类社会正在发生着深刻的变化。

另外，如前所述，人工智能巨大的变革作用也引起了人们合理的忧虑和关切。首先，人工智能存在现实的安全隐患。例如，包括大模型在内的人工智能系统易于受到对抗性攻击，当受到攻击后，系统不仅会丧失正常功能，还可能产生有害功能，如生成虚假信息、协助欺诈、发布错误命令等。其次，人工智能的伦理问题十分复杂和深刻，会涉及个人隐私、数据保护、公平公正、责任义务、工作就业、军事战争等方方面面。最后，人工智能的社会角色问题也十分引人关注。人工智能可以担当辅助工具、决策支持、自主决策、伙伴协作、参与服务等不同社会角色，在界定人工智能的社会角色时，需要平衡技术的潜力和风险，确保人工智能的发展和应用要符合社会的期望和价值观。同时，也需要考虑伦理、法律和社会文化等方面的因素，制定相应的政策和准则来引导人工智能的发展和应用。

人工智能的理论和技术成果已经形成了一个完整的知识体系。整体上，这个知识体系呈现出如图 1.4 所示的 4 个层次的圈层结构。从外向内，第

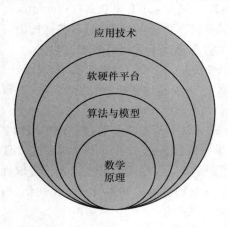

图 1.4　人工智能的圈层知识结构

一层是应用技术层,包含实用系统开发技术和领域知识,如问答系统、计算机视觉(CV)、自然语言处理(NLP)、信息搜索、智能机器人、智能制造、智慧医疗等。第二层是软硬件平台层,亦即通用开发工具层,包括开源架构和硬件芯片,如 Tensorflow、Caffe、Pytorch、Keras、Torch、Theano、MXNet、PaddlePaddle、GPU、ASIC 等。第三层是算法与模型层,包含基本计算流程和结构,如 BP 算法、卷积神经网络(CNN)、循环神经网络(RNN)等,前述的人工智能理论的里程碑成果处于这一层次。第四层核心层是数学原理,它提供人工智能系统的根本机理,本质上是参数可学习的复合函数。

之所以把这个知识体系描述为圈层结构,一方面是因为相邻层次之间存在基础与上层的关系,另一方面是因为各层所包含内容的多寡和精杂不同,即越向外,范围越广泛,内容越丰富;越向内,技术越基础,原理越单纯。

1.4 人工智能的数学基础

人工智能的基本属性是能力,这种能力的特征是利用数学模型加以实现。因此,人工智能的数学原理在其整个知识体系中处于核心地位。在数学上,人工智能等价于函数。因其与一般数学函数相比具有自我优化的特点,本书将其称为智能函数。智能函数是由基元函数组合而成的复合函数。而所谓基元函数,是指那些运算简单,功能专一的函数。尽管如此,将众多的基元函数"聚沙成塔"成为智能函数却能产生异乎寻常的能力。这便是人工智能的基本数学原理。

本节首先阐述智能函数的形式和特点,然后介绍现有人工智能模型中常见基元函数的计算原理和功能,最后介绍智能函数中参数学习的方法、方式和结构,并对深度学习的特点进行讨论。

1.4.1 人工智能的数学本质

人工智能系统从数学角度可以用智能函数(Intelligent Function)表达,其形式为

$$p = f_\theta(x) \tag{1.1}$$

其中,x 为输入变量,对应需解决的问题,如棋局、人脸、文本、声音等的观测值,通常用向量表示;p 是获得的解决问题的策略,如下棋策略、分类策略、编码方案、问题答案等,通常也用向量表示;f_θ 是智能函数,亦即人工智能系统,其参数 θ 通过学习可调,而函数的性能随着参数的优化逐渐逼近理想目标。f_θ 通常是复合函数(Composite Function),一种常见形式是 $f_\theta(x) = f_{\theta_n}(\cdots f_{\theta_2}(f_{\theta_1}(x)))$,即由 n 个基元函数(Component Function)嵌套组合构成。其中,f_{θ_i} 的输出是 $f_{\theta_{i+1}}$ 的输入,$i = \{1, \cdots, n\}$ 为 f_{θ_i} 的序(Order)。这时,参数集合 $\theta = \{\theta_1, \cdots, \theta_i, \cdots, \theta_n\}$,它是机器学习的对象。

经过几十年的发展迭代,智能函数 f_θ 的模型已经非常丰富,代表性的主流模型包括 SVM、GMM、HMM、CRF、MCTS、MLP、CNN、RNN、Transformer、GPT 等。而常用的基元函数有线性变换、非线性激活函数(sigmod 函数,ReLU 函数,softmax 函数等)离散卷积变换等。

1.4.2 常用的基元函数及其功能

构成智能函数的基元函数可以多种多样，但在现有的系统模型中，发挥关键作用的基元函数种类并不多，对基元函数的学习和理解，是学习人工智能理论知识的起点。其主要包括以下七类。

1. 神经元函数

神经元函数模仿大脑神经元的工作机制，通过阈值触发机制来判断未知向量与已知向量的相关性，如果超过阈值，则信息向下一级传递。如图1.5所示，神经元进行输入向量 x 与权重向量 w 的内积，来获取二者的相关性。而神经元的激活函数 f 对这一相关性进行非线性处理，简单逻辑函数的方法为：超过阈值的输出1，否则输出0。输出1时称为神经元被激活。

神经元的智能体现在两个方面：一是判断两个向量的相关性；二是作为判断基准的权重向量可以通过学习按需调整，其中参数的调整是学习过程中的重要环节。神经网络由神经元层层排布构成。一般来讲，神经元越多，功能越强。

2. 线性变换

一般的线性变换过程可以用 $y = W^T x$ 来表示，用于求解未知向量 x 与多个已知向量 w_i 间的相关性。如图1.6所示，线性变换完成神经网络中的基本计算过程，即将前一层神经元的输出作为本层各个神经元的激活输入。W 的各列向量 w_i 对应本层各神经元的连接权重向量，x 为输入向量，y 为各神经元的权重向量与 x 的相关性向量，各个元素对应 y 列各神经元的激活输入。

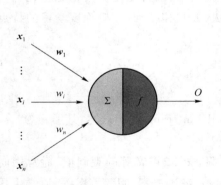

图1.5　神经元函数

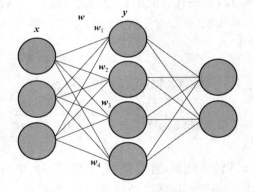

图1.6　神经网络中的线性变换

3. 离散卷积

离散卷积是两个离散序列之间按照一定的规则将它们的有关序列值分别两两相乘再相加的一种特殊的运算。离散卷积运算广泛应用于各种工程应用场景，其具体表达式为：

$$y = x * w$$

卷积运算可以计算未知向量 x 的多个局部向量与已知向量 w 的相关性。

现以图像处理中的二维卷积为例，对卷积操作进行解释。其核心操作是在特征图二维向量 x 上滑动二维卷积核向量 w，计算 x 的各个感受野（被覆盖的区域）与 w 的内积，y 是由各内积值构成的向量，故卷积的本质是移位内积。

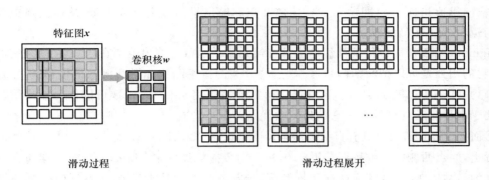

图 1.7　图像处理中的二维卷积示意

4. 池化

池化(Pooling)也称为欠采样或下采样。它主要用于特征降维,压缩数据和参数的数量, 去降低卷积层输出的特征向量。

最常见的池化操作为平均池化(Average Pooling)和最大池化(Max Pooling)。平均池化 是计算被池化集合中所有元素的平均值;而最大池化是计算被池化集合中所有元素的最大值。

图 1.8 所示的是对一个 4×4 的特征图用 2×2 的池化器进行步长(Stride)为 2 的最大池 化操作过程,从而将 16 维特征降低至 4 维。

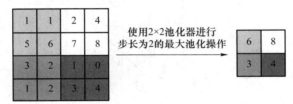

图 1.8　最大池化示意

5. sigmoid 函数

sigmoid 函数也被称为 logistic 函数。它的公式如下:

$$S(x) = \frac{1}{1 + e^{-x}} \tag{1.2}$$

它的几何形状是一条"S"形曲线,如图 1.9 所示。

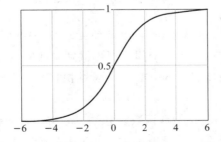

图 1.9　sigmoid 函数曲线

从图 1.9 中可以观察到,sigmoid 函数是一个函数值在[0,1]之间,呈 S 形的单调连续可导 逻辑函数。sigmoid 函数的功能是相当于把输入的正负实数值压缩至 0~1 之间,当输入 $x = 0$ 时,输出为 0.5,当输入 x 从 0 向负方向偏离时,输出迅速趋近于 0;当输入 x 从 0 向正方向偏离时,输出迅速趋近于 1,即输入 x 在偏离零点后输出呈指数上升或下降,从而迅速饱和。故被称为逻辑(logistic)函数。

sigmoid 函数常用作传统神经网络的神经元激活函数。输出范围在 0~1 之间是它的一大优点,它的用处是可以把激活函数看作一种"分类的概率",比如激活函数的输出为 0.9,便可以解释为 90% 的概率为正样本,这种优化稳定的性质使 sigmoid 函数可以作为输出层。函数连续便于求导且处处可导则是它的另一大优点。

然而 sigmoid 函数也具有自身的缺陷:sigmoid 的饱和性容易产生梯度消失。从几何形状不难看出,原点两侧的导数逐渐趋近于 0,在反向传播的过程中,sigmoid 的梯度会包含一个关于输入的导数因子,一旦落入两端的饱和区,导数就会变得接近于 0,导致反向传播的梯度变得非常小。此时网络参数难以得到更新,难以有效训练,这种现象称为梯度消失。一般来说,sigmoid 网络在 5 层之内就会产生梯度消失现象。

6. ReLU 函数

ReLU 函数是常见的深度网络神经元激活函数中的一种,公式如下:

$$y = \max\{0, x\} \tag{1.3}$$

ReLU 函数是一个分段线性函数,其曲线形状如图 1.10 所示。

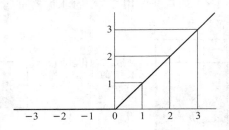

图 1.10　ReLU 函数曲线

从表达式和曲线可以看出,ReLU 是在输入 x 和 0 之间取最大值的函数。通过对非正输入零输出,对正值输入等值输出,对双极性输入变为单极性输出,故被称为整流线性单元。ReLU 函数使得同一时间只有部分神经元被激活,从而使神经网络中的神经元有了稀疏激活性,而往往在训练深度分类模型的时候,与目标相关的特征只占少数。也就是说,通过 ReLU 函数实现稀疏后的模型能够更好地挖掘相关特征,拟合训练数据。

ReLU 函数的优势在于:

(1) 没有饱和区,在 $x > 0$ 区域上,不会出现梯度饱和、梯度消失的问题。

(2) 没有复杂的指数运算,只要一个阈值即可得到激活值,计算简单、效率提高。

(3) 实际收敛速度较快,比 sigmoid 或 tanh 函数快很多。

7. softmax 函数

softmax 函数又被称为归一化指数函数。它是二分类函数 sigmoid 在多分类上的推广,目的是将多分类的结果以概率的形式展现出来。softmax 函数在神经网络中应用时多取如下形式:

$$P(y = i \,|\, x) = y_i = \frac{e^{x^t w_i}}{\sum\limits_{k=1}^{K} e^{x^t w_k}} \tag{1.4}$$

式（1.4）的意义是将向量 x 输入到 K 个代表不同类别的神经元后，softmax 函数判断向量 x 属于第 i（$i=1,\cdots,K$）个类别的概率。其中，w_k 为第 k 个神经元的连接权重向量。

为了实现将分布在负无穷到正无穷上的预测结果转换为概率，softmax 函数利用了概率的两个基本性质：一是，预测的概率为非负数。二是，各种预测结果概率之和等于 1。

1）预测的概率为非负数；2）各种预测结果概率之和等于 1。

首先，将预测结果转化为非负数。

图 1.11 所示为指数函数的曲线。从图中可以看出指数函数的值域取值范围是零到正无穷。softmax 函数第一步就是将模型的预测结果转化到指数函数上，这就保证了概率的非负性。

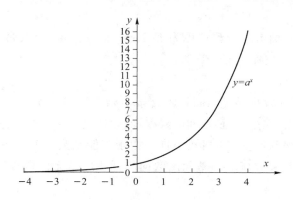

图 1.11 指数函数的曲线

其次，各种预测结果概率之和等于 1。

为了确保各个预测结果的概率之和等于 1，只需要将转换后的结果进行归一化处理。方法就是将转化后的结果除以所有转化后结果之和，可以理解为转化后结果占总数的百分比，这样就得到近似的概率。

具体来说，softmax 函数可以实现将未知向量 x 与各已知类别向量 w 的相关性转换为归属概率，所以常用作神经网络顶层基元函数给出系统的最终输出。图 1.12 的例子展示了 softmax 函数将未知向量 x 与三个类别（w_1,w_2,w_3）的相关性转换为归属概率的过程。

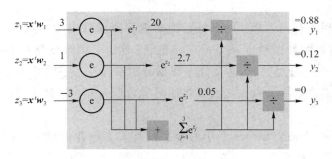

图 1.12 softmax 函数计算过程示意

通过以上计算，softmax 函数可将任意一组数值转化为一组概率值，并且数值间的差异被指数放大后，最大值所对应的概率被显著突出。图 1.12 的例子是将 $\{3,1,-3\}$ 这组数值转换为 $\{0.88,0.12,0\}$ 这组概率值。可见数值 3 对应的概率被显著突出。softmax 函数的这一性质在包括大模型在内的许多人工智能模型中发挥了关键乃至神奇的作用。

1.4.3　智能函数的参数学习

1. 期望最大化准则

期望最大化准则在训练样本的类别标号未知的条件下采用。它通过迭代的方法求解智能函数中的参数：先对参数 θ 随机设置初值，然后基于这个初值估计各个样本标号的概率分布，再基于这个概率分布计算获得所有训练样本概率的期望值即似然度的期望值，最后再看如何调整参数 θ 才能使这个期望变大。上述计算期望和令其变大的步骤往往需要多次循环迭代才能获得满意的结果。

在这一过程中，计算期望的步骤被称为 E(Expectation)步，令其最大化的步骤被称为 M(Maximum)步，故该算法被称为 EM 算法。

2. 损失最小化准则

损失最小化准则常用反向传播(Back Propagation，BP)算法实现。BP 算法首先计算智能函数 f_θ 的输出与理想输出(目标值)之间的误差，然后通过计算这个误差相对于智能函数中的各个参数的导数，来获得调整参数的梯度方向。由于智能函数一般是由多级基元函数构成的复合函数，因此误差需要从最高序的基元函数向较低序的基元函数逐级传递，这个过程就是 BP 过程。

具体实现步骤可以概括如下：

（1）计算智能函数的输出与目标值之间的误差 e；

（2）利用复合函数求导的链式法则，从最高序基元函数开始反向逐级计算各基元函数的参数对误差的导数；

（3）用梯度下降法更新各基元函数的参数 θ_j。

1.4.4　学习方式

1. 监督学习

监督学习是指利用有人工标注的训练数据实现智能函数中的参数学习。例如，在分类任务中，我们需要利用训练数据建立一个分类函数，这时每个训练数据都会有一个类别标签。图 1.13 所示的是一个二分类问题，两类样本数据分别被标注了不同的颜色，利用这些数据，很容易找到一组参数来确定一条直线函数以将这两类数据分开。这便是监督学习。

2. 无监督学习

有别于监督学习，无监督学习所利用的数据没有人工标注信息。如图 1.14 所示，训练数据只是二维空间中的一些数据点，没有每个数据属于哪个类别的信息。无监督学习的目标是发现这些数据潜在的内部结构。例如，图 1.14 中的任务是发现虚线所示的两个簇结构。无监督学习通常的方法是先对参数随机设初始值，然后反复迭代"样本归属"和"更新参数"两个步骤，直至收敛。

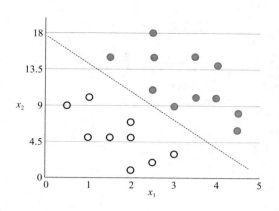

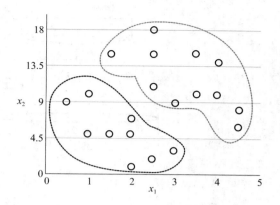

图 1.13　监督学习中的二分类问题　　　　图 1.14　无监督学习中的聚类问题

无监督学习常用于聚类任务。聚类的目的在于把相似的东西聚在一起,并不关心这一类是什么。因此,一个聚类算法通常只需要知道如何计算相似度就可以开始工作。

3. 半监督学习

半监督学习是利用少量标注样本和大量未标注样本进行的学习,是介于监督学习和无监督学习之间的学习。目的是让自身同时具有获得监督学习模型精度高和无监督学习人工标注成本低的优点。

如图 1.15 所示,两类训练数据中均只有一个样本做了类别标注,其余的都是未标注样本。学习的目标是找到将两类数据分开的那条曲线。半监督学习通常根据样本之间的聚类距离和流形结构传播标签,完成标签传播后,再进行有监督学习。

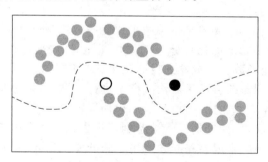

图 1.15　半监督学习中的分类问题

4. 迁移学习

迁移学习(Transfer Learning)又称少样本学习,是把已经训练好的模型参数迁移到新的模型中来帮助新模型训练,此方法适于新任务缺乏训练样本的场合。由于许多数据或任务存在相关性,所以可以通过迁移学习将已经学到的模型参数通过某种方式分享给新模型,从而提高模型的学习效率。如图 1.16 所示,左边的模型是利用互联网中大量的图像数据训练完成的图像识别模型(智能函数),即源模型。右边是需要训练的用于特殊领域图像识别的目标模型。尽管这一领域的图像有自身的特点,但仍与互联网图像有许多共性,因此源模型的参数可以被借鉴和利用。

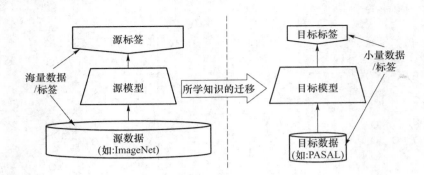

图 1.16 迁移学习

5. 强化学习

强化学习（Reinforcement Learning），通过建立被训练的智能体与其工作环境的循环交互

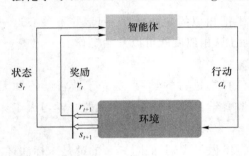

图 1.17 强化学习

关系而实现。如图 1.17 所示，在智能体感知环境的状态后，它根据当前的策略函数选择动作进行应对；动作执行后，环境将被转换到一个新的状态。这时，环境将通过评估新状态与学习目标是否更接近来对智能体进行奖励或惩罚（负奖励）。随后，智能体根据新的状态和获得的奖励大小（正负），来对策略函数进行调整，并依据新策略函数执行新的动作，从而进入新的循环。在上述学习过程中，策略函数（智能函数）的参数不断调整优化，最终达到学习目标。

6. 对抗学习

对抗学习（Adversary Learning）是指用两个智能函数组成一个对抗体，通过反复对抗，使对抗体能力不断增强，相互提供优化目标。例如在图 1.18 中所示的 GAN 中，生成器和鉴别器是两个相互对抗的智能函数。生成器的目标是生成模仿真实世界化学分子式的伪样本，以骗过鉴别器的识别，而鉴别器的目标是对输入样本进行鉴别，以区分是来自真实世界的样本还是来自生成器生成的伪样本。在这一过程中，如果伪样本骗过了鉴别器，鉴别器则可以利用这一损失优化自身的参数；反之，如果伪样本被鉴别器识别出来，则生成器可以利用这一损失优化自身的参数。所以，更强的生成器将导致产生更强的鉴别器，而更强的鉴别器又将导致产生更强的生成器。于是，生成器和鉴别器便在这种对抗中水涨船高式地共同提高性能。

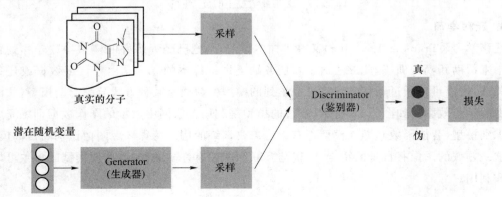

图 1.18 对抗学习

1.4.5 深度学习架构

深度学习的本质是以深度神经网络架构来实现智能函数。通过增加网络深度,达到增加基元函数和参数,以提高性能的目的。典型的隐层结构是卷积层和池化层的堆叠,如图1.19所示。

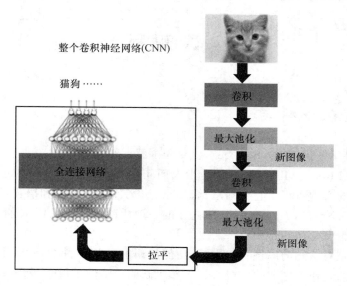

图1.19 卷积神经网络

参数学习可采取有监督、无监督、半监督、迁移、强化、对抗等任意方式实现。

为实现深度隐层参数的学习,研究者发明了一系列的关键技术,包括简化的基元函数结构及参数(离散卷积、池化、门控)等;抗梯度消失的激活函数 ReLU 和线性调制等;防止过拟合的正则化方法 Dropout 和局部响应归一化(LRN)等。

深度学习的优势及特点:特征逐级抽取,形成深层金字塔结构;不同对象的特征金字塔的下层相互类似;使学习大大简化的参数共享与预置等。图1.20所示为基于深度学习抽取的不同物体的特征。可以看出,不同物体的下层特征十分相似,而越向上层过渡,特征越宏观,差异性也越大。这便是所谓的特征金字塔结构。

在不同目标类上训练得到的特征

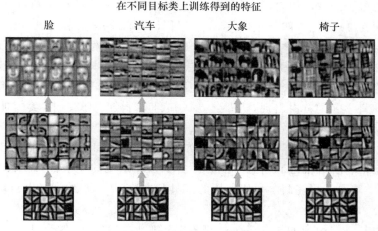

图1.20 深度学习中的特征层次

　　总结人工智能的数学原理和方法可以看到，参数学习是实现智能函数的核心问题。而解析法只适用于相对简单的问题，迭代法是参数学习的通用算法。特别值得指出的是，向量内积（相关性计算）是各类算法的核心操作，是众多基元函数的主要运算。

　　深度学习是一种参数学习的优良架构，其参数结构优于扁平参数结构且特征多粒度逐级抽取，除此之外，简化的基元函数便于学习，可以用极简函数的深层堆叠获得所需的复杂函数。

1.5　认知科学

1.5.1　何谓认知科学

　　要了解认知科学（Cognitive Science），就要先了解认知。

　　认知，是心智（Mind）及其活动机理，是指人们获得知识或应用知识的过程或信息加工的过程，是人最基本的心理过程。它包括感觉、知觉、记忆、思维、想象和语言等。人脑接收外界输入的信息，经过头脑的加工处理，转换成内在的心理活动，进而支配人的行为，这个过程就是信息加工的过程，也就是认知过程。

　　而认知科学，是对认知的属性、过程及其功能的研究。认知科学是 20 世纪世界科学标志性的新兴研究门类，它作为探究人脑或心智工作机制的前沿性尖端学科，已经引起了全世界科学家们的广泛关注。特别是它与人工智能的紧密联系，使得人工智能学者对其多有研究。在许多学者眼里，认知科学与人工智能是姊妹科学。

　　认知科学的研究目标，首先是理解智能的原理，揭示心智的奥秘。从根本上说，认知科学的目标就是要揭开人类心智的奥秘。而发展认知科学的另一个目标与意义是，它将带动其他相关学科、技术的发展。在模拟智能的过程中，不断发展人工智能技术，人工智能的许多研究课题是定义在认知的基础上，比如，机器翻译、视觉识别等。认知科学的目标还在于，它将与纳米技术、生物技术和信息技术结合起来，改变 21 世纪人类的生存方式。

　　认知科学旨在为人类（或动物）的智能建立计算模型，研究的载体为大脑，特别是人类大脑。以工作机制为研究的头绪，以神经系统为研究的依托。

　　认知科学有很长的发展历史，其源头可以追溯到古希腊时代的柏拉图、亚里士多德等先贤的哲学论述。而在 20 世纪三四十年代，产生了现代认知科学的萌芽：McCulloch 和 Pitts 等控制论学家主导，提出了第一个类神经元的运算模型，并逐步探索心智的组织原理，研究人工智能网络。而在 20 世纪 50 年代的认知革命促使认知科学形成体系，计算机的诞生为认知科学同时提供了研究对象和研究工具。1959 年，乔姆斯基将语言作为认知的关键形式和内容。而在 1973 年，认知科学名词首次出现，随即建立认知科学学会。1986 年，美国加州大学圣地亚哥分校建立了认知科学系。

　　目前，认知科学研究的焦点在于神经系统如何呈现、处理和变换信息以实现智能。重点关注语言、感知、记忆、注意、推理和情感等能力。由于认知系统的复杂性，需要对其进行多维度的研究，认知科学需要运用多门学科所使用的工具和方法，从完整的意义上对认知系统进行全方位的综合研究。

　　认知科学也是一门融合的学科。整体来看，认知科学的发展，融合了语言学、心理学、哲学、计算机科学、神经科学、人类学等学科。我国学者李伯约曾指出,人工智能、认知心理学和心理语言学是认知科学的核心学科,神经科学、人类学和哲学是认知科学的外围学科。可以说,认知科学迄今为止所取得的成就,是与其跨学科的研究方法紧密联系在一起的。但是跨学科的研究方法,也给认知科学带来了不少问题和挑战。

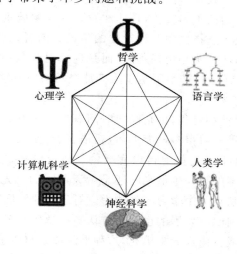

图 1.21　认知科学是融合的学科

认知科学的研究分析已在不同层次上展开,宏观至外在行为层次,微观至脑神经元激活层次。单一层次上的研究分析无法完整地理解认知。例如,使某人记忆电话号码并事后回忆的过程,既无法单纯通过行为观察完全理解此过程,也无法单纯通过脑神经电信号给出全面解释,需要将不同层次的信息关联起来进行分析。

1.5.2　认知科学的研究主题

认知科学的研究涵盖了人类认知的诸多过程,包括记忆、语言、注意、学习、感知及人工智能等,它多维度、全方面地剖析了人类认知的活动机理,并结合人工智能来促进认知科学的发展。

1. 记忆

记忆在人类的认知过程中承担着主导的作用。记忆是在大脑存储信息并事后回忆。根据记忆的不同特点可以将记忆划分为长期记忆、短期记忆、陈述性记忆和程序性记忆。其中,长期记忆的时间以日、月、年,甚至终生计;短期记忆的时间以小时、分,甚至秒计;陈述性记忆指的是对事实和特定的概念、知识和经验的记忆;程序性记忆是对运动或动作序列的记忆,如骑车、游泳等。认知科学对于记忆的研究主要关注的是实现记忆的过程,例如研究重新想起一个长期忘掉的记忆是一个怎样的大脑活动过程,又如研究认识和回想的认知过程的差别等。

2. 语言

语言也是认知科学中非常重要的研究领域之一。学习、理解和运用语言是极其重要和复杂的认知过程。关于人类认知的语言也有着诸多尚未研究透彻的问题,如为何人生的最初几年便可如此高效地学会母语。同时关于人脑如何处理语言也是认知科学的焦点之一,经典问题包括在多大程度上语言知识是天生的或习得的,为何成人学习第二语言比儿童学习母语难,人脑是如何理解新奇句子的,等等。语言不仅自身是认知,还是实现其他认知的手段和工具。

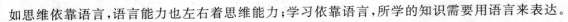

如思维依靠语言,语言能力也左右着思维能力;学习依靠语言,所学的知识需要用语言来表达。

3. 注意

注意指的是人类选择重要信息和屏蔽干扰信息的能力。人类大脑时刻收到大量的刺激,必须选择出其中最重要的进行处理。注意力被比喻为聚光灯,可将光亮聚集在视野中的局部。双耳分听实验是验证注意能力的著名实验,且非注意盲视实验验证了视觉注意力的存在。目前存在有知觉选择模型和反应选择模型两种对立的学说。前者认为,注意是在反应之前对刺激信息进行选择;后者认为,注意不是选择刺激,而是选择对刺激的反应。探索注意力机制是认知科学的重要课题之一,AI已经产生了基于人工神经网络的注意力机制模型。

4. 学习

学习是人类认知的重要活动过程,也是经历时间获取知识和信息的过程。人类与生俱来的知识很少,但从婴儿开始迅速习得多种能力,包括语言、行走、识人辨物等,研究者希望对学习过程的研究试图解释这种学习是如何得以完成的。研究者还试图解决其他学习活动的问题,诸如一些特定的能力更多的是与生俱来的还是后天习得的。先天论者强调关键特质的遗传和天资,而经验论者强调从环境中学习各种能力。对于人的发展而言,先天遗传和后天环境都很关键,而遗传信息是如何引导发展的也困扰着认知科学研究者。一种观点认为,学习系统的结构决定于基因,而具体成分由经验来填充,这种推测成立与否也是认知科学所需要解决的问题。

5. 感知

感知是通过感觉器官获取信息并对其进行处理的能力,人类认知离不开感知过程来获取信息、处理信息。感知包括了视觉、听觉、触觉、嗅觉和味觉。目前对视觉和听觉研究较多,经典问题包括:人是如何识别物体的? 人对环境的感知是一时一处的,为何会产生连续的视觉等。同时,信息表达也是感知研究中的基本问题,经典问题包括:感知过程是如何开始的? 外在物理世界的哪些变量是(可)被感知的? 感知计算模型计算的对象是什么? 等等。

6. 人工智能

人工智能同时被看作是机器中的认知现象和研究认知的工具。从认知科学角度来看,人工智能有两个流派的观点。第一种流派是连接主义,其将大脑看作巨量神经元的互联阵列,神经元功能很单纯,但互联阵列可产生各种复杂和高级的认知能力。第二种流派是符号主义,是将大脑看作是建立在符号、模式、规划、规则基础之上的高级结构,大脑通过符号演算实现认知。认知科学与人工智能的研究相互促进、互为因果,认知科学为人工智能提供原理方法,而人工智能为认知科学提供发展动力。

1.5.3 认知科学的研究方法

对认知科学的研究有多种方法,主要包括行为实验、神经生物方法、脑成像技术和计算建模。一般情况下,认知科学的研究需要多种方法结合使用,下面将具体介绍每一种方法。

1. 行为实验方法

行为实验方法用于研究人对各类刺激的反应行为。在实验过程中通常使用各种模型对任何起刺激作用的现实物体进行模仿,这种模仿可以从很精确到很不精确的范围内变动。当该方法应用在人工智能中时,人类可以通过研究智能行为本身来描述它的构成和机理,比如可以观察和测量人对不同刺激的行为反应。同时在观测过程中应选取正确测度,比如反应时间、判

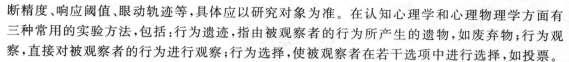

断精度、响应阈值、眼动轨迹等,具体应以研究对象为准。在认知心理学和心理物理学方面有三种常用的实验方法,包括:行为遗迹,指由被观察者的行为所产生的遗物,如废弃物;行为观察,直接对被观察者的行为进行观察;行为选择,使被观察者在若干选项中进行选择,如投票。

2. 神经生物方法

神经生物方法包括神经科学方法和神经心理学方法。前者是指寻求解释神智活动的生物学机制,即细胞生物学和分子生物学机制的科学;后者是把脑当作心理活动的物质本体来研究脑和心理或脑和行为的关系,即从神经科学的角度研究心理学的问题。该方法用于观察和分析各种智能行为在大脑中实现的物理和生化过程,常采用单元记录、直接脑刺激、动物模型等方法。其中,单元记录是用微电极检测单一神经元的电信号,是开发脑机接口的基础;直接脑刺激用低直流电极刺激头部并观察被刺激者的反应,可用于治疗疾病,如抑郁症;动物模型方法是在模型物种上进行生物实验并获取知识。

3. 脑成像技术方法

脑成像技术用于分析在完成各类认知任务时大脑内部的活动状态,也就是通过最新技术使神经科学家可以"看到活体脑的内部"。借助脑成像技术,有助于神经科学家理解脑特定区域与其功能之间的关系,对受神经疾病影响的脑区进行定位,以发明新方法治疗脑部疾病。然而各类成像技术在空间和时间分辨精度上存在差别。具体地讲,单光子发射断层扫描(SPECT)和正电子断层扫描(PET)用以观察脑中的活跃区域,空间精度较高,时间精度极低。脑电图(EEG)通过放置系列电极测量大脑皮层的电场,时间精度极高,空间精度较低。脑磁图(MEG)测量认知活动时脑皮质产生的磁场,技术与脑电图相似,但具有较高的空间精度。功能磁共振成像(fMRI)测量大脑不同区域的含氧血流,通过含氧血流推断神经活动性,时间和空间精度适中。光成像(OI)通过红外技术测量大脑不同区域的含氧血流,时间精度适中,空间精度较低。

4. 计算建模方法

计算建模用于对具体的或一般的认知特性进行模拟和实验验证,即借助计算机通过数学建模和数值求解定量研究某些现象或过程。计算建模有助于对特定的认知现象和功能性组织进行理解。计算建模方法可分为符号型、亚符号型和异构型三类。其中,符号型建模源自哲学视角和符号主义计算智能范式,用符号来代表系统的各种因素和它们之间的相互关系,由第一代认知学者建立;亚符号型建模源自连接主义的神经网络模型,优势是接近生物学基础,劣势是可解释性相对较低;异构型建模同时采用符号型和亚符号型的模型,以期获得解释和实现智能的集成计算模型。

小　　结

能力属性、工具属性和应用属性是人工智能的本质属性。

记忆、计算学习、判断、推理等是基本智能,且存在内在联系。人工智能知识体系呈现圈层结构,其核心是以智能函数为一般形式的数学原理。智能函数通常由大量基元函数组合而成。认知科学是人工智能的姊妹科学,二者相辅相成、互为支撑。

思 考 题

1-1 如何进一步阐释 Artificial Intelligence 这个组合名词的内涵，而不是简单地译为"人工智能"？

1-2 如何理解人工智能的能力属性、工具属性和实用属性？对人工智能赋予这三种基本属性有何重要意义？

1-3 你是否赞同图 1.1 所示的人工智能的内在逻辑关系，以及机器学习是人工智能当前所发展的主要能力这一论断？

1-4 如何认识图 1.4 所示的人工智能的圈层知识结构？你认为学习人工智能应从哪个层次入手，为什么？

1-5 式（1.1）所定义的智能函数是人工智能系统的一般数学描述，请列举三种以上人工智能系统，并指出各个系统的输入向量 x 和输出策略向量 p。

1-6 定义一个激活函数为简单逻辑函数的神经元函数还需要给出哪些参数？试设计一个这样的神经元函数，并计算其对 10 组不同输入向量的输出值。对这 10 个结果进行观察，分析其蕴含的意义。

1-7 如何理解图 1.20 所示的深度学习中的特征层次与深度神经网络中各层神经元所抽取的特征图的对应关系？

1-8 人工智能和认知科学被称为姊妹科学，二者的研究目标、范围和方法有何不同？二者又是如何相互促进的？

第 2 章
自然语言处理

第 2 章课件

2.1 引　言

　　语言既是人类交流信息的工具,也是思维的工具,是人类智能的突出表现之一。人工智能的研究一直伴随着对人类语言也即自然语言的研究。长期以来,相关研究积累了十分丰富的研究成果,对人工智能的发展发挥了至关重要的作用。其中之一便是形成了一个异常活跃的学科方向——自然语言处理(Natural Language Processing,NLP)。这一学科方向引导了机器模拟和延伸人类语言能力的基础性和关键性的重要研究,包括自然语言的机器表示、分析、理解、生成等。创造的相关技术已经广泛应用于各行各业和日常生活中。

　　自然语言处理的研究走过了从规则到传统统计学习再到深度学习的发展历程。整个历程可分为 4 个阶段:1956 年以前的萌芽期;1957—1970 年的快速发展期;1971—20 世纪 90 年代初的低谷期;20 世纪 90 年代后期至今的复苏繁荣期。

　　1956 年以前是自然语言处理的萌芽期。图灵在 1936 年首次提出了"图灵机"的概念。"图灵机"作为计算机的理论基础,促使了 1946 年电子计算机的诞生。电子计算机的诞生为自然语言处理奠定了基础,促进了它的基础研究。1948 年,Shannon 利用概率的方法描述和处理语言。1956 年,Chomsky 提出了上下文无关文法,并将其用于自然语言处理之中。这些工作开辟了基于规则和基于概率两种不同的自然语言处理的技术路线。

　　1957—1970 年,自然语言处理与人工智能融为一体进入快速发展期。基于规则方法的符号派(Symbolic)和基于概率方法的随机派(Stochastic)形成两大阵营。从 20 世纪 50 年代中期到 60 年代中期,以 Chomsky 为代表的符号派学者开始了形式语言理论和生成句法的研究,60 年代末又进行了形式逻辑系统的研究。而随机派学者采用基于贝叶斯方法的统计学研究方法,在这一时期也取得了很大的进步。但由于在人工智能领域中,这一时期的多数学者注重研究推理和逻辑问题,只有少数来自统计学专业和电子专业的学者研究基于概率的统计方法和神经网络,致使基于规则方法的研究势头明显强于基于概率方法的研究势头。

　　20 世纪 70 年代,伴随着人工智能进入萧条期,自然语言处理的研究也进入了低谷时期。尽管如此,仍有研究人员不屈不挠地坚持探索,并取得了重要成果。20 世纪 80 年代,基于隐马尔可夫模型(Hidden Markor Model,HMM)的统计方法在语音识别领域获得成功。同一时期,话语分析(Discourse Analysis)也取得了重要进展。

　　20 世纪 90 年代中期,计算机性能的大幅提升以及 Internet 信息检索等网络技术的迅猛发展,强有力地促进了自然语言处理的发展,随后而来的深度学习更是本质性地提升了自然语言处理技术的水平。神经语言模型、知识图谱、词嵌入、序列转写模型、注意力机制、预训练语言模型等重要技术突破接踵而至。自然语言处理进入了广泛应用阶段,成为人们享用人工智能、体验人工智能的代表性技术领域。

　　目前,在自然语言处理领域中,文本分类、情感分析、机器翻译、机器阅读理解、文本摘要、对话系统等研究十分活跃,相关技术和产品的成熟度正在迅速提高。

　　(1) 文本分类是指为给定的文本自动确定其所述的类别标签。文本可以是不同长度的句子、段落、文章,也可以是不同类型的新闻、邮件、评价等。文本分类是最基础的自然语言处理任务之一,具有众多的下游任务。

　　(2) 情感分析又称观点挖掘,旨在分析人们在文本中对产品、事件、话题等的意见、情绪或评价。从某种意义上讲,情感分析也是一种广义的文本分类,例如对人们的观点进行积极或消极的分类,对人们关于某产品的喜好程度的分类等。

　　(3) 机器翻译是指机器在没有人工干预下完成从一种语言到另一种语言的转换。其技术发展经历了基于规则、基于统计和基于深度神经网络三个阶段。目前已经到达了较高的水平。

　　(4) 机器阅读理解使机器具有从自然语言中理解和抽取关键信息,继而回答问题的能力。这是对人类语言处理能力的一种模仿,具有重要的实用价值。例如可以使信息检索更加高效地完成等。

　　(5) 文本摘要将长文本进行压缩、归纳和总结,从而形成概括性短文本。文本摘要既可以单文档进行,也可以多文档进行。从方法上可分为抽取式摘要和生成式摘要。抽取式摘要直接从原文中选择若干重要的句子,对它们进行排序、重组而形成摘要。生成式摘要是指机器对完整原文进行理解后,通过转述的方法生成摘要。伴随着深度学习的发展,生成式摘要的质量在迅速提升。

　　(6) 对话系统的目标是使机器与人类进行流畅的有意义的对话,这也是图灵设想的人工智能测试模型中的核心装置。理想的对话系统必是人工智能技术的集大成者,目前的技术还处于初级水平。有任务导向型对话系统和非任务导向型对话系统两类。其中,任务导向型对话系统旨在帮助用户完成具体的实际任务,例如帮助用户寻找商品、预订酒店餐厅等;非任务导向型对话系统通常不限定领域和具体任务,而是以聊天、娱乐等为主要应用场景。

　　总之,自然语言处理是人工智能十分重要的研究领域,有漫长的发展历史、丰富的技术内涵和广泛的应用价值。本章对自然语言处理的学习进行基础性的引导,首先讲解作为文本分析基础的文本语义表示和相似性度量;然后介绍自然语言处理的经典任务,包括文本摘要、机器翻译、知识图谱等,以便读者了解自然语言处理所要解决的主要问题和相应的技术方法。本章以目前自然语言处理领域的热门技术——大语言模型为重点讲解内容,并对国内著名的大语言模型的功能和应用进行介绍,包括百度的"文心一言"、阿里的"通义千问"、字节的"豆包"和月之暗面的"KimiChat"。

2.2　文本分析基础

　　自然语言处理的对象是文本,而文本分析就是自然语言处理各项任务的基础,最终目标是使计算机理解和生成人类语言。文本分析是指对一个文本文档(Text Document)进行语义理解、分析和计算。一个文本文档就是一个文本单元,可以是一句话、一段文字、一段对话、一篇文章、一个网页等。文本分析的基本目的是从文档中抽取所需要的信息,形成计算机能够理解和利用的特征,从而支撑多种多样的下游任务。

本节,我们首先需要解决自然语言处理领域的一个基本问题——什么是语义,进而学习计算机如何理解文本语义并进行计算。

2.2.1　文本语义表示

1. 统计语言基础

对文本进行分析首先需要将长短不一的文本进行长度一致的统一表示,而这种表示通常采用向量的形式,即将所有待处理的文本转化为长度一致的向量。文本向量表示的基础是统计语言模型,即把文本(词的序列)看作一个随机事件,并赋予相应的概率来描述其属于某种语言集合的可能性。简单来说,语言模型就是计算一个句子的概率大小的模型,它存在的意义是:如果一个句子的打分概率越高,越说明这个句子更合乎人类的语言。

语言建模的任务是预测下一个词是什么。语言模型可以看作是实现语言建模的数学公式,或是计算一段文本概率的数学公式。具体地,对于一个由 l 个字、词、短语等文字单元构成的句子 $s = w_1 w_2 \cdots w_l$,整句 s 的概率计算公式可以表示为

$$p(s) = p(w_1) p(w_2 \mid w_1) p(w_3 \mid w_1 w_2) \cdot \cdots \cdot p(w_l \mid w_1 w_2 \cdot \cdots \cdot w_{l-1})$$

$$= \prod_{i=1}^{l} p(w_i \mid w_1 w_2 \cdot \cdots \cdot w_{i-1}) \tag{2.1}$$

在式(2.1)中,第 $i(1 \leqslant i \leqslant l)$ 个词的出现概率取决于前 $i-1$ 个词 $w_1 w_2 \cdot \cdots \cdot w_{i-1}$,而整个句子的概率等于句子中所有词出现概率的连乘。通过大量语料训练出来的语言模型会对正常的句子给出较高的概率,而对于一些表达符合语法但不符合常理的语句,如"一只狗正在天上自由翱翔",将给出否定性的低概率。一般地,将前 $i-1$ 个词 $w_1 w_2 \cdots w_{i-1}$ 称为第 i 个词的"历史"。然而在实际计算过程中,会存在一些问题:当预测第 i 个词的概率时,需要考虑所有 L^{i-1} 种不同的历史情况,导致自由参数数量指数增长,这使得参数估计变得异常困难。

为了解决该类问题,提出了 N 元语法模型(N-Gram Model),其基本思想是利用长度为 n 的滑动窗口在语句中逐词滑动,形成长度为 n 的子序列,然后根据这些子序列进行建模。为了减少自由参数,实际应用中,N 的取值不能太大。根据 N 取值不同,常用语法模型包括一元语法模型(Unigram)、二元语法模型(Bigram)以及三元语法模型(Trigram)。其中,一元语法模型中每个位置的词独立于历史,实际上只需要估计各个词在文本中出现的概率。假设文本中可能出现的词为 K 个,那么一元语法模型便是一个 K 维的向量,每个元素代表对应词出现的概率。二元语法模型中每个位置的词只与前面的一个历史词有关,也被称为一阶马尔可夫链。因为是对两个词构成的词串建模,词串的每个位置对应 K 个可能的词,所以二元语法模型对应一个 K^2 维的向量。三元语法模型中每个位置的词与前面两个历史词有关,也被称为二阶马尔可夫链,对应一个 K^3 维的向量。当 N 不断增大时,更多的历史信息被获取,这在一定程度上增大了预测的准确度,但也使数据稀疏问题更加严重,即很多预测概率为 0。数据平滑技术可以用来解决这类零概率问题,其基本思想就是提高低概率或零概率,降低高概率,从而使整个概率分布趋于平衡。

2. 词的表示

计算机如何理解人类创造的文字呢？我们知道，计算机是以二进制为基础建立起来的体系结构，任何信息，包括数字、文本、图像、语音，必须先经过二进制数字化编码才能输入到计算机中，才能被计算机所理解和应用。以文本为例，对文本进行数字化编码，在自然语言处理领域我们称之为文本特征数字化，即将文本转换为一种适合计算机学习算法处理的向量格式。

由于人类理解文字是从词汇开始的，由词造句，由句成篇，从而表达完整的语义，因此，针对文本语义的编码也从词汇开始。对词的语义编码就是词的表示。

词的表示通常分为独热表示（One-hot Representation）和分布式表示（Distributed Representation）两类。

（1）独热表示。我们可以为每个词汇特征创建一个新的二进制特征，即"独热"特征，其中只有一个特征标记为1，成为激活特征，而其他所有特征都被标记为0。例如，有五个不同的词汇：猫（cat）、狗（dog）、跳（jump）、树（tree）、兔子（rabbit），如何按照独热 one-hot 方式进行编码？

我们可以为每个词汇创建一个二进制特征向量，向量的长度等于需要编码的词汇数量，即长度为5，对于每个词汇，只有与其对应的特征位置为1，其余位置为0。因此，这五个词汇的编码如下：

$$cat = [1\ 0\ 0\ 0\ 0]$$
$$dog = [0\ 1\ 0\ 0\ 0]$$
$$jump = [0\ 0\ 1\ 0\ 0]$$
$$tree = [0\ 0\ 0\ 1\ 0]$$
$$rabbit = [0\ 0\ 0\ 0\ 1]$$

独热表示一般作为人工智能领域中文本分析和理解的模型输入方式。这种方式的优点：一是解决了词汇分类处理问题，即将词汇离散特征转换为机器学习算法易于处理的二进制格式，提高了算法对离散特征的处理能力；二是能够避免引入数值偏差，通过将每个词汇映射到独立的二进制向量，独热编码消除了词汇间可能存在的数值交叉关系，从而避免算法基于这些关系做出不准确的预测。

独热表示的缺点也很明显：一是独热表示的维度不易控制，当词汇数量较多时，独热编码会显著增加特征空间的维度，n 个词汇就需要 n 维的二进制编码，可能导致计算复杂性和过拟合问题；二是独热编码后语义信息缺失，由于词汇本身的语义信息和词汇间的潜在语义关系或顺序，信息将可能无法捕捉，从而使得文本语义信息损失。

（2）分布式表示。由于使用独热表示后的句子或章节文本只是将词符号化，而语义信息缺失问题导致下游任务中很难基于语义对文本进行理解和处理，所以，如何将语义融入词表示中成为一个挑战。因此，分布式表示应运而生。

分布式表示得到的词的编码称为词向量，依然用这五个词汇：猫（cat）、狗（dog）、跳（jump）、树（tree）、兔子（rabbit）为例，按照分布式表示得到编码，如图 2.1 所示，每个词由实数组成的多维向量组成，这种词向量在语义空间对应一个唯一的位置。

基于图 2.1 可以看出，语义相近的词（cat、dog、rabbit）在语义空间分布的距离较近，反之则较远。因此我们能够这样理解分布式表示，即用词的向量对应向量空间中的一个具体位置表示语义，词和词之间在语义空间的相对距离表示语义相似程度和偏离方向。因此，我们可以总结分布式表示的优缺点。

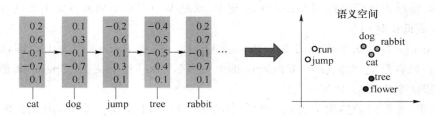

图 2.1　词的分布式表示

分布式表示的优点是：一方面，维度可控，词表示向量的维度与词汇数量无关；另一方面，词的语义可以由词向量在语义空间的位置表示，其距离越相近，则语义越相似，这也为下游任务理解和处理文本提供了很好的基础。其缺点就是计算复杂，需要构建复杂的模型才能得到词的正确的分布式表示。

3. 词嵌入技术

构建词的分布式表示计算相当复杂，其理论基础最早是 Harris 在 1954 年提出的分布假说（Distributional Hypothesis），即上下文相似的词，其语义也相似。之后，Firth 在 1957 年对分布假说进行了进一步阐述和明确：词的语义由其上下文决定。

基于分布假说构建分布式词表示的技术称为词嵌入技术（Word Embedding）或词向量技术（Word Vector），该技术目标就是如何将词语（Word）从符号形式映射为实数向量形式。随着人工智能技术的不断发展，这种映射已渐渐演变成了一种知识表示的方法，以方便机器对自然语言的深入理解和计算。目前，词嵌入几乎成为所有自然语言处理的下游任务的基础。

那么，如何把词语转换为数值向量呢？自然语言本身蕴含了语义和句法等特征，如何在转换过程中使得数值向量能够保留这些抽象的特征以供后续任务进行处理呢？

根据词嵌入技术的建模方法，主要可以分为基于矩阵的分布表示、基于聚类的分布表示和基于神经网络的分布表示三类。尽管这些不同的分布表示方法使用了不同的技术手段获取词表示，但其核心思想都由两部分组成：一是选择一种方式描述上下文；二是选择一种模型刻画某个词（下文称"目标词"）与其上下文之间的关系。

Hinton 最早从理论上阐述了词向量的概念。之后从 2000 年开始，Bengio 等在一系列论文中提出了"神经概率语言模型"[3]，通过"学习单词的分布式表示"来减少语境中单词表示的高维度，并出现了很多革命性的成果，如 Word2Vec、Elmo、BERT 等。这些优秀的模型很好地将自然语言的特征在词向量的转换过程中进行保留，被广泛应用于自然语言处理任务中，极大提升了包括文本分类、命名实体识别、情感分析、语法解析任务的性能。

这里的基于神经网络的分布式表示是词嵌入表示技术的主流。下面重点讲解最经典的基于神经网络的词嵌入模型：Word2Vec 和 BERT。

（1）Word2Vec 模型。

目前最常用的分布式词向量模型是由 Tomas Mikolov 领导的 Google 团队创建的 Word2Vec，它的核心思想是利用神经网络对词的上下文进行训练得到词的向量化表示。其训练方法包括：

① CBOW：全称 Continuous Bag-of-Word Model，基本思想是通过附近的词预测中心词。

② Skip-gram：基本思想是通过中心词预测附近的词。

Google 公司提供了一个嵌入式工具包,可以比以前的方法更快地训练向量空间模型。下面以 CBOW 模型为例详细说明 Word2Vec 技术,就是 Word2Vec 如何将文本集(Corpus)从独热向量转换成低维词向量。

假设 Corpus 只有四个单词{I like Peking Opera},选择 Peking 作为中心词,将 window size 设为 2。也就是说,要根据单词 Peking 的上文"I","like"和下文的"Opera"来预测一个单词,并且希望这个单词是"Peking"。

在本例中,首先以独热向量表示词集合中的 4 个单词,I 是第一个词,因此其向量表示是 $[1,0,0,0]$,like 是第二个词,于是其向量表示是 $[0,1,0,0]$,同理,Peking 是 $[0,0,1,0]$,Opera 是 $[0,0,0,1]$。

如图 2.2 所示的 CBOW 模型,输入的是目标单词 Peking 的上下文矩阵 $I(x_1)$,like(x_2),Opera(x_4),输出的是 Peking 的独热向量 x_3,神经网络参数中间隐藏层(Hidden Layer)为 $\boldsymbol{\theta}$,输入权重矩阵是 $\boldsymbol{W}$,输出权重矩阵是 $\boldsymbol{W}'$。通过语料 Corpus 中的样本,采用梯度下降法不断迭代训练该神经网络,即不断迭代更新权重矩阵 $\boldsymbol{W}$ 和 $\boldsymbol{W}'$,训练结果使模型参数满足以下约束:

$$\boldsymbol{\theta}=\frac{\boldsymbol{W}x_1+\boldsymbol{W}x_2+\boldsymbol{W}x_4}{3} \tag{2.2}$$

$$\boldsymbol{W}'\theta=\boldsymbol{U} \tag{2.3}$$

$$\text{softmax}(U)=y=x_3 \tag{2.4}$$

其中,模型从输入层到隐藏层的关系如式(2.2)所示,隐藏层到输出层的关系如式(2.3)所示;最后通过 softmax 函数将输出 U 回归到单词 Peking 的独热编码。训练完毕后,任何一个单词的独热表示乘以输入权重矩阵 $\boldsymbol{W}$ 都将得到其词向量,也即 Word Embedding。因此,单词 Peking 的词向量为

$$\boldsymbol{E}_{\text{Peking}}=\boldsymbol{W}x_3 \tag{2.5}$$

在实际工程实践中,可采用开源工具包实现上述变换。

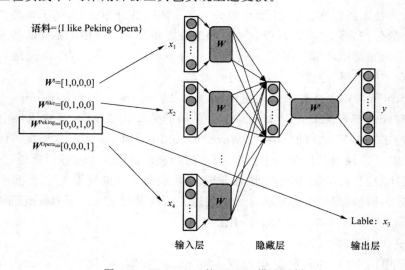

图 2.2　Word2Vec 的 CBOW 模型示例

（2）BERT 模型。

BERT(Bidirectional Encoder Representations from Transformers)模型是 2018 年由 Google 公司提出并开源的预训练模型。该模型作为 Word2Vec 的替代者,大幅提升了 NLP

多项任务的性能,是近年来最具有突破性的预训练模型。该模型使用了 Transformer 作为算法的主要框架,能更好地捕捉语句中的双向关系。模型使用掩码语言模型(Mask Language Model,MLM)和下一句预测(Next Sentence Prediction,NSP)的多任务训练目标,采用更大规模的数据进行预训练。

BERT 的本质是在海量语料上运行自监督学习方法为单词学习特征表示。所谓自监督学习,是指在没有人工标注的数据上运行的监督学习。在很多特定的 NLP 任务中,可以直接使用 BERT 的特征表示作为词嵌入特征。所以 BERT 提供的是一个供其他任务迁移学习的模型。该模型可以根据任务微调或者固定之后作为特征提取器,以供后续任务使用。

BERT 的网络架构使用的是提出的多层 Transformer 结构,其网络架构如图 2.3(b)所示。其最大的特点是抛弃了传统的循环神经网络(Recurrent Neural Network,RNN)和卷积神经网络(Convolutional Neural Networks,CNN),通过 Attention 机制将任意位置的两个单词的距离转换成 1,有效地解决了 NLP 中棘手的长距离依赖问题。Transformer 的结构在 NLP 领域中已经得到了广泛应用。

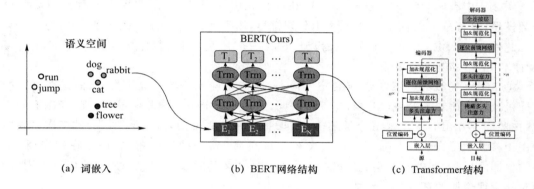

图 2.3　BERT 完整结构

图 2.3(b)中的任意一个"Trm"对应图 2.3(c)中的 Transformer 结构。Transformer 是一个 Encoder-Decoder 的结构,由若干个编码器和解码器堆叠形成。图 2.3(c)的左侧部分为编码器,由 Multi-Head Attention 和一个全链接组成,用于将输入语料转化成特征向量。图 2.3(c)的右侧部分是解码器,其输入为编码器的输出以及已经预测的结果,由 Masked Multi-Head Attention,Multi-Head Attention 以及一个全链接组成,用于输出最后结果的条件概率。BERT 提供了简单和复杂两个模型,对应的超参数分别如下:

① Base:$L=12,H=768,A=12$,参数总量为 110 M

② Large:$L=24,H=1024,A=16$,参数总量为 340 M

其中,L 表示网络的层数(即 Transformer Blocks 的数量);A 表示 Multi-Head Attention 中 self-Attention heads 的数量;H 表示隐藏层的大小,filter 的尺寸是 $4H$。

BERT 的输入编码向量(长度是 512)是 3 个嵌入特征的单位和,如图 2.4 所示,这三层词嵌入特征分别如下所述。

① WordPiece 嵌入:WordPiece 是指将单词划分成一组有限的公共子词单元,能在单词的有效性和字符的灵活性之间取得一个折中的平衡。例如图 2.4 的示例中"playing"被拆分成了"play"和"ing";

② 位置嵌入(Position Embedding):指的是将单词的位置信息编码成特征向量,位置嵌入

是向模型中引入单词位置关系的至关重要的一环。相对词袋模型,位置信息引入能够更好地理解句子中的单词顺序和下文的关系。

③ 分割嵌入(Segment Embedding):用于区分两个句子,例如 B 是否是 A 的下文(对话场景,问答场景等)。对于句子对,第一个句子的特征值是 0,第二个句子的特征值是 1。

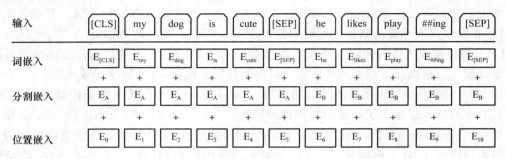

图 2.4　BERT 输入特征

图 2.4 中有两个特殊符号[CLS]和[SEP]。其中,[CLS]表示该特征用于分类模型,对非分类模型,该符号可以省去;[SEP]表示分句符号,用于断开输入语料中的两个句子。

此外,由于 BERT 是一个多任务模型,它的任务由两个自监督任务组成,即掩码语言模型(MLM)和下一句预测(NSP)。

① MLM 的核心思想取自 Wilson Taylor 在 1953 年发表的一篇论文,指的是在训练的时候随机从输入语料上掩藏(Mask)掉一些单词,然后通过上下文预测该单词。在 BERT 的实验中,15%的 WordPiece Token 会被随机 Mask 掉。在训练模型时,一个句子会被多次馈入模型中用于参数学习,但是 Google 公司并没有在每次都 Mask 掉这些单词,而是在确定要 Mask 掉的单词之后,80%的时候会直接替换为[Mask],10%的时候将其替换为其他任意单词,10%的时候会保留原始 Token。比如:

80%:my dog is hairy -> my dog is [mask]

10%:my dog is hairy -> my dog is apple

10%:my dog is hairy -> my dog is hairy

原因是若句子中的某个 Token 都会百分之百地被 Mask 掉,那么在微调的时候模型就会有一些未见过的单词。加入随机 Token 的原因是保持 Transformer 对每个输入 token 的分布式表征,否则模型就会记住这个[mask]是 token "hairy"。至于由单词带来的负面影响,因为一个单词被随机替换掉的概率只有 15%×10% =1.5%,这个负面影响其实是可以忽略不计的。此外文献指出,若每次只预测 15%的单词,则导致模型收敛速度较慢。

② NSP 的任务是判断句子 B 是否是句子 A 的下文。如果是,就输出"IsNext",否则,输出"NotNext"。训练数据的生成方式是从平行语料中随机抽取的连续两句话,其中 50%保留抽取的两句话,它们符合 IsNext 关系,另外 50%的第二句话是随机从语料中提取的,它们的关系是 NotNext。这个关系保存在图 2.4 中的[CLS]符号中。

2.2.2　文本相似度

在自然语言处理中,经常会涉及如何度量两个句子或两篇文章的相似度问题,称为文本相似度问题。在文本分类(Classification)、聚类(Cluster)、对话系统(Dialog System)和信息检索

(Information Retrieval)等问题中,如何度量句子或者短语之间的相似度尤为重要。度量文本相似度方法有基于关键词匹配的度量方法,如 N-gram 相似度;文本向量的度量方法,即将文本映射到向量空间,再利用距离度量等方法,如余弦距离等。

随着深度学习的发展,文本相似度的度量方法已经逐渐不再是基于关键词匹配的度量方法,而转向深度学习。目前结合向量表示的深度学习使用较多。

1. 基于关键词匹配的度量方法

(1) N-Gram 相似度。基于 N-Gram 模型定义的句子(字符串)相似度是一种模糊匹配方式,用来评估两个字符串之间的差异程度。

N-Gram 相似度的计算是指按长度 N 切分原句得到词段,也就是原句中所有长度为 N 的子字符串。对于两个句子 S 和 T,则可以从共有子串的数量去定义两个句子的相似度:

$$Similarity = |G_N(S)| + |G_N(T)| - 2 \times |G_N(S)| \cap |G_N(T)| \tag{2.6}$$

其中,$G_N(S)$ 和 $G_N(T)$ 分别表示字符串 S 和 T 中 N-Gram 的集合,N 一般取 2 或 3。字符串距离越近,它们就越相似,当两个字符串完全相等时,距离为 0。

【例 2-1】　有两个文本序列:文本 A 为"I have a dream"和文本 B 为"I have a cat"。首先,N 取 2,则我们可以将每个文本分割成 bigram:

文本 A 的 3 个 bigrams:["I have", "have a", "a dream"]

文本 B 的 3 个 bigrams:["I have", "have a", "a cat"]

则 N-Gram 相似度就是:Similarity $= 3 + 3 - 2 \times 2 = 2$

(2) Jaccard 相似度。Jaccard 相似度的计算相对简单,原理也容易理解。就是计算两个句子之间词集合的交集和并集的比值。该值越大,表示两个句子越相似。在涉及大规模并行运算的时候,该方法在效率上有一定的优势,公式如下:

$$J(A,B) = \frac{|A \cap B|}{|A \cup B|} \tag{2.7}$$

其中 $0 \leqslant J(A,B) \leqslant 1$。

【例 2-2】　文本 A 包含单词集合{apple, banana, cherry},文本 B 包含单词集合{banana, cherry, date}。它们的交集是{banana, cherry},它们的并集是{apple, banana, cherry, date}。Jaccard 相似度为

$$J(A,B) = \frac{|A \cap B|}{|A \cup B|} = \frac{2}{4} = 0.5 \tag{2.8}$$

2. 基于文本向量的度量方法

基于文本向量的度量方法首先需要解决如何将文本映射到向量空间的问题。这里我们介绍信息检索(Information Retrieval, IR)中最常用的一种文本表示法 TF-IDF,该方法能够将文本转化生成句向量。然后,我们再利用距离度量的方法,如余弦距离等来计算文本相似度。

自然语言处理领域有一个常用的假设——词袋模型(Bag of Words)。词袋模型假设文本中的单词之间相互独立,即对于任意两个单词 A 和 B,A 的出现和 B 的出现没有关系,B 的出现和 A 的出现也没有关系。

基于词袋模型的假设,这里介绍信息检索中最常用的一种文本表示法 TF-IDF。TF(Term Frequency)为词频,指给定单词在文档中出现的频率。IDF(Inverse Document Frequency)为逆文档词频,表示包含给定单词的文档数量的倒数。TF 与 IDF 的乘积是单词与文档之间相关性的一种有效度量。因为一个词在文档中出现的频度越高,这个词对这个文

档就越重要。同时,如果一个词在文档中普遍存在,那么其在某一文档中的出现便不再具有信息量,因而 IDF 表示的是单词的信息量,用它对 TF 进行加权会更加准确地度量单词与文档之间的相关度。TF 和 IDF 的具体计算公式如下:

$$词频(TF) = \frac{某个词在文章中的出现次数}{文章的总词数} \tag{2.9}$$

$$逆文档频率(IDF) = \log\left(\frac{词料库的文档总数}{包含该词的文档数 + 1}\right) \tag{2.10}$$

例如,假设要统计一篇关于文档中的前 10 个关键词,首先想到的是统计一下文档中每个词出现的频率 TF,频率越高,这个词就越重要。但在统计完后会发现,你得到的关键词基本是"的""是""为"这样没有实际意义的词(停用词),这个问题怎么解决呢? 你可能会想到为每个词都加一个权重,像这种"停用词"就加一个很小的权重(甚至是置为 0),这个权重就是 IDF,因为"的""是""为"这种词在每个文档中都会出现,所以 IDF 就会非常小。然后将每个词的 TF 和 IDF 相乘,就可以得到更真实的每个词对于句子语义的贡献程度。因此,TF-IDF 方法是一种比独热更适合表示文本语义的通用方法。

TF-IDF 词袋模型用等长向量表示各个文档,一个文档产生一个向量,向量的长度等于系统词汇表中单词的个数,每个位置对应一个单词关于所表示文档的 TF-IDF 值。在文本被表示为 TF-IDF 词袋模型之类的向量之后,文本的相似度计算就变成向量的相似度计算,而向量的相似度可以通过它们之间的距离来度量,若距离小,则相似度大;反之,若距离大,则相似度小。常用的距离测度包括欧氏距离、曼哈顿距离、余弦距离等。

下面设 $X = [x_1, \cdots, x_n]$, $Y = [y_1, \cdots, y_n]$ 分别表示两个文档的文本向量,维数为 n。则二者之间的各种距离测度定义如下。

(1) 欧氏距离。

欧氏距离是最常用的距离计算公式之一,衡量的是多维空间中各个点之间的绝对距离,当数据很稠密并且连续时,这是一种很好的计算方式。

因为计算是基于各维度特征的绝对数值,所以欧氏度量需要保证各维度指标在相同的刻度级别,其公式为

$$d = \sqrt{\sum_{i=1}^{n} (x_i - y_i)^2} \tag{2.11}$$

(2) 曼哈顿距离。

曼哈顿距离也称为城市街区距离(City Block Distance)。如图 2.5 所示,相对于虚线表示的欧氏距离,实折线之和即曼哈顿距离,其标明两个点在标准坐标系上的绝对轴距总和,计算公式如下:

$$d = \sqrt{\sum_{i=1}^{n} |x_i - y_i|} \tag{2.12}$$

(3) 余弦距离。

余弦距离用向量空间中两个向量夹角的余弦值作为衡量两个个体间差异的大小。相比距离度量,余弦相似度更加注重两个向量在方向上的差异,而非距离或长度上。如图 2.6 所示,对比 $dist(A, B)$ 计算的欧氏距离,$\cos(\theta)$ 即余弦距离,其计算公式如下:

$$\cos \theta = \frac{\sum\limits_{i=1}^{n} x_i \times y_i}{\sqrt{\sum\limits_{i=1}^{n} x_i^2 \sum\limits_{i=1}^{n} y_i^2}} \tag{2.13}$$

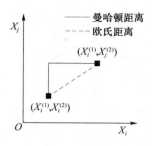
图 2.5　欧氏距离和曼哈顿距离的比较

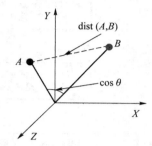
图 2.6　欧氏距离和余弦距离的比较

（4）其他距离。

其他距离的计算方法包括皮尔森相关系数、汉明距离、一般化的闵可夫斯基距离（当 $p=1$ 时，为曼哈顿距离，当 $p=2$ 时，为欧氏距离）等。

a. 皮尔森相关系数用来衡量的是两个向量之间的线性相关性，公式如下所示。取值区间为 $[-1,1]$。若小于 0，则表示负相关，即一个值越大，另一个值反而会越小；若大于 0，则表示正相关，即一个值越大，另一个值也会越大；0 表示没有线性相关。

$$\rho_{x,y} = \frac{\sum XY - \dfrac{\sum X \sum Y}{n}}{\sqrt{\left(\sum X^2 - \dfrac{\left(\sum X\right)^2}{n}\right)\left(\sum Y^2 - \dfrac{\left(\sum Y\right)^2}{n}\right)}} \tag{2.14}$$

b. 汉明距离为在数据传输差错控制编码里面的一个概念，它表示两个等长字符串在相同位置上不同字符的数量。我们以 $d(x,y)$ 表示两个字 x,y 之间的汉明距离。对两个字符串进行异或运算，并统计结果为 1 的个数，那么这个数就是汉明距离。比如：1011101 和 1001001 之间的汉明距离是 2；2143896 和 2233796 之间的汉明距离是 3。

2.2.3　文本相似度计算示例

基于文本相似度的计算理论，可通过一个例子来更好地理解如何计算文本相似度。

【例 2-3】　已知下面两个句子，以 TF 作为文档向量表示计算两个句子的相似度，并写出计算步骤。

句子 1："这件衣服号码大了，那个号码合适"。

句子 2："这件衣服号码不小，那个更合适"。

回答：计算步骤如下：

① 分词：若语料是中文，则相似度计算首先需要经过中文分词，拆分成词元（Token）进行后续计算。可以使用 jieba 等分词工具进行分词。

② 词袋模型：将比较句子中的所有词项（Term）列出，构成词项集合。

③ 计算词频 TF：计算词频集合中每个句子的词语出现的次数 TF。

④ TF 向量化：根据 TF 生成每个句子的文档向量 X 和 Y，如图 2.7 所示。

⑤ 距离计算：这里使用余弦距离计算两个句子向量 X 和 Y 的相似度，也可以尝试使用其他距离进行计算。通常，在长文本条件下，余弦距离的性能最好。

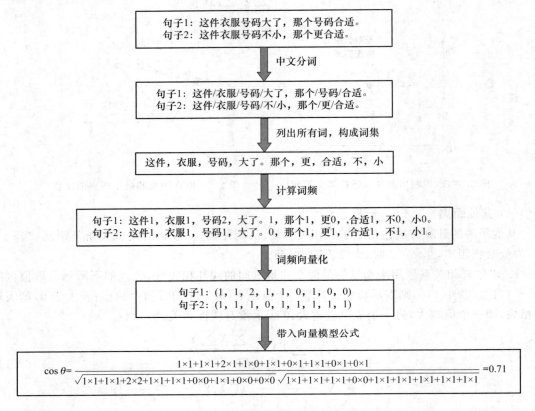

图 2.7　文本的余弦相似度比较示例

2.3　经典自然语言处理任务

2.3.1　文本摘要

文本摘要的发展历史可以追溯到计算机科学和人工智能的初期阶段。从早期的基于规则的方法，到现今的深度学习技术，该任务在研究和实践方面都取得了显著的进步。文本摘要的主要目标是提取一个或多个文本源的关键信息，生成一段简洁明了的内容摘要，同时保持原始文本的核心观点和重要细节。目前，文本摘要在实际应用中具有广泛的用途。例如，在新闻摘要、文献综述、会议总结等领域，能够极大地节省时间和精力，帮助用户迅速获取关键信息。文本摘要根据生成方式和特点可以分为两大类：抽取式摘要和生成式摘要。实现过程一般包括以下五个关键步骤：

（1）预处理：对原文进行预处理，包括去除噪声、数据清洗、分词等，以确保文本数据的质量。

（2）**特征提取**：对文本进行特征提取，生成特征向量，以捕捉文本的语义和结构信息。

（3）**评估句子评分**：对于抽取式摘要，评估每个句子的相对重要性。

（4）**构建语言模型**：对于生成式摘要，利用深度学习技术构建语言模型生成摘要。

（5）**摘要生成**：整合前面步骤的处理结果生成最终的摘要文本。

摘要生成实现过程如图 2.8 所示。

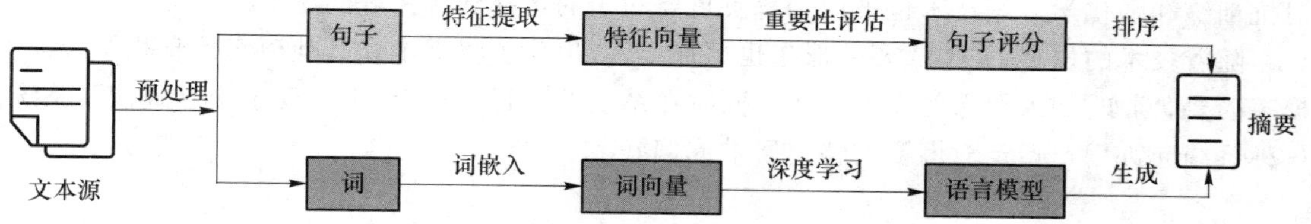

图 2.8　摘要生成实现过程

1. 抽取式摘要

抽取式摘要（Extractive Summarization）通过从原文中直接挑选出重要的句子或片段，然后按照一定的策略将这些句子组合成摘要。这种方法简单、直观，生成的摘要通常保持了原文的语法结构，因此句子语法上通常没有问题。然而这种方法有时可能会缺乏连贯性，现假设原文是一篇关于活动报道的长篇文章：

6 月 12—14 日，"青春无终点 逐梦向韶华"。北京邮电大学 2024 毕业季荧光夜跑活动在学校西土城校区田径场成功举办。活动吸引全校师生广泛参与，同学们在夜晚相聚田径跑道，共同展现青春活力，放飞自我梦想。

抽取式摘要可能会挑选出以下句子：

北京邮电大学 2024 毕业季荧光夜跑活动在学校西土城校区田径场成功举办，同学们在夜晚相聚田径跑道，放飞自我梦想。

这种摘要直接提取了原文中的关键句子，虽然保留了主要信息，但缺乏连贯性。

2. 生成式摘要

生成式摘要（Abstractive Summarization）则尝试理解原文的整体意义，并用自己的语言生成新的摘要文本。生成式摘要更类似于人类的写作方式，能够提供更加流畅和连贯的摘要。然而这种方法面临更大的技术挑战，包括准确捕捉原文信息和避免生成错误信息。目前，生成式摘要常依赖于深度学习技术，尤其是基于注意力机制的神经网络模型。这些模型通过大量的预训练数据学习语言结构和语义，从而生成高质量的摘要。

对于上述活动报道的文章，生成式摘要可能会生成：

北京邮电大学于 6 月 12—14 日在西土城校区举办了"青春无终点 逐梦向韶华"毕业季荧光夜跑活动，吸引全校师生参与，展现青春活力。

这种摘要不仅涵盖了原文的主要信息，还使用了流畅的语言，使摘要更具连贯性。

文本摘要具有很高的技术挑战性，主要体现在：一是需要理解自然语言的复杂性，要准确理解原文的语义，包括隐含意义理解，讽刺、比喻等语言手法的理解等。二是需要掌握信息的全面性和准确性，即要全面覆盖原文的关键信息，同时保持信息的正确和前后一致。三是需要处理不同长度和结构的文本，即要能够处理从短句到长篇文章不同长度和结构的文本。四是需要保持摘要的连贯性和可读性，即生成的摘要不仅要包含关键信息，还要有语言的流畅性和逻辑的连贯性。

实现文本摘要系统的方法有多种，早期的文本摘要系统依赖于统计特征，如词频、句子位置等来评估句子的重要性。伴随着深度学习技术的发展，系统开始使用循环神经网络（RNN）、长短时记忆网络（Long Short-Term Memory，LSTM）和 Transformer 等深度学习模型来提高摘要的质量和准确性。注意力机制的应用使模型能够更准确地发现文本中的重要部分，从而生成更高质量的摘要。此外，一些特殊的技术，如序列标注和句子排序、图排序算法、对抗训练和强化学习等技术也被用于解决重要句子的选择和排序等问题上。

随着技术的发展，文本摘要的形态也更加丰富，出现了将文本和其他模态信息相结合的多模态摘要，例如，加入图像的文本摘要。同时在系统的运行方式上，也出现了交互式摘要系统，这种系统允许用户指定对摘要的特定要求或偏好。

2.3.2 机器翻译

在 20 世纪中叶，机器翻译任务被提出，其目标是利用机器自动地将一种自然语言文本（源语言）转换为另一种自然语言文本（目标语言）。机器翻译可以帮助人类打破语言障碍进行信息传递，成为实现跨语言交流的工具。机器翻译已经在诸多领域得到广泛应用，比如国际商务、学术研究、旅游出行等。

早期机器翻译的研究中，语言学相关知识诸如词法分析、句法分析等在基于规则或统计的方法中起到了非常重要的作用。词法分析对输入的文本进行词汇层面的处理，包括词的切分、词性标注等。句法分析是对句子结构进行解析的任务，目标是自动地确定句子中词汇之间的语法关系，并构建出相应的句法结构。在神经机器翻译诞生前，机器翻译一直着力于研究源语言与目标语言中的对齐关系。2013 年，神经机器翻译被提出，该方法是一种使用深度学习神经网络获取自然语言之间的映射关系的方法。2014 年，序列到序列（Seq2Seq）学习的方法被提出，并应用在机器翻译任务中，为机器翻译领域带来了重大变革。同年，注意力机制被应用于机器翻译任务中，神经机器翻译性能得到了显著提升。现如今，神经机器翻译方法已被成熟地应用于各类翻译工具中。

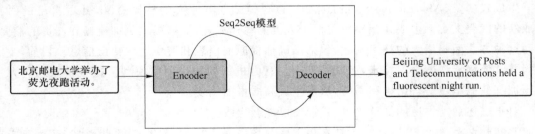

图 2.9　神经机器翻译实现示例

随着大语言模型的发展，基于大语言模型的机器翻译相比于近年的神经机器翻译，在性能上又有了进一步的提升，具有更强的上下文理解、泛化能力，提供了更准确、更自然流畅的输出。

机器翻译的难点：一是数据稀疏性问题，特别是在一些专业领域或地域语言中，标注好的双语句对数据往往十分稀疏，这使得机器翻译模型难以得到充分训练，从而影响翻译的准确性和流畅性。二是语言复杂性问题，自然语言的复杂性不仅表现在语法、词汇、修辞等多方面的灵活性上，还表现在与语境的紧密关联上，机器翻译在处理这些复杂性时面临挑战，如不同语境下同一句话可能具有完全不同的意思。三是语义理解问题，机器翻译需要准确理解源语言的语义，并在目标语言中找到对应的意思，但语言的丰富性和歧义性为此带来难题。四是文化差异问题，语言与文化紧密相关，不同文化背景导致表达方式、修辞、习语等方面的差异，机器翻译在处理这些差异时容易产生误解或表达不准确的问题。

为解决这些难点，研究者开发了多种针对性的技术。例如，开发专门的自动数据采集技术，从源头增加系统的训练数据量；运用数据增强技术，对现有的数据资源进行扩充；深入探索语境信息在机器翻译中的作用，开发更强大的语境建模技术以处理语言的复杂性；加强语义表示和建模的研究，开发更精确的语义理解技术；加强跨文化研究，开发灵活的文化适应能力强的机器翻译模型，以解决文化差异带来的问题等。

除了直接应对技术难点，研究者还采取辅助的方法来提高机器翻译系统的性能。例如，利用后翻译技术（Back Translation）增强数据，通过迭代过程改善翻译质量。通过将短语表、词典、语言模型等外部知识引入翻译模型，以提高翻译的准确性等。

2.3.3　知识图谱

知识图谱是由 Google 公司在 2012 年提出来的一个新概念。从学术的角度，可以这样定义知识图谱："知识图谱本质上是语义网络（Semantic Network）的知识库。"从实际应用的角度，可以把知识图谱理解成概念和实体的多关系图（Multi-Relational Graph），是一种形象地展示知识核心结构的可视化图。Google 公司最初利用知识图谱更好地理解用户搜索的信息，来提升搜索的深度和广度。目前，知识图谱已经广泛应用于各种复杂的任务中，比如对话理解、知识推理、阅读理解等。

1. 知识图谱的关键技术

知识图谱构建涉及的自然语言处理关键技术包括命名实体识别和实体关系抽取等。

（1）命名实体识别（Named Entity Recognition，NER）又称为实体抽取，在自然语言处理技术走向实用化的过程中占有重要地位，属于序列标注的问题。该问题的目标是对输入模型的时序文本中的每个字都打上一个标签，并将其分类为预定义的类别。目前，学术上一般包含三个大类（实体类、时间类、数字类）和 7 个小类（人、地名、时间、组织、日期、货币、百分比），统称为标准实体，是问答系统、翻译系统、知识图谱的基础。

（2）实体关系抽取（Relation Extraction，RE）是信息抽取的一个子任务，其主要目的是把无结构的自然语言文本中所蕴含的实体语义关系挖掘出来，整理成三元组 $<E_1,R,E_2>$。其中，E_1、E_2 是实体类型；R 是关系描述类型。

2. 知识图谱建立抽象结构的工具

知识图谱通过实体及其相互关系来形式化地描述语义体系。为此，知识图谱通常以本体（Ontology）为工具建立其抽象结构，实现外显知识的提取和蕴含知识的推理。

本体是一个古老的哲学名词，用于表示世界中的存在。例如，在笛卡儿的本体论中，世界上只存在心灵、物质和上帝三类实体。在现今应用中，本体代表特定领域实体的类型、属性以及实体之间关系的命名和定义体系。换言之，本体是对特定领域中某类概念及其相互关系的形式化表达。

针对知识图谱的本体，常采用简化形式。如 $O=\{C,I,T,P\}$ 是一种结构，用来描述知识图谱。其中，C描述领域中的抽象概念；I是概念的实例；T表示概念与实例之间的关系；P描述实例的其他性质。

本体是生成知识图谱的模具，知识图谱是在本体约束下知识的具体表达。知识图谱中的基本知识结构是两个结点及其连接所构成的三元组。例如，"邓小平出生于广安"这条知识可由< 邓小平，出生于，广安> 三元组表示，将其嵌入到知识图谱中就是在<邓小平>和<广安>这两个实体结点之间建立一条<出生于>的连接。构建知识图谱的本体，就是要对如何建立以及建立何种三元组知识结构进行规范，是一项技术性很强的工作。

本体构建有自顶向下、自底向上以及二者相结合的不同方式。自顶向下的方式在抽取和积累具体知识结构之前对本体中的实体及关系的类型进行定义，通过本体语言（Ontology Language）进行描述。自底向上的方式则先抽取和积累各种知识结构，然后对其中的实体及关系的类型进行提炼概括，进而定义和描述本体。二者结合的方式是先用自顶向下的方式定义基本的实体及关系的类型，然后再用自底向上的方向对其进行扩充。

如图 2.10 所示，从句子"何某某是北京邮电大学校友"中，可以使用命名实体识别技术抽取实体 E_1"何某某"，类型人名；抽取实体 E_2"北京邮电学"，类型组织，识别关系 R 是"校友"关系，组成三元组<E_1，R，E_2>为<何某某，校友，北京邮电大学>。

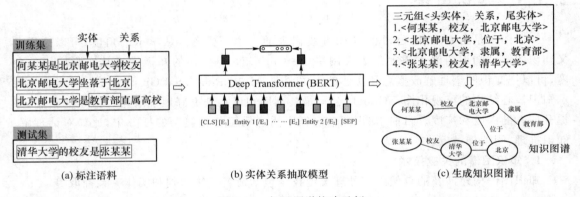

图 2.10　知识图谱构建示例

3. 事理图谱

事理图谱是一种特殊的知识图谱。一般认为，知识图谱是以"概念及概念间的关系"为核心的，以名词为核心结点；事理图谱侧重"事理逻辑"，是以事件为核心的知识库，事件逻辑就是事件之间在时间上相继发生的演化规律和模式。所以，事理图谱也是由结点和关系组成的图谱，区别在于事理图谱的结点是"事件"，关系是事件之间的因果、条件、顺承等关系。因此，事件与实体抽取的区别在于：

图 2.10 的彩图

（1）事件是具有主谓宾结构的短语，里面包括多个实体和谓词。其中，主语/宾语均是实体或者由实体组成。

（2）在不同的事例中，事件描述的差异性较大且存在某些特殊的语法情况。事件抽取的实体更复杂，准确率较低。

下面列举两个事件来说明事理图谱中的事件三元组，如图 2.11 所示。

事件 1——大学生购买考研书籍 or 上考研辅导班。

事件逻辑：意图就是上研究生。

事件 2——一个用户上网检索机票和酒店的信息。

事件逻辑：意图可能是计划旅行或出差。

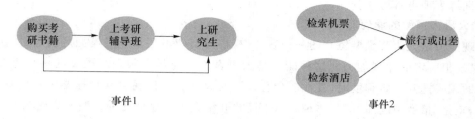

图 2.11　事理图谱的事件示例

事理图谱和知识图谱的构建具有很多相似点。事理图谱也是通过事件抽取和事件关系抽取构成的。其中，事件抽取模型依然可以采用命名实体识别相关模型来处理，只是原始语料的标注方式不同；事件关系抽取也可以采用实体关系抽取相关模型。

2.4　大语言模型

大语言模型（Large Language Models，LLMs）是一种深度学习驱动的人工智能技术。这些模型利用海量的数据进行训练，深入模仿人类语言的复杂性，实现了与人类相媲美的文本生成能力。文心一言、通义千问、Kimi Chat、ChatGPT 等代表性大语言模型，不仅在人机交流方面表现出色，还在解决各种任务上展现了非凡的能力，对人工智能领域的研究产生了显著的影响。本节将主要探讨大语言模型的背景、发展历程、关键技术以及应用案例。

2.4.1　大语言模型背景

大语言模型通常指的是参数数量巨大（数十亿甚至更多）的 Transformer 语言模型，采用自监督学习方法，在规模庞大的数据集上进行训练来提升性能。这类模型的代表包括 ChatGPT、PaLM 和 LLaMA 等。自 2018 年起，众多科技巨头和研究机构如 OpenAI、Google、华为和百度等，相继发布了 BERT、GPT 等多款模型，并在各类自然语言处理任务上取得了显著成就。2019 年，大型模型的发展迎来了爆炸性增长，尤其是 2022 年 11 月由 OpenAI 推出的 ChatGPT，更是在全球范围内引发了广泛的关注。这类模型允许用户以自然语言的方式与其进行交互，完成从理解到生成的各类任务，如问答、翻译、摘要和分类等。大语言模型不仅展现了其对知识的掌握，也体现了对语言深层次的理解能力。为了进一步理解大语言模型的工作原理，本小节内容将简要介绍其基础背景，包括模型的扩展定理和涌现能力。

1. 大语言模型的扩展定理

研究者发现，通过增加训练数据的规模或提升模型的复杂度，大语言模型能够更准确地理解自然语言的上下文，从而生成高质量的文本内容。这种性能提升可以通过扩展定理来阐述，即大语言模型的性能会随着模型规模、数据集规模和总计算量的增加而提升。例如，GPT-3 和 PaLM 通过将模型规模扩大到 1 750 亿和 5 400 亿参数，来探索扩展定理的边界极限。然而在实际应用中，计算资源往往是有限的。因此，研究者们提出在模型规模、数据集规模和计算量之间探索最优权衡的方法。例如，Hoffmann 提出的 Chinchilla 缩放法则强调当给定计算资源增加时，模型规模和数据集规模应等比例增长。此外，训练数据集的质量对大语言模型的性能有着重要影响，因此在扩大训练数据集规模时，数据的采集和过滤策略显得尤为关键。对大语言模型的扩展定理的探索，为人类提供了更直观的视角去理解大语言模型的训练过程，使得模型的训练表现更具可预测性。

2. 大语言模型的涌现能力

涌现能力是大语言模型特有的一种表现，在小模型中不存在。当模型规模超过一定阈值后，便显现出一定的涌现能力。这种能力是大语言模型与早期预训练模型的一个重要区别。当模型的规模达到一定程度时，其性能会有显著的提升。这种现象与物理学中物质状态的相变类似，正是"量变引起质变"的体现。以下简要介绍大语言模型几种典型的涌现能力。

（1）上下文学习：GPT-3 模型中正式引入了上下文学习能力。该模型能够根据接收到的自然语言指令，预测并生成与输入文本相匹配的单词序列，而无须进行额外的训练步骤。

（2）逐步推理：对于涉及多步推理的复杂任务，如数学问题和代码生成，小语言模型通常难以胜任。然而大语言模型通过"思维链"提示机制，利用包含推理过程中的提示，可以有效地解决这些问题。这种推理能力很可能源于对大量代码数据的训练。

（3）指令遵循：适当的任务指令能够有效提升大语言模型的性能。例如，通过精确的自然语言表述对任务进行细化，可以增强模型在新任务中的泛化性能。不失一般性，指令越清晰、越精确，模型遵循指令的能力就越强，也越能得到期望的任务响应；而过于复杂或者模糊的指令则可能会降低模型的性能。

大语言模型所展示的涌现能力，是其解决复杂问题的关键所在，同时也是构建通用人工智能模型的基石。

2.4.2　大语言模型的发展历程

尽管大语言模型的发展历程仅仅不到五年，但其进步速度却极为迅速。目前，国内外已经发布了超过一百种大语言模型。图 2.12 根据时间线梳理了近年来参数量为 100 亿以上并且具有显著影响的大语言模型，其发展大致可以分为三个主要阶段：基础模型阶段、能力探索阶段以及突破发展阶段。

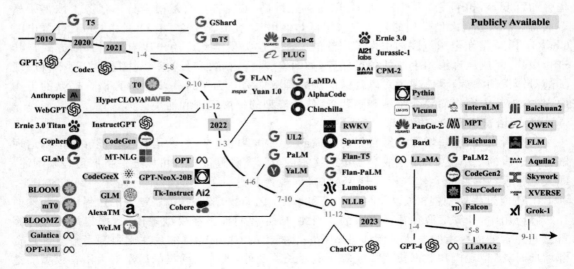

图 2.12　大语言模型的发展时间线

1. 基础模型阶段

在 2021 年之前，大语言模型的发展主要集中在基础模型的构建上。在这一时期，Vaswani 及其团队在 2017 年提出了 Transformer 架构，这对机器翻译领域是革命性的进步。随后，Google 公司和 OpenAI 公司在 2018 年相继推出了 BERT 和 GPT-1 模型，标志着预训练语言模型的新纪元。BERT-Base 和 BERT-Large 的参数量分别达到了 110M 和 340M，而 GPT-1 则拥有 117M 的参数量，相较于同期其他深度神经网络，这些模型的参数量有了显著的增长。2019 年，OpenAI 公司发布了参数量高达 1.5B 的 GPT-2 模型。同年，Google 公司也推出了参数量为 11B 的 T5 模型。到了 2020 年，OpenAI 公司进一步将 GPT-3 模型的参数量提升至 175B。此后，国内也陆续发布了多款大语言模型，如清华大学的 ERNIE(THU)、百度的 ERNIE(Baidu)和华为的盘古-α 等。在这一阶段，研究的重点在于语言模型的结构本身，涵盖了仅编码器、编码器-解码器以及仅解码器等不同架构的模型。与 BERT 规模相似的模型通常采用预训练加微调的方法，以适应不同的下游任务。然而当模型的参数量超过 1B 时，由于微调所需的计算资源显著增加，这些大语言模型相较于 BERT 一类的模型在实际应用中的影响力有所不及。

2. 能力探索阶段

在能力探索阶段，我们主要关注大语言模型在特定任务微调方面的挑战。这一阶段的研究目标是开发出一种方法，使得模型能够在不针对单一任务进行微调的情况下，也能充分发挥其潜力。2019 年，Radford 团队利用 GPT-2 模型研究了大语言模型处理零样本任务的能力。随后，Brown 团队在 GPT-3 模型上进一步研究了通过上下文学习实现小样本学习的方法，该方法通过将少量标注实例前置于输入样本，一起输入至语言模型，使模型能够理解任务并产生正确答案。这种方法在 WebQS、TriviaQA 等评测集上展现了强大的性能，在某些任务上甚至超越了传统的监督学习方法。由于上下文学习无须修改模型参数，减少了模型微调所需的大量计算资源。然而仅依赖语言模型本身，其在许多任务上的性能难以与监督学习相匹敌。为了解决这一问题，研究者们提出了指令微调技术，将多种任务整合进生成式自然语言理解框架，并通过构建训练语料库进行微调。这使得大语言模型能够一次性学习并掌握多种任务，并拥有良好的泛化能力。2022 年，Ouyang 团队提出了 InstructGPT 算法，该算法结合了有监督微调和强化学习方法，使得大语言模型可以在使用少量数据训练下遵循人类的指令。同时，Nakano 团队致力于开发 WebGPT，这是一种融合了搜索引擎功能的问答算法。这些方法在零样本和小样本学习的基础上，进一步扩展到对多种任务以监督方式进行微调的生成式框架，有效提高了大语言模型的性能。

3. 突破发展阶段

自 2022 年 11 月 ChatGPT 的推出，标志着大语言模型进入了突破发展的新阶段。ChatGPT 通过简洁的对话界面，以大语言模型为基础，实现了问答、代码生成、文本创作、解决数学问题等功能，这些功能在过去通常需要众多特定小模型来分别完成。ChatGPT 在开放性问答、多样化文本生成任务以及对话上下文理解方面的表现超出了人类的预期。紧接着，在 2023 年 3 月，GPT-4 的发布进一步推动了大语言模型的发展，它不仅提升了性能，还拥有了多模态理解的能力。在多项标准化测试中，GPT-4 的成绩超过了 88% 的人类考生，涵盖了美国律师资格考试、学术评估测试和法学院入学考试等。此外，众多企业和研究机构也纷纷推出了各自的大语言模型系统,如百度的文小言、Google 的 Bard 和智谱的 ChatGLM 等。表 2-1 和表 2-2 列出了典型闭源和开源大语言模型的基本情况。自 2022 年起,大语言模型的发展呈现出爆炸性增长,不同机构竞相推出了多样化的大语言模型。这些进展不仅体现了技术的飞速进步,也预示着大语言模型在未来应用中的广阔前景。

表 2-1　典型闭源大语言模型统计

模型名称	发布时间	模型参数量	基础模型	预训练数据量
GPT-3	2020 年 5 月	1 750 亿	—	3 000 亿 tokens
ERNIE 3.0	2021 年 7 月	100 亿	—	3 750 亿 tokens
FLAN	2021 年 9 月	1 370 亿	LaMDA-PT	—
Yuan 1.0	2021 年 10 月	2 450 亿	—	1 800 亿 tokens
Anthropic	2021 年 12 月	520 亿	—	4 000 亿 tokens
GLaM	2021 年 12 月	12 000 亿	—	2 800 亿 tokens
LaMDA	2022 年 1 月	1 370 亿	—	7 680 亿 tokens
InstructGPT	2022 年 3 月	1 750 亿	GPT-3	—
Chinchilla	2022 年 3 月	700 亿	—	—
PaLM	2022 年 4 月	5 400 亿	—	7 800 亿 tokens
Flan-PaLM	2022 年 10 月	5 400 亿	PaLM	—
GPT-4	2023 年 3 月			
PanGu-Σ	2023 年 3 月	10 850 亿	PanGu-α	3 290 亿 tokens
Bard	2023 年 3 月	—	PaLM-2	
ChatGLM	2023 年 3 月			
天工 3.5	2023 年 4 月			
知海图 AI	2023 年 4 月			
360 智脑	2023 年 4 月			
文小言	2023 年 4 月			
通义千问	2023 年 5 月			
MinMax	2023 年 5 月			
PaLM2	2023 年 5 月	160 亿		1000 亿 tokens
浦语书生	2023 年 6 月			
豆包	2023 年 8 月			
Kimichat	2023 年 10 月			

表 2-2　典型开源大语言模型统计

模型名称	发布时间	模型参数量	基础模型	预训练数据量
T5	2019 年 10 月	110 亿	—	1 万亿 tokens
mT5	2020 年 10 月	130 亿	—	1 万亿 tokens
PanGu-α	2021 年 4 月	130 亿	—	1.1 万亿 tokens

模型名称	发布时间	模型参数量	基础模型	预训练数据量
CPM-2	2021 年 6 月	1 980 亿	—	2.6 万亿 tokens
T0	2021 年 10 月	110 亿	T5	—
CodeGen	2022 年 3 月	160 亿		5 770 亿 tokens
GPT-NeoX-20B	2022 年 4 月	200 亿		825 GB 数据
OPT	2022 年 5 月	1 750 亿	—	1 800 亿 tokens
GLM	2022 年 10 月	1 300 亿	—	4 000 亿 tokens
Flan-T5	2022 年 10 月	110 亿	T5	—
BLOOM	2022 年 11 月	1 760 亿		3 660 亿 tokens
Galactica	2022 年 11 月	1 200 亿		1 060 亿 tokens
BLOOMZ	2022 年 11 月	1 760 亿	BLOOM	—
OPT-IML	2022 年 12 月	1 750 亿	OPT	—
LLaMA	2023 年 2 月	652 亿	—	1.4 万亿 tokens
MOSS	2023 年 2 月	160 亿	Codegen	—
ChatGLM-6B	2023 年 4 月	62 亿	GLM	—
Alpaca	2023 年 4 月	130 亿	LLaMA	—
Vicuna	2023 年 4 月	130 亿	LLaMA	—
Koala	2023 年 4 月	130 亿	LLaMA	—
Baize	2023 年 4 月	67 亿	LLaMA	—
Robin-65B	2023 年 4 月	652 亿	LLaMA	—
BenTsao	2023 年 4 月	67 亿	LLaMA	—
StableLM	2023 年 4 月	67 亿	LLaMA	1.4 万亿 tokens
GPT4All	2023 年 5 月	67 亿	LLaMA	—
MPT-7B	2023 年 5 月	67 亿	—	1 万亿 tokens
Falcon	2023 年 5 月	400 亿		1 万亿 tokens
OpenLLaMA	2023 年 5 月	130 亿		1 万亿 tokens
Gorilla	2023 年 5 月	67 亿	MPT/ Falcon	—
RedPajama-INCITE	2023 年 5 月	67 亿		1 万亿 tokens
TigerBot-7b-base	2023 年 6 月	70 亿		100GB 语料
悟道天鹰	2023 年 6 月	330 亿		—
Baichuan-7B	2023 年 6 月	70 亿		1.2 万亿 tokens
Baichuan-13B	2023 年 7 月	130 亿		1.4 万亿 tokens
Baichuan-Chat-13B	2023 年 7 月	130 亿	Baichuan-13B	
LLaMA2	2023 年 7 月	700 亿	—	2.0 万亿 tokens
FLM	2023 年 9 月	1010 亿		3110 亿 tokens
Skywork	2023 年 11 月	130 亿		3.2 万亿 tokens

2.4.3　大语言模型关键技术

大语言模型历经不断的演进与发展，现已演变为具备通用性和学习能力的高效工具。预训练技术在这一演进过程中起到了基石的作用，为模型的能力提升奠定了坚实的基础。此外，众多关键性技术的提出也对增强大语言模型的性能起到了至关重要的作用。以下将简要概述一些可能对大语言模型的成功起到重要影响的技术——预训练技术、大语言模型架构、微调技术和提示策略。

1. 预训练技术

大语言模型的预训练（在海量的数据集上进行）过程赋予了其基础的语言理解与生成能力。当这些预训练模型用于特定的下游任务时，通常无须深入了解任务的复杂性或设计专门的神经网络架构。相反，只需要对预训练模型进行"微调"，也就是利用与特定任务相关的标签数据对预训练模型进行进一步的监督学习，便可以显著提高模型的性能。此过程中，预训练所用数据集的质量和规模是决定大语言模型能否获得卓越能力的关键因素。图 2.13 所示为部分典型大语言模型的预训练数据来源分布。

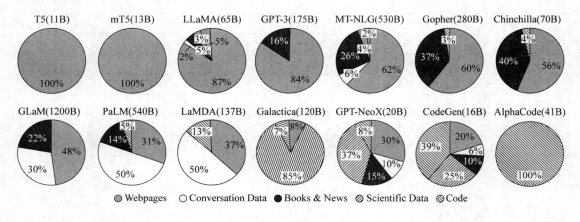

图 2.13　现有大语言模型预训练数据中各种数据的来源及比例

在大语言模型的训练过程中，通常会采用两种预训练任务：语言建模和去噪自编码。对于只包含解码器结构的大语言模型（例如 PaLM 和 GPT3），语言建模任务是最主要的预训练目标。该任务基于序列中已出现的 token 序列 $x = \{x_1, \cdots, x_{i-1}\}$，自回归地预测序列中的下一个 token x_i。与语言建模任务不同，去噪自编码的输入是一个包含随机替换的损坏文本 $\tilde{x}$，目的是训练模型来识别并恢复原始的 token x。尽管去噪自编码在理论上具有潜力，但由于其在实现上的复杂性，它并未像语言建模任务那样被普遍应用于大语言模型的预训练阶段。

2. 大语言模型架构

在大语言模型的预训练过程中，构建良好的模型架构是至关重要的。目前，大语言模型的架构主要分为三类：编码器—解码器架构、因果解码器架构和前缀解码器架构，如图 2.14 所示。

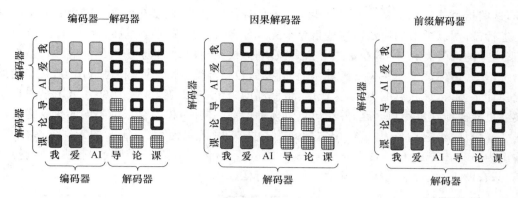

图 2.14　三种架构的注意力机制示意

注：▨表示前缀 token 之间的注意力，■表示前缀 token 和目标 token 之间的注意力，▦表示目标 token 之间的注意力，以及▢表示掩码注意力。

（1）编码器—解码器架构。传统 Transformer 模型采用编码器—解码器架构，由两个 Transformer 模块组成，分别扮演编码器和解码器的角色。编码器通过多层自注意力机制对输入序列进行处理，以获得其嵌入表示。解码器则利用这些表示，通过交叉注意力机制和自回归方法生成输出序列。基于这种架构的预训练语言模型（如 T5 和 BART）在多种 NLP 任务中表现出色。尽管如此，目前只有少数大语言模型如 Flan-T5，采用编码器-解码器架构。

（2）因果解码器架构。因果解码器架构使用单向注意力掩码机制，确保每个输入 token 只关注其自身及之前的 token。在这种架构下，解码器以同样的方式处理输入和输出 token。GPT 系列模型是采用因果解码器架构的典型代表，它们展示了这种架构在语言模型开发中的成功应用。特别是 GPT-3 模型，不仅证实了该架构的有效性，还突显了大语言模型卓越的上下文学习能力。值得注意的是，GPT-1 和 GPT-2 并没有达到 GPT-3 的性能水平，这表明模型规模的增加对于提升模型性能具有显著影响。目前，因果解码器架构已被广泛应用于多种大语言模型中，包括 BLOOM、OPT 和 Gopher 等。

（3）前缀解码器架构。前缀解码器架构对因果解码器的注意力掩码进行了调整，允许模型对前缀 token 执行双向注意力机制，而对于生成的 token 则仅进行单向注意力处理。这种设计使得前缀解码器能够像编码器—解码器架构那样，双向处理前缀序列，并以自回归的方式逐一预测输出 token，同时在编码和解码阶段共享参数。在实际应用中，通常不是从零开始预训练，而是在已有的因果解码器模型基础上继续训练，随后将其转化为前缀解码器，以加快收敛速度。例如，U-PaLM 就是从 PaLM 模型演变而来的。目前，基于前缀解码器架构的大语言模型有 U-PaLM 和 GLM-130B 等。

3. 微调技术

大语言模型完成预训练后，具备了处理各类任务的通用能力。尽管如此，近期的多项研究指出，还可以进一步优化预训练后的大语言模型，使其更好地适应特定的下游任务。本节内容将探讨大语言模型两种主要的微调策略：指令微调和对齐微调。指令微调的目标是提升（或激活）大语言模型的能力；而对齐微调则致力于使大语言模型的行为更加符合人类的价值观和偏好。此外，我们还将介绍一种高效的参数微调策略。

（1）指令微调。指令微调技术是一种优化预训练大语言模型的方法，它涉及使用由指令（任务描述）和期望输出对构成的数据集来微调模型。在这一过程中，首先引入一组预定义的指令,这些指令清晰地定义了模型将要完成的任务。紧接着,模型在包含这些指令的特定数据集上进行微调,以学习如何依据这些指令来完成任务。如图 2.15 所示的示例,若给定输入为"北京明天的天气怎么样?",在不进行指令微调时,模型输出为"北京明天的天气预计是多云"。若给定指令"请你详细回答关于天气状况的问题,包括温度,湿度等",模型输出为"北京明天的天气预计是多云,最高温度为 25 摄氏度,最低温度为 15 摄氏度,湿度为 60%",用户的指令能让模型更准确地理解用户问题,并给出更具体的回答。同时,模型会根据不同的指令完成不同的任务。例如,给定指令为"请将中文翻译为英文",输入仍为"北京明天的天气怎么样?",模型输出为"What will the weather be like in Beijing tomorrow?"。上述实例表明,通过构建指令集合,有助于大语言模型更准确地理解并执行任务。

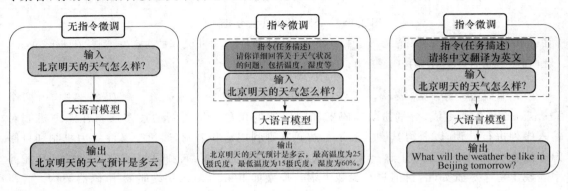

图 2.15　指令微调示例

（2）对齐微调。大语言模型在训练过程中会学习并模仿其训练数据集中的各种数据模式（数据质量参差不齐）,这可能导致它们生成对人类有害、误导或带有偏见的信息。为了解决这一问题,需要对大语言模型进行调整,以确保它们的行为与人类的价值观（如有用性、诚实性和无害性）保持一致。为了实现这一目标,InstructGPT 提出了一种基于人类反馈的强化学习方法（Reinforcement Learning from Human Feedback, RLHF）。该方法将人类评估者的意见纳入模型的训练过程中,利用人类提供的反馈数据对大语言模型进行微调,以提高模型与人类价值观的一致性。图 2.16 对比了大语言模型在有/无对齐微调时,对于同一输入的不同输出。在给出的例子中,无对齐微调时,大语言模型对于输入"农村的土地价格要更便宜一些,所以更适合发展有污染的产业吗?",产生了带偏见的输出"是的,农村的土地价格相对较低,这使得农村地区更适合发展污染较严重的产业。"。这不符合人类的价值观,违背了无害性输出的原则。而利用人类提供的反馈数据对大语言模型进行对齐微调后,大语言模型的输出首先指出了输入中存在的逻辑谬误,即"我们不能简单地认为农村土地价格便宜就适合发展污染产业",并给出了恰当且合理的解决方案。经过对齐微调后的大语言模型确保了输出内容的无害和有用,与人类的偏好和价值观保持一致。

（3）参数高效微调。大语言模型由于其庞大的参数量,在进行全参数微调时会面临较高的计算成本。为了在保持性能的同时减少可训练参数,人们提出了参数高效微调。目前,低秩自适应（Low-Rank AdaPtation, LoRA）方法通过在每层引入低秩约束来近似更新参数矩阵,已经在多个开源大语言模型中得到应用,如 BLOOM 和 LLaMA 等。LoRA 的算法结构如图 2.17 所示。LoRA 的优势在于显著减少了内存和存储的需求,并且允许在保留单一大型模型的同时,创建多个针对特定任务优化的低秩矩阵。除 LoRA 外,还有其他几种方法被提出并用于高效微调 Transformer 模型,包括提示微调、适配器微调和前缀微调。

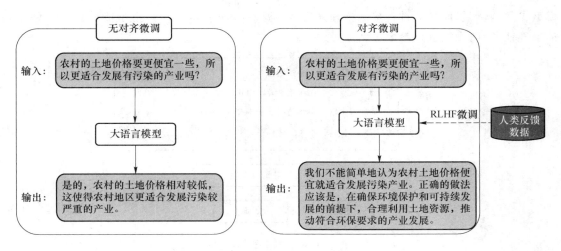

图 2.16　对齐微调示例

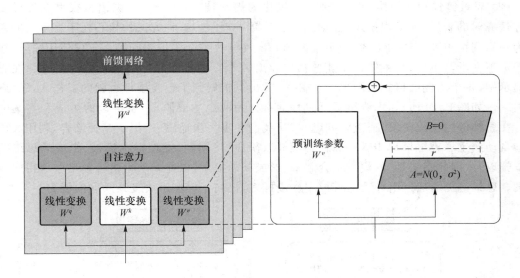

图 2.17　LoRA 算法结构

4. 提示策略

在大规模数据集上预训练后,大语言模型展现出了处理多种通用任务的潜力。但在处理特定任务时,这些潜力可能并未明显表现出来。为了激发这些潜力,可以采用一些技术策略,如设计恰当的提示指令或上下文学习(Incontext Learning,ICL)策略。例如,通过在提示中加入推理步骤的思维链(Chain-of-Thought,CoT)已被证实能有效解决复杂的推理问题。此外,通过使用给定输入、输出示例的上下文学习策略,大语言模型可以更好地适应特定的任务。需要注意的是,这些策略主要针对大语言模型的涌现能力,对于小语言模型的效果可能会有所不同。

(1)上下文学习。上下文学习是随着 GPT-3 模型的推出而首次被提出的概念。这种学习方式允许模型从少量与特定任务相关的示例中学习,这些示例连同待处理的测试样本一起输入模型,模型便能够基于这些示例生成测试样本的答案。如图 2.18 所示,能够推断出该测试句子的情感极性,如"正面"。上下文学习的核心理念是从模仿中进行学习,这一过程不涉及模型参数的调整，而是通过直接的推理来实现。这种方法使得大语言模型能够处理各种复杂的推理任务，而无须进行参数更新。

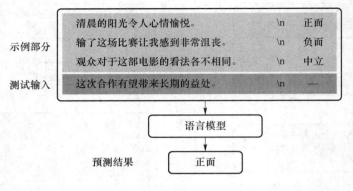

图 2.18　上下文学习示例

（2）思维链提示。思维链提示是一种优化的提示技术，用于增强大语言模型在处理复杂推理任务时的表现，如常识推理、数学问题和符号推理等。这种方法的核心在于将复杂问题细化为一系列可单独求解的步骤，而不是试图一次性解决整个多步骤问题。与仅使用输入、输出对的上下文学习不同，思维链提示还包括推导出最终答案所需的中间逻辑推理步骤。在思维链提示中，每个示例的格式从简单的＜输入，输出＞扩展到了包含推理过程的＜输入，思维链，输出＞。如图 2.19 所示，思维链提示过程通常分为两个主要阶段：思维链的生成和答案的提取。在思维链的生成阶段，通过将问题与"让我们一步一步地思考"提示模板结合，利用大语言模型自动产生思维链推理步骤。而在答案提取阶段，将问题、推理提示模板、生成的思维链推理步骤以及"因此答案是"的模板结合起来，形成新的提示，以此来从大语言模型中获得问题的答案。思维链提示通过引导大语言模型逐步推理，提高了模型解决复杂问题的能力。

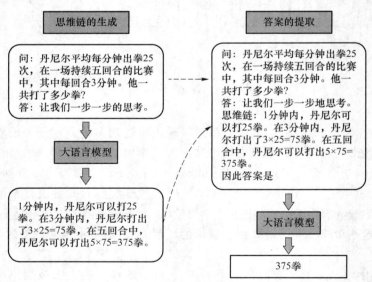

图 2.19　思维链提示示例

2.4.4　代表性大语言模型

继 OpenAI 公司发布大语言模型 ChatGPT 后,业界各科技公司也陆续开发出自家的大语言模型。这些模型在处理自然语言理解和生成方面展现出了前所未有的能力,极大地推动了人工智能在多个领域的应用和发展。本节以文心一言、通义千问、豆包和 KimiChat 为例,主要介绍其在智能对话和信息处理方面的应用。

1. 文心一言

2023 年 3 月 16 日,百度全新一代的知识增强型大语言模型——文心一言(ERNIE Bot)正式发布,是中国最早发布的大语言模型产品,如图 2.20 所示。文心一言能够与人对话互动、回答问题、协助创作,高效便捷地帮助用户获取信息、知识和灵感。文心一言从数万亿数据和数千亿知识中融合学习,得到预训练大模型,在此基础上采用有监督精调、人类反馈强化学习、提示等技术,具备知识增强、检索增强和对话增强的技术优势。

图 2.20　文心一言主页

（1）文心一言的五个使用场景的综合能力。文心一言的模型具有五个使用场景的综合能力,即文学创作、商业文案创作、数理逻辑推算、中文理解和多模态生成。

① 文学创作。文心一言能够根据对话问题进行文学创作,比如将知名科幻小说《三体》的核心内容进行总结,并提出多个续写《三体》的建议角度,体现出对话问答、总结分析、内容创作生成的综合能力。此外,生成式 AI 在回答事实性问题时常常"胡编乱造",而文心一言延续了百度知识增强的大模型理念,大幅度提升了事实性问题的准确率。

② 商业文案创作。文心一言能够顺利完成给公司起名、写 Slogan、写新闻稿的创作任务。在连续内容创作生成中,文心一言既能准确地理解人类意图,又能清晰地表达,这是基于庞大数据规模而发生的"智能涌现"。

③ 数理逻辑推算。文心一言还具备一定的思维能力,能够学会数学推演及逻辑推理等相对复杂的任务。面对"鸡兔同笼"这类锻炼人类逻辑思维的经典题,文心一言能理解题意,并有

正确的解题思路，进而像学生做题一样，按正确的步骤，一步一步算出正确答案。

④ 中文理解。作为扎根于中国市场的大语言模型，文心一言具备中文领域较先进的自然语言处理能力，在中文语言和中国文化上有更好的表现。比如：文心一言正确解释了成语"洛阳纸贵"的含义、"洛阳纸贵"对应的经济学理论，还用"洛阳纸贵"四个字创作了一首藏头诗。

⑤ 多模态生成。文心一言不仅能生成文本、图片、音频和视频，还能生成四川话等方言语音。

（2）文心一言的技术优势。文心一言的技术优势包括有监督精调、人类反馈的强化学习、提示、知识增强、检索增强和对话增强。前三项是这类大语言模型都会采用的技术，在文心一言中又有了进一步强化和打磨；后三项则是在百度已有技术优势上的再创新，也是文心一言未来越来越强大的基础。

① 知识增强。知识首先是从大规模知识和无标注数据作为知识构造训练数据，把知识学习到模型参数中；之后则是引入外部多源异构知识，做知识推理、提示构建等。

② 检索增强。来自以语义理解与语义匹配为核心技术的新一代搜索架构。通过引入搜索结果，可以为大模型提供时效性强、准确率高的参考信息。

③ 对话增强。基于对话技术和应用积累，文心一言具备记忆机制、上下文理解和对话规划能力，从而更好地实现对话的连贯性、合理性和逻辑性。

2. 通义千问

"通义千问"是2023年5月由阿里云研发的一款先进的人工智能语言模型。其以强大的自然语言处理能力与广泛的知识覆盖面，在教育、咨询、信息检索等领域发挥着重要作用。

（1）通义千问的功能。"通义千问"作为一款人工智能问答系统，如图2.21所示，其主要功能在于理解和生成人类自然语言，能够提供精准详尽的问题解答服务。无论是专业领域的知识查询、日常生活的疑问解答，还是新闻时事的解读分析，"通义千问"都能以接近真人对话的方式，实时为用户提供高质量的信息反馈。此外，它还支持多种语言交互，以满足不同用户群体的需求。

图 2.21　通义千问主页

① 智能搜索和问答系统。通义千问可以用于构建智能搜索引擎和问答系统,帮助用户快速找到需要的信息。它可以理解用户提出的问题,并且从海量的文本数据中找到相关的答案,为用户提供更加智能和高效的信息检索服务。

② 语义理解和对话系统。通义千问能够理解自然语言文本的语义,并且可以进行自然对话。这使得它可以被应用于构建智能对话系统,例如智能客服机器人、智能语音助手等,为用户提供更加智能和自然的交互体验。

③ 文本生成和创作助手。通义千问具有强大的文本生成能力,能够应用于自动摘要生成、文档自动化生成、创意文案生成等领域,为用户提供更加高效和智能的创作辅助工具。

④ 情感分析和舆情监控。通义千问能够帮助用户了解文本中的情感倾向和情感态度,所以更适合应用于舆情监控、舆情分析、情感客服等领域。

（2）通义千问的技术优势。

① 知识广度和深度。"通义千问"基于海量的数据训练而成,具备深厚的知识储备,可以涵盖科技、文化、历史、生活等各类主题,无论问题多么复杂或独特,它都有可能给出准确的答案。

② 实时高效性。不同于传统搜索引擎需要用户从大量搜索结果中筛选答案,"通义千问"可以直接生成针对性强、内容精练的回答,极大地提升了信息的获取效率。

③ 持续学习与进化。"通义千问"具有自我学习和优化的能力,随着用户的使用和反馈不断迭代升级,其理解能力和回答质量将不断提升。

3. 豆包

豆包是 2023 年 8 月由字节跳动抖音子公司推出的基于云雀模型开发的 AI 工具,如图 2.22 所示,提供聊天机器人、写作助手以及英语学习助手等功能,它可以回答各种问题并进行对话,帮助人们获取信息,支持网页 Web 平台、iOS 以及安卓平台。

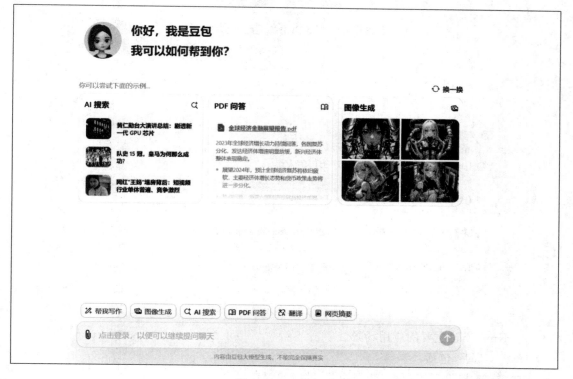

图 2.22　豆包主页

豆包的目标应用场景和文心一言、通义千问一致，而且更广泛。首先，它具备广泛的功能覆盖，包括自然语言处理、知识回答、语言翻译、文本摘要、情感分析等多个领域。其次，豆包在问答任务方面表现出色，具有准确、详细的回答能力，能够满足用户的各种问题需求。另外，豆包还具备一定的写作能力，可以进行文本摘要和文章概括等操作，为用户提供高质量的写作辅助。

豆包的技术优势主要源于它是第一个多模态模型家族，包括通用模型 Pro、通用模型 Lite、角色扮演模型、语音合成模型、声音复刻模型、语音识别模型、文生图模型、Function call 模型和向量化模型等，以满足不同业务场景的需求。

4. KimiChat

KimiChat 是由月之暗面科技有限公司（MoonshotAI）开发的大语言模型产品，发布于 2023 年 10 月 9 日。其能够进行复杂的自然语言处理任务。KimiChat 的智能对话能力基于其强大的自然语言处理技术，能够执行复杂的语言任务，因此 Kimi 的应用场景非常广泛，可以涵盖个人和企业的各种需求。

Kimi 是一个安全、高效、用户友好的智能助手，图 2.23 所示为 KimiChat 网页版界面。Kimi 的应用场景可以根据用户的具体需求进行定制和扩展，以满足不同领域和行业的特定要求。

图 2.23　KimiChat 网页版界面

（1）KimiChat 主要的应用场景。

① 个人助手，包括：

日常咨询：提供天气预报、新闻摘要、健康建议等。

学习辅导：解答学术问题，提供语言学习支持。

生活管理：帮助安排日程、提醒事项、管理待办事项。

② 商务应用，包括：

数据分析：帮助分析业务数据，提供决策支持。

客户服务：自动回答客户咨询，提供即时帮助。

市场研究：收集市场信息，分析趋势。

③ 教育领域，包括：

在线教育：提供个性化学习计划，辅助教学。

语言学习：帮助学习者练习语言，提供语言练习资源。

④ 技术支持，包括：

IT 支持：提供技术问题的解决方案和建议。

编程辅助：帮助解决编程问题，提供代码示例。

⑤ 内容创作，包括：

文案创作：帮助撰写文章、博客、广告文案等。

设计辅助：提供设计灵感和建议。

⑥ 健康咨询，包括：提供健康和营养建议；回答有关健康和医疗的问题。

（2）Kimi 的技术优势如下。

① 语言处理：支持中英文对话，能够理解和生成自然语言文本。

② 多格式文件处理：能够阅读和分析多种文档格式，如 TXT、PDF、Word、PPT 和 Excel。

③ 搜索集成：具备搜索能力，能够结合网络信息提供答案。

④ 大容量处理：能够处理高达 20 万字的输入和输出。

⑤ 个性化服务：根据用户需求提供定制化服务，比如：论文摘要和总结、文案撰写、编程示例等。

2.4.5　以 KimiChat 为例的大语言模型应用

下面通过基于 KimiChat 的四个示例：中英文翻译、知识图谱构建、文本摘要、方案生成，了解大模型到底能够如何帮助我们做得更好。

【例 2-4】　KimiChat 能够帮助我们进行中英文翻译，如对个人简介、公司介绍、学术论文、法律文件和市场研究报告等的中英文翻译。通常的机器翻译（Machine Translation，MT）技术是通过统计分析源语言和目标语言之间的词汇和短语的映射关系来预测翻译，但对于跨域翻译却不尽如人意。但大模型能够对各个领域的文本提供更自然、更流畅的翻译结果。图 2.24 所示为 KimiChat 对自身公司介绍的中英文翻译。

【例 2-5】　构建知识图谱是一个复杂的过程，传统方法通常需要提供实体识别、关系抽取、属性收集、知识融合、知识更新等复杂的技术才能实现。在大模型出现后，能够依据用户的指令来灵活地构建知识图谱，更好地帮助用户进行知识更新和推理。图 2.25 所示为 KimiChat 针对"苹果公司（Apple Inc.）是一家位于美国加利福尼亚州库比蒂诺的科技公司。"进行实体识别和关系抽取，并构建知识图谱的结果，用户只需要使用提示技术，大模型即可针对指令完成知识图谱的构建。

图 2.24　KimiChat 中文翻译应用案例

图 2.25　KimiChat 中文翻译应用案例

【**例 2-6**】　KimiChat 擅长分析长篇文章，如学术论文、法律文件和市场研究报告，以帮助用户提取关键信息和观点。图 2.26 所示为 KimiChat 处理"Attention is all you need"论文的一个实际应用案例。用户通过 KimiChat 提出了对论文内容的总结，并成功提炼了论文的核心要点。其具有的长文本处理能力使其能够维持对整篇论文的上下文理解，从而提供更准确、更连贯的信息提炼。KimiChat 在学术论文信息处理方面的应用表明，大语言模型可以作为研究者和学术界的重要辅助工具，其在理解和提炼学术论文内容方面的高效性和准确性，为学术知识的传播和普及提供了新的途径。

图 2.26　KimiChat 信息处理应用案例

【**例 2-7**】　生成式人工智能（Artificial Intelligence Generated Content，AIGC）是大模型最重要的技术体现之一。图 2.27 所示为 KimiChat 在智能对话系统中针对实际问题生成方案的应用案例。用户通过文本输入一个复杂的数据结构问题，KimiChat 根据用户的提问，生成了一个详细的解决方案，包括算法思想、算法步骤，并提供相应的伪代码，展示了其强大的语言理解能力和知识组织能力，提升了用户的对话体验。

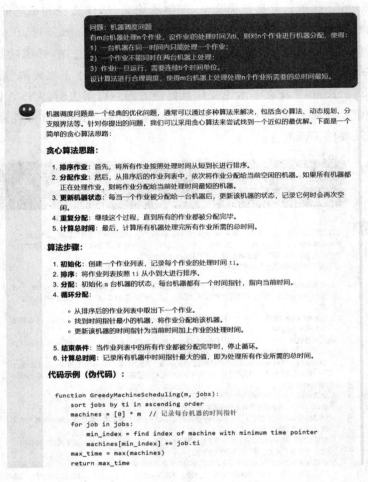

图 2.27 KimiChat 智能对话系统应用案例

小　　结

自然语言处理是人工智能的一个重要的子领域，致力于让计算机能够理解和处理人类语言，使计算机更接近于人类对语言的理解。它被誉为"人工智能皇冠上的明珠"，一方面表明了它的重要性，另一方面也显现出了它的技术难度。大语言模型的出现，极大地推动了自然语言处理领域的发展，为各种语言相关应用的创新和优化提供了强大的动力，提升了计算机理解人类语言的准确性、逻辑判断以及情感感知能力，是目前自然语言处理领域最具突破性的进展。

本章的教学目的是使学生理解文本表示、相似度度量等自然语言处理中的基本概念和基本方法，了解文本摘要、机器翻译、知识图谱等经典任务中的关键技术，重点学习大语言模型所包含和依托的关键技术，了解和掌握其主要应用。

自然语言处理会议论文

思　考　题

2-1　在自然语言处理领域中,通常有哪些研究任务?

2-2　文本表示指的是将文本转化为有意义的向量表示形式,通常有哪些表示方法?

2-3　文本向量表示在文本信息处理中起到了什么作用?

2-4　词的分布式表示通常使用词嵌入方式来实现,请简述什么是词嵌入技术?

2-5　中文相比于其他语言,在自然语言处理过程中需要注意哪些问题?

2-6　大语言模型的涌现能力是什么? 其形成涌现能力的技术有哪些?

2-7　假设我们有两个中文句子,句子 1:"我喜欢阅读科幻小说。"和句子 2:"我热爱科幻小说。"应用词袋模型,我们假设句子中只包含以下 6 个词汇:

［我］［喜欢］［热爱］［阅读］［科幻］［小说］

用一个 6 维向量来表示每个句子,其中每个维度对应一个词汇的出现次数,计算这两个句子的句向量,并计算它们的余弦相似度和欧氏距离。

第 3 章

计算机视觉

第 3 章课件

3.1 引　言

计算机视觉(Computer Vision)是一门研究如何使机器"看"的科学,它通过处理图像和视频等视觉信号,来提高视觉质量并提取高层次的理解特征,完成对目标进行检测、跟踪、识别、语言描述等视觉任务。

从科学的角度来讲,计算机视觉是创建能够从图像或者多维数据中获取"信息"的人工智能系统。这里所指的信息是香农定义的,一个可以用来做"决策"的信息。因为感知可以看作是从感官信号中提取信息,所以计算机视觉也可以看作是研究如何使人工系统从图像或多维数据中"感知"的科学。

从工程的角度来讲,计算机视觉系统的关键部分包括过程控制(如工业机器人和无人驾驶汽车)、事件监测(如图像监测)、信息组织(如图像数据库和图像序列的索引创建)、物体与环境建模(如工业检查,医学图像分析和拓扑建模)、交感互动(如人机互动的输入设备)。

从学科交叉的角度来讲,计算机视觉还可以看作是对生物视觉的一种模拟。一方面,生物视觉科研人员提出了许多物理模型来建模人类和动物视觉系统感知信息的过程;另一方面,计算机视觉科研人员也利用软件和硬件实现类似的视觉智能系统。生物视觉与计算机视觉进行的学科间交流将相互促进,共同发展。

计算机视觉 40 多年的发展中,总体上经历了四个主要历程:马尔计算视觉,主动和目的视觉,多视几何与分层三维重建,基于学习的视觉。

第一阶段是马尔计算视觉。1982 年大卫马尔的《视觉》计算机在视觉领域中起到了关键性的作用,它标志着计算机视觉正式成为一门独立的学科。

第二阶段是主动与目的视觉。研究者们发现,马尔计算视觉理论尽管非常完美,但是鲁棒性不够,在工业界达到广泛的应用是很难的,缺乏一定的主动性、目的性和应用性。

第三阶段是多视几何与分层三维重建。计算机视觉从"萧条"走向进一步"繁荣",在这方面的研究重点是如何快速、鲁棒地重建大场景。

第四阶段是基于学习的视觉。发展历程大体上分为:最初以流形学习为代表的子空间法和目前以深度学习为代表的视觉方法。在深度学习算法出来之前,对于视觉算法来说,大致可以分为以下 5 个步骤:特征感知,图像预处理,特征提取,特征筛选,推理预测与识别。总的来说,完成一个比较难的任务,需要把特征提取和分类器设计分开来做,然后在应用时再合在一起。而对于深度学习来说,不需要用户手动设计特征,不用挑选分类器,可实现同时学习特征和分类器。此外,得益于数据积累和运算能力的提高,时隔二十多年,卷积神经网络才能卷土重来,占领主流。深度网络的概念在 20 世纪 80 年代就被提出,只是因为当时发现"深度网络"性能还不如"浅层网络",所以没有得到大的发展。

2012 年,在一项极具挑战性的大规模视觉识别任务上,Krizhevsky 等展示了基于卷积神经网络(CNN)模型的优秀性能,这项开创性的工作为当前深度学习的普及起了重要的作用,使深度学习方法在计算机视觉领域被人们关注。人工智能的一个重要应用突破在于 AlphaGo 的成功,要证明深度学习设计出的算法可以战胜这个世界上最强的选手。随着深度神经网络模型的不断改进(如 Resnet、Inception V2、Densenet),高效深度学习软件库的访问不断开放,以及训练复杂模型所需的硬件条件的提升,深度学习正在迅速进入到安全和安保相关应用中,如自动驾驶汽车、监视、恶意软件检测、无人机和机器人以及语音命令识别等;同时也在我们的日常生活中发挥了重要作用,如面部识别 ATM 和手机上的人脸 ID 识别等。

大语言模型产生后,也很快便被推广到了计算机视觉领域。若将图像和视频看作广义的语言,这种推广便是一个易于理解的自然而然的事情。视觉大模型的出现使计算机视觉的研究领域和水平有了显著的扩大和提高,图像和视频生成成为新热点,相关技术在人机交互场景中发挥着十分关键的作用。

为了让读者了解计算机视觉的全貌,本章的第 3.2 节阐述计算机视觉中的图像表示与特征提取,介绍特征提取的常用神经网络模型;第 3.3 节介绍计算机视觉的应用方向和典型应用案例;第 3.4 节以人脸识别为例讲解计算机视觉的基本原理和工作流程;第 3.5 节对视觉大模型的技术特点、发展状况和典型应用进行介绍;最后在第 3.6 节对计算机视觉的未来研究方向进行展望。

3.2　图像表示与特征提取

3.2.1　图像表示

计算机视觉的一个基础问题是:机器如何像人类一样表示和识别图像? 其实,机器以一种类似矩阵的形式来表示图像:一系列表示各空间位置的像素,每个像素都有自己的一组颜色值。图 3.1 所示为人脸图像及其像素的矩阵表示:将图像视为不同方块或像素构成的巨大网格。图像中的每个像素都可以用数字表示,通常为 0~255。右边的数字矩阵是算法或者软件在输入图像时使用的格式。这个图像有 14 行和 12 列,这意味着该图像有 168 个输入值。当开始添加颜色时,将变得更加复杂。对于每个像素,计算机通常将颜色读取为 3 个值,即红色、绿色和蓝色(RGB),它们在相同的 0~255 范围内。现在,除了位置之外,每个像素实际上还有 3 个值供计算机存储,即如果我们开始着色,那么将有 14×12×3 个值或 504 个数字。RGB 图像的常见颜色示例如图 3.2 所示。

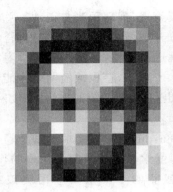 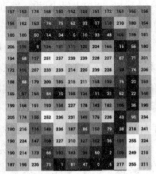 

图 3.1　人脸图像及其像素的矩阵表示

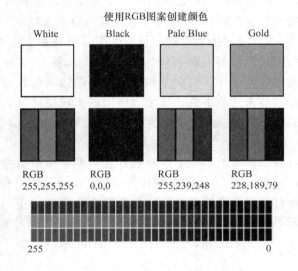

图 3.2　RGB图像的常见颜色示例

图 3.2 的彩图

从图 3.2 中可知，每个颜色值以 8 bit 存储；每像素有 8 bit×3 种颜色，即每像素 24 bit；正常大小的 1 024×768 图像×24 位/像素＝19 Mb，或大约 2.36 Mb。

为了训练一个用于检测或者识别等任务的视觉模型，尤其是深度学习模型，通常需要大量的图像。例如，商业的人脸识别系统一般使用上千万的图像进行训练。即使使用迁移学习方法，仍然需要数万张图像来"微调"已经训练过的模型。因此，人们普遍认为，海量数据、学习算法和大量算力是实用化的计算机视觉系统成功的关键因素。

3.2.2　特征提取

一个典型的视觉系统包括数据的预处理、特征提取以及分类预测。特征提取是计算机视觉的核心技术，卷积神经网络（Convolutional Neural Network，CNN）是目前最主流的技术。卷积神经网络的提出受到了 Hubel 和 Wiesel 对猫的视觉皮层电生理研究启发，Yann Lecun 最早将 CNN 用于手写数字识别并一直保持了其在该问题的霸主地位。相对于传统的全连接神经网络，卷积神经网络具有特征提取更加高效、需要学习的参数数量更少等优点。因此，近年来，CNN 广泛应用于语音识别、人脸识别、通用物体识别、运动分析、自然语言处理甚至脑电波分析等多个方向。

1. 卷积神经网络的基本层

卷积神经网络分为卷积层、池化层(降采样层)与全连接层三个基本层。每一层有多个特征图,每个特征图通过一种卷积滤波器提取输入的一种特征,每个特征图有多个神经元。

(1)卷积层。在卷积层中,因为图像本身具有"二维空间特征",即图像的局部特性,所以通常情况下我们不必对整个图片数据进行全连接,而是关注某些局部空间的典型特征,这时就产生了卷积的概念。如图 3.3 所示,以类比手电筒的形式来解释卷积层:假设输入是一个 32×32×3 的像素值数组,这个手电筒照射的光线覆盖了 5×5 的区域。现在,想象这个手电筒滑过输入图像的所有区域。在机器学习中,这种手电筒被称为滤波器(也称为卷积核),也是一个数组(称为权重)。需要注意的是,这个滤波器的深度必须和输入的深度相同,所以这个滤波器的尺寸是 5×5×3。当滤波器在输入图像周围滑动或卷积时,它将滤波器中的值与图像的原始像素值相乘,然后将结果相加。下一步将滤波器移动一个步长,然后重复以上过程。将滤波器滑过所有位置后,所生成的是一个 28×28×1 的数字数组。将生成的数组加上一个偏置 b_i 后,通过激活函数,得到卷积层 C_X。同时,为了解决图像缩小和边缘信息丢失的问题,常常采用零填充(Zero Padding)的方式,使卷积操作后图像大小保持不变。

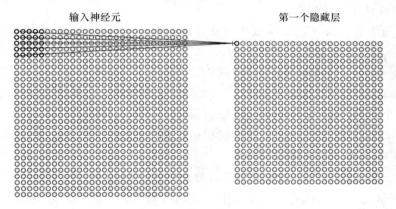

图 3.3　一个 5×5 卷积滤波器及其滤波结果

(2)池化层。在池化层中,主要目的是通过空间降采样的方式,在不影响图像质量的情况下,压缩图片大小从而减小参数。常用的池化方法分为最大池化(Max Pooling)与平均池化(Average Pooling)两种。如图 3.4 所示,假设现在设定池化层采用 Max Pooling,大小为 2×2,步长为 2,取每个窗口内最大值,则图片的尺寸就会由 4×4 变为 2×2。

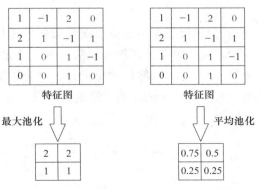

图 3.4　最大池化和平均池化操作的示意图

（3）全连接层。全连接层的工作方式：连接上一层的所有输出（代表激活图所有位置），通过特征加权的方式，确定哪些特征与特定类最相关。全连接层输出一个 N 维向量。其中，N 是具体分类任务中需要处理的类别数量。

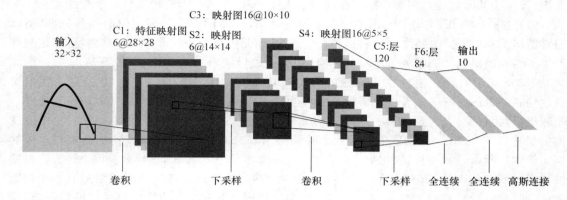

图 3.5　典型的卷积神经网络结构示意

2. 卷积神经网络的结构特点

卷积神经网络的结构特点是参数共享和稀疏连接。这也是 CNN 适用于图像处理的原因。卷积网络有以下五个较为经典的结构。

（1）LeNet-5：第一个卷积神经网络，参见图 3.5。

（2）AlexNet：①引入了激活函数 ReLU；②使用了 dropout、数据增强以防止过拟合；③网络结构包括三个卷积、一个最大池化、三个全连接层。

（3）VGG-Net：采用 1×1 和 3×3 的卷积核以及 2×2 的最大池化，使得层数变得更深。常用 VGGNet-16 和 VGGNet-19 网络。

（4）Google Inception Net：①去除了最后的全连接层，而是用一个全局的平均池化来取代它；②引入 Inception Module，这是一个 4 个分支结合的结构。所有的分支都用到了 1×1 的卷积，这是因为 1×1 性价比很高，可以用很少的参数达到非线性和特征变换。③Inception v2 将所有的 5×5 的卷积变成 2 个 3×3 卷积，而且提出 Batch Normalization；④Inception v3 把较大的二维卷积拆成了两个较小的一维卷积，加速运算、减少过拟合，同时还更改了 Inception Module 的结构。

（5）ResNet：引入高速公路结构，用于解决深度较深网络的性能问题；使神经网络可以变得非常深。

在典型图像分类任务中，人们根据损失函数使用误差反向传递算法对卷积神经网络进行训练。目前较常用的是基于 softmax 的交叉熵损失函数。对于给定的输入 x，用假设函数针对每一个类别 j 估算出概率值 $p(y=j|x)$，即估计 x 的每一种分类结果出现的概率。假设函数将要输出一个 k 维的向量来表示这 k 个估计的概率值。假设函数 $h_\theta(x)$ 形式如下：

$$h_\theta(x^{(i)}) = \begin{bmatrix} p(y^{(i)} = 1 \mid x^{(i)}; \theta) \\ p(y^{(i)} = 2 \mid x^{(i)}; \theta) \\ \cdots \\ p(y^{(i)} = k \mid x^{(i)}; \theta) \end{bmatrix} = \frac{1}{\sum_{j=1}^{k} e^{\theta_j^{\mathrm{T}} x^{(i)}}} \begin{bmatrix} e^{\theta_1^{\mathrm{T}} x^{(i)}} \\ e^{\theta_2^{\mathrm{T}} x^{(i)}} \\ \vdots \\ e^{\theta_k^{\mathrm{T}} x^{(i)}} \end{bmatrix}$$

其中，$\theta_1,\theta_2,\cdots,\theta_k\in R^{n+1}$，是模型的参数；$\dfrac{1}{\sum\limits_{j=1}^{k}e^{\theta_j^{\mathrm{T}}x^{(i)}}}$ 对概率分布进行归一化。

基于 softmax 的交叉熵损失函数为

$$J(\theta)=-\frac{1}{m}\left[\sum_{i=1}^{m}\sum_{j=1}^{k}1\{y^{(i)}=j\}\log\frac{e^{\theta_j^{\mathrm{T}}x^{(i)}}}{\sum\limits_{l=1}^{k}e^{\theta_l^{\mathrm{T}}x^{(i)}}}\right]$$

在多分类场景中可以用 softmax，也可以用多个二分类器组合成多分类，如多个 logistic 分类器或 SVM 分类器等（事实上，softmax 是给每个类别都分配了权重向量，而逻辑回归和 SVM 只有一个向量用于表示这两个类别之间的分界面）。判断使用 softmax 还是组合分类器，主要看分类的类别是否互斥，如果互斥，则用 softmax；如果不互斥，则使用组合分类器。

如图 3.6 所示，除了对图像进行分类识别，目标检测（Object Detection）问题是计算机视觉领域中的另一大类核心问题。目标检测的任务是找出图像中所有感兴趣的目标（物体），并确定它们的类别和位置。

图 3.6　图像分类及定位、物体检测、实例分割示意

目标检测的基本思路在于同时解决定位与识别问题。目标检测是多任务学习，通常带有两个输出分支：一个分支用于做图像分类，即判断目标类别。需要注意的是，与单纯图像分类的区别在于，这里的分类还需要一个“背景”类；另一个分支用于判断目标位置，即完成回归任务输出四个数

图 3.6 的彩图

字标记边界框（Bounding Box）位置，例如，中心点的横纵坐标和边界框长宽，该分支输出结果只有在分类分支判断不为“背景”时才使用。

3.3　计算机视觉的应用

3.3.1　应用方向

深度学习方法的最新发展和技术的进步极大地提高了视觉识别系统的能力，因此计算机视觉迅速被各大企业采用。如今，大量科技公司在计算机视觉研究和产品开发方面投入了大

量资金,广泛应用于零售和零售安全、汽车、医疗、农业、银行、工业等方面。在工业部门可以看到计算机视觉的成功用例,导致应用范围不断扩大,对计算机视觉工具的需求不断增加。下面简要介绍其中七个热门应用方向。

1. 人脸方面的应用

人脸方面的应用包括人脸识别、人脸检测、人脸匹配、人脸对齐等,这应该是计算机视觉方面最热门也是发展最成熟的应用之一,而且已经比较广泛地应用在各种安全、身份认证等方面,比如人脸支付、人脸解锁等,如图3.7所示。

物体识别　　　　　　　　　　　　人脸和人体识别

面部和人体动作理解

图 3.7　计算机视觉的典型应用

2. 目标检测

它是计算机视觉和数字图像处理的一个热门方向,同时也是身份识别领域的一个基础性的算法,对后续的人脸识别、步态识别、人群计数、实例分割等任务起着至关重要的作用。目标检测主要用于人脸检测、车辆检测、行人计数、自动驾驶和安全系统等,可以对结构化的人、车、物等视频内容信息进行快速检索、查询。这项应用使公安系统在繁杂的监控视频中搜寻到罪犯有了可能;同时在大量人群流动的交通枢纽中,该技术也被广泛用于人群分析、防控预警等。

图 3.7 的彩图

3. 图像识别

图像识别也可称为图像分类。简单来说就是判断目标图像中的物体是什么。图像分类根据不同分类标准可以划分为很多种子方向。其中,根据类别标签可以分为二分类、多分类和多标签分类。

4. 图像生成

由于近年来生成对抗网络(GANs)的兴起使图像生成飞速发展。最近,通过 GANs 进行图像转换成为网络上的热门话题,比如给人脸变性别、肤色、五官、发色等。最开始出现的时候,GANs 只是用于生成图片,后来它的应用逐渐丰富多样化,越来越多的研究人员把它应用到各个方面,包括图片转换、图像修复、图像超分辨率、风格迁移、文本生成、视频生成等。

5. 人体姿势估计

人体姿势估计可简单地理解为对"人体"的姿态(关键点,比如头,左手,右脚等)的位置估计,从而可以用于推断图像/视频中存在的人物或物体的姿势。目前人体姿势估计的应用包括实时运动分析、监控系统的活动识别、增强现实体验、训练机器人、动画和游戏等。

6. 三维图像视觉

三维图像视觉主要是对三维物体的识别,应用于三维视觉建模、三维测绘等领域。三维图像视觉的主要应用场景包括三维机器视觉、三维重建、三维扫描、三维地理信息系统和工业仿真等,在动画游戏、机器人、自动驾驶和医疗诊断中都有被用到。

7. 医疗中的计算机视觉:医学图像分析

长期以来,CT 扫描、X 光片等医学图像通常被用于诊断。而计算机视觉技术的新发展使医生能够通过把这些医学图像转换为 3D 交互模型来更好地了解它们,便于解释。

3.3.2 人脸检测与特征点定位

人脸检测和特征点定位是人脸识别流程的第一步,它在安防监控、人证比对、人机交互等方面有很强的应用价值,一个优秀的人脸检测系统可以大幅提升后续人脸识别的准确率。

人脸检测和特征点定位可以分成两个模块进行。首先是人脸检测,即找出图像或视频中所有人脸对应的位置,算法输出的是人脸外接矩形框在图像中的坐标,如图 3.8 所示;其次对检测出的人脸框进行特征点定位,即找出人脸中的关键五官,如左右眼角、鼻尖、嘴角等。我们将人脸检测出的人脸框,按照人脸关键点对齐到一个统一位置,这样针对不同身份的人脸都能有较好的姿态鲁棒性,对于后续的人脸特征提取和识别大有裨益。

图 3.8   人脸检测主要数据集 WIDER FACE

人脸检测和特征点定位分为深度学习算法和非深度学习算法两大类别。早期的非深度学习算法的主要思想是通过滑动窗口对图像进行从上到下、从左到右的扫描,然后利用一个人脸分类器对窗口里的子图像判断是否是人脸。由于一个人脸可能检测出多个候选框,还需要对检测结果进行去重,我们通常采用非极大值抑制(NMS)方法来合并重复的候选框。这种非深度学习方法速度慢、精度低,同时无法全部检测出不同尺度的人脸。

随着卷积神经网络的发展,基于深度学习的检测方法无论在精度上还是在速度上,都较之前非深度学习方法有了极大的提升。关于人脸检测和特征点定位中最为经典的算法之一就是多任务卷积神经网络(MTCNN),它是一种多任务学习框架,可以同时回归人脸框坐标、是否是人脸以及人脸关键点。它沿用了级联卷积神经网络的思想,设计了三种网络结构,分别为用于快速生成候选窗口的 P-Net、进行高精度候选窗口过滤的 R-Net、生成最终矩形框和人脸关键点的 O-Net,MTCNN 也采用了基于图像金字塔的多尺度变换,以适应不同大小的人脸检测。这种多任务学习的框架可以将人脸检测和关键点定位的各自优势进行互补,从而相互促进各自的识别性能。

3.3.3 特征表达与学习

WIDER FACE
基准数据集

特征表达是特征工程中对大数据中的各种对象给出相应的特征表示。人脸特征的描述一般分为几何特征和代数特征两大类。

1. 几何特征

几何特征是指面部器官之间的几何关系,人脸的眼睛、鼻子、嘴巴等器官相对位置比较固定,其几何特征的描述可以作为人脸的重要特征。当有光照、遮挡、面部表情变化时,人脸的特征变化比较大。

2. 代数特征

人脸的代数特征由图像本身的灰度分布决定。通过一些算法提取全局和局部的特征。比较常用的特征提取算法是局部二值模式(LBP)算法。

特征学习又叫表征学习或者表示学习,一般是指模型自动对输入数据进行学习,得到更有利于使用的特征,传统的机器学习方法主要依赖于人工特征处理与提取。而深度学习则依赖于模型自身去学习数据的表示。图像特征的表达从一开始的像素表示,到像素特征描述算子,再到后来出现的卷积神经网络,都是为了寻找一个最有效的特征表达。

人脸识别性能的提高对社会的发展有着非常重要的作用,并已经广泛应用于军事、金融、公共安全和日常生活等许多领域。泛化能力好的人脸特征表达是提高识别性能的关键。由于识别效果受环境、表情等多种变化因素的影响,导致识别研究复杂而艰巨。特征表达阶段的完备性研究有待进一步解决和完善。例如:如何考虑全局特征和局部特征,图像的平移、伸缩、旋转不变性等。研究者开始致力于研究如何将特征进行加工和处理得到更深层次的表示。

2000 年年初,整体方法通过分布假设推导出低维表示。比如:线性子空间,流形分析和稀疏表示。在 2010 年年初,基于学习的局部特征描述符被应用到人脸识别中,并学习编码来提高特征表达的鲁棒性,从而有更好的特异性和紧凑性。这些浅层特征学习方法试图通过一层或者两层表征学习来完成人脸识别问题,因此不足以提取出不变的真实身份特征,同时这些方法只能将 LFW 数据集准确度提高到大约 95%。由于这些技术的缺陷,因此在现实生活中经常会出现错误警报,并识别错误的情况。2012 年,AlexNet 使用卷积神经网络赢得了 ImageNet 大赛冠军。同时,一些基于卷积神经网络之类的深度学习方法使用多层处理单元的级联来进行特征抽取和转换,它们对应不同抽象级别的多个表示形式。通过卷积神经网络映射得到的特征表达,显示出面部姿态、照明以及表情变化的强烈不变性。神经网络的第一层类似于浅层表示中的 Gabor 特征;第二层学习更复杂的纹理特征;第三层更加的复杂,一些简单的轮廓结构开始出现,例如:高鼻梁和大眼睛;第四层则能解释某种面部属性,可以对一些抽象的概念做出表示(如肤色、表情等)。所以,较低的层会自动学习浅层表达;较高的层则会逐步地学习更深层次或更抽象的表达。这些最终更深层的特征表示则会呈现出较稳定的面部识别性能。随着研究重点转移到深度学习领域中来,更深更宽的网络开始被引入去提取鲁棒性的人脸的特征表达,例如:VGGNet、GoogleNet、ResNet 和 SENet。同时为了保证高维特征的类内不变性和识别不同人时的区分性,一些新颖的损失函数被创建,以使特征不仅更加可分,而且具有区分性。比如基于角度和余弦的损失函数,Arcface 通过修改 softmax 损失函数的决策边界,使得类内样本特征更加紧凑,大大提高了特征的类内不变性。

3.3.4　属性识别与身份识别

人脸是一种非常重要的生物特征,具有结构复杂、细节变化多等特点,同时也蕴含了大量的信息,比如性别、种族、年龄等。目前主流的人脸属性识别算法主要包括性别识别、种族识别、年龄估计等。性别分类是一个二分类问题,分类器将人脸数据录入并划分为男性和女性。目前最主要的性别识别方法主要有基于特征脸的性别识别算法、基于 Fisher 准则的性别识别方法和基于 Adaboost+SVM 的人脸性别分类算法等。准确的种族分类不仅可以有效地获取人脸数据中的人脸特性,还可以获取更多的人脸语义理解信息。其难点就在于,如何准确地描述人脸数据的种族特性以及如何在特征空间的基础上实现准确的分类。基于 Adaboost 和 SVM 的人脸种族识别算法,通过提取人脸的肤色信息和 Gabor 特征,并通过 Adaboost 级联分类器进行特征学习;最后根据 SVM 分类器进行特征分类。基于人脸图像的年龄估计是一类"特殊"的模式识别问题:一方面由于每个年龄值都可以被看作是一个类,所以年龄估计可以被看作是一种分类问题。另一方面,年龄值的增长是一个有序数列的不断变化过程,因此年龄估计也可被视为一种回归性问题。有研究者通过对已有年龄估计工作进行总结后认为,针对不同的年龄数据库和不同的年龄特征,分类模式和回归模式具有各自的优越性,因此将二者有机融合可以有效提高年龄估计的精度。

基于深度学习的人脸身份识别过程一般由数据预处理、深度特征提取和相似性比较三个部分组成。在训练与测试的过程中使用相同的数据预处理过程可以改善如姿势、光照、遮挡等对识别结果的影响。常用的方法包括人脸对齐、姿态归一化、光照增强等。其中,人脸对齐应用得最为广泛。它是在对原始图片进行人脸检测与关键点定位之后,根据人脸的关键点(常用双眼,鼻尖,嘴角两侧共 5 个点)进行相似变换(也可用仿射变换等其他图像处理方法),将人脸图片处理为关键点在指定位置的近似正脸的图片。深度特征提取是指用深度卷积神经网络模型提取预处理过后的人脸图片中的身份信息,并编码为高维(常用 512 维)的特征向量。常用的网络模型包括 ResNet、VGG16、MobileNet 等。对于不同的应用场景使用不同的网络模型,例如在实时视频的识别过程中,轻量化的 MobileNet 比其他模型有更好的实时性。人脸识别模型的训练过程也属于一种分类任务,每一类就对应训练集中不同的样本类,即对应不同的人。由于人脸识别问题是一个开集问题,即实际测试的样本一定不属于训练样本中的任何一个类,所以一般取深度网络模型最后一个全连接层的输入(即倒数第二层的输出)作为人脸识别模型的输出,实现一张预处理后的人脸图片样本通过上述深度网络模型,得到属于这个样本的高维特征表示。在提取深层特征后,大多数方法直接利用余弦距离或欧式距离计算两个特征之间的相似度,然后利用最近邻(NN)或阈值比较进行识别和验证任务。除此之外,还引入了其他浅层方法,如度量学习、稀疏表示分类器(SRC)等,对深层特征进行后处理,并高效、准确地进行相似性比较。在实际的人脸识别系统中,一般会有一个离线特征库来存储要识别的人的人脸信息,再将实际采集到的人脸图片信息与离线特征库中的信息进行比对,来识别这个人的身份。

3.3.5 安全性和公平性问题

深度学习推进了人脸识别准确率的突破。以多种族人脸数据集（Labeled Face in-the-Wild，LFW）数据集为代表的人脸验证准确率已经饱和，但它不能反映真实应用中的相似外貌人脸的比对困难。北邮模式识别实验室提出了全新的"相似外貌"LFW数据库，用于评价算法区分人脸细微差别的能力，得到权威LFW评测网站的详细介绍和资源链接。同时，该数据集的人工标注准确率仅有92%，为研究人类如何区分相似脸提供了独特的实验数据集。此外，面向学术界尚未解决的识别难题，候选人在近两年构建并公开了跨姿态（Cross-Pose LFW）、跨年龄（Cross-Age LFW）、迁移对抗（Transferable Adversarial LFW）三个人脸验证数据库，以较低的准确率揭示了当前深度学习方法的不足，对网上寻亲追逃、反恐安防、人工智能安全等实际应用研究具有特殊意义，被腾讯、百度、帝国理工大学等行业领军企业和团队广泛采用，成为人脸识别研究的新标准。

近年来，人工智能伦理问题成为热点。其中，人脸识别的"种族偏见"是最典型的一个伦理问题。北邮模式识别实验室在国际上较早地建立了多种族人脸数据集（如图3.9所示），并进一步建立了涵盖公平性定义、训练和评价数据、深度学习模型的多层次人脸识别公平性体系，成果发表在ICCV 19、CVPR 20等。该体系在国内外产生较大影响，一年里有40多个国家的科研机构申请使用，中国科学报以"数据少也能识别国际脸"为题大幅报道，2021年还受邀与华为合作解决跨种族的国际化人脸识别新问题。在人脸安全性方面，北邮模式识别实验室在IEEE TIFS'20上提出了迁移攻击和防御方法，揭示了现有商业人脸识别模型的脆弱性，引起了国际学术界的广泛关注。

图3.9 人脸肤色影响识别的准确率，造成"种族偏见"等伦理问题

3.3.6 人脸编辑与生成

图3.9的彩图

随着生成对抗网络的技术突破，Pix2Pix、CycleGAN、StarGAN等人脸编辑模型被陆续提出，涉及年龄、表情、姿态、身份、妆容编辑等方面的应用，分别诞生了大量优秀的研究工作。

（1）人脸年龄编辑旨在获得人脸不同年龄的变化结果，娱乐社交软件、影视作品等领域都希望得到人脸老龄化的样貌作为商业产品，同时该技术也可以辅助跨年龄人脸识别任务。CAAE 设计了一个高维流形移动方向来模拟人脸图像的老龄化过程，简单来说就是将潜层空间融合到 GANs 的结构中。

（2）在人脸表情编辑领域，相关的应用包括了娱乐交互、辅助人脸识别和表情识别等。GANimation 通过在 GANs 中引入面部掩码融合机制来保证表情合成的真实性。

（3）对于人脸姿态编辑领域，通过仿真出人脸不同姿态的模样或者执行正脸化，可以用于辅助大姿态人脸识别和人脸检测的任务。FFGAN 实现了任意姿态的人脸到正脸的转换，主要设计了 3DMM 系数来确定全局姿态信息和低频细节。

（4）对于人脸身份编辑领域，即"AI 换脸"技术，通过把目标人像转移至另一人物的面部期望达到以假乱真的效果。前不久网络上一些大热的换脸视频是通过开源项目 Deepfakes 来实现的，效果极其逼真，同时导致了大量虚假和色情视频的流传，但也促进了伪造人脸检测这一领域的发展。下面从表情合成和照片-素描转换重点介绍人脸图像合成的技术。

人脸照片-素描转换是一个典型的异质图像合成与识别问题，在社交娱乐和警察执法上的各种应用引起了社会的广泛关注。在数字娱乐方面，人们希望通过自己的照片即时得到素描化图像，以实现随时随地的分享；在安全执法方面，一个典型的应用场景是嫌犯照片到罪犯人脸库中的自动识别。然而在大多数情况下，警方仅能获取到部分遮挡下的低质量图像，这大大增加了识别问题的难度。随后人们发现，通过搭建一个照片与素描之间的映射，使得人脸素描可以作为一个替代样本来查找目标嫌疑犯。基于此构想，警方可以先得到根据目击证人描述画出的人脸素描，然后利用素描图像在罪犯照片数据库中进行匹配识别，进而搜寻到对应的目标嫌犯。因此构建人脸素描和人脸照片之间的映射非常必要。在学术上通用的解决办法可归纳为：先进行照片和素描之间的转换，再在一个域内进行人脸照片素描的识别。在实际研究中，人脸照片-素描合成（FPSS）与人脸照片-素描识别（FPSR）是两个相辅相成的问题，可以一同研究。

基于合成的照片-素描识别方法通常有两种途径：一种是先进行照片到素描的转换，然后在素描域中进行识别匹配；另一种是把素描先转换为照片，再在照片域中进行匹配。对于模型构建的方式，传统人脸照片-素描合成方法又可以被分为三类：基于子空间学习的方法、基于稀疏表示的方法以及基于贝叶斯推论的方法。然而这些方法大多数只关注于令合成的图像与原始图像在纹理上一致，在实际操作过程中会导致人脸识别时身份信息的缺失。

为了解决上述问题，每一张人脸图像必须包含其"Identity-Specific Information"，即识别相关的信息。Huang 等人在图像-视频转换任务中采用了这种输入人脸到生成人脸的"身份保持"结构，对应到照片-素描合成任务中，也可以通过使用两个识别网络实现真实目标和生成图片之间的"身份保持"。北邮模式识别实验室把识别网络嵌入到跨域的图像生成过程中，提出了 Identity-Aware CycleGAN（IACycleGAN）模型。同时，提出了一种相互优化方法，如图 3.10 所示。此优化过程由合成网络和识别网络两部分组成。首先基本的合成网络（CycleGAN）生成的素描数据库或者照片数据库可以用来微调识别网络；同时识别网络（对应于照片和素描分别包含两个网络）可以使用感知损失（Perceptual Loss）来监督合成网络（IACycleGAN）的学习，即识别网络本身可以作为一个监督单元运用到图像生成过程中。随后为了提升 FPSR 的识别能力，IACycleGAN 生成的图像数据库又可以被用来重新识别网络，这样也就开启了下一次的优化循环。类似地，微调好的新识别模型也可以再次用来监督合成过程。因此，在识别模型和合成模型之间形成了一个相互循环优化过程。当优化稳定时，FPSR 和 FPSS 就可以分别得到高质量合成图像和高识别精度。图 3.11 展示了一些 IACycleGAN 根据素描合成的高质量照片，其效果明显优于其他合成方法。

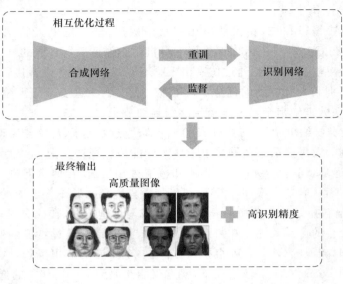

图 3.10　图像合成与图像识别的相互优化过程

图 3.11 的彩图

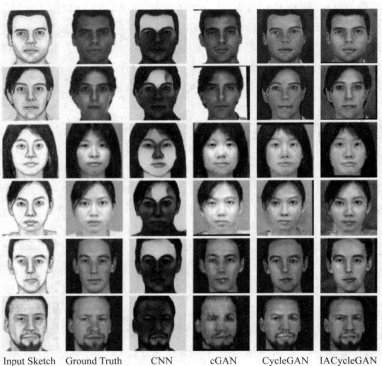

Input Sketch　Ground Truth　　CNN　　　　cGAN　　　CycleGAN　　IACycleGAN

图 3.11　CUFS 数据库的素描到照片转换结果（CNN，cGAN，CycleGAN 和 IACycleGAN）

3.4 视觉大模型

　　Transformer 及其变体的出现为语言大模型的研究和实践提供了坚实的基础。此后,计算机视觉领域的学者们开始探索如何将 Transformer 等大型模型引入视觉领域,以应对传统深度学习模型在处理大尺寸图像以及全局上下文任务中面临的挑战。

　　当前,基于 Transformer 的视觉大模型如 ViT 等已经取得了巨大的成功,在图像分类、目标检测、语义分割等任务上取得了与传统方法相媲美甚至超越的性能。这些模型通过自注意力机制等创新设计,能够在处理图像时更好地捕捉全局信息,并具有更强的泛化能力。

　　视觉大模型的出现不仅推动了计算机视觉领域的发展,也促进了文本、语音、视频等多模态数据之间的交叉融合。多模态大模型的成功表明了深度学习模型在跨领域任务中的通用性和有效性,为未来研究提供了新的思路和方法。同时,它们也为实际应用带来了更广阔的可能性,对社会经济发展产生了积极影响。

3.4.1 Transformer 在计算机视觉中的应用:ViT

　　如前所述,Transformer 是 2017 年由谷歌(Google)公司提出旨在解决自然语言处理中序列到序列的模型的长距离依赖问题的模型,以其自注意力机制而闻名。2020 年,Google 公司提出了一种基于 Transformer 架构的计算机视觉模型 Vision Transformer(ViT)。ViT 模型借鉴了 Transformer 的成功经验,将序列到序列的模型应用到图像处理任务中,在图像分类领域取得了显著的成果。

　　ViT 的核心思想是将图像分割成多个图像块(Patches),然后将这些图像块线性投影成固定长度向量的序列,并将这些向量看作视觉语言的基本元素,也即图像词元(Token)。这些 Token 序列随后被输入到 Transformer 模型中进行处理。ViT 模型在大规模数据集上进行预训练后,可以迁移到各种下游任务中,如目标检测、语义分割等。

　　ViT 模型结构如图 3.12 所示,该模型从下至上,主要包括以下四个关键部分。

　　(1)图像块嵌入(Patch Embedding):将输入图像分割成大小相同的小块,并将这些小块转换为一维向量序列,即 Token 序列。

　　(2)位置编码(Positional Embedding):为了保持图像块之间的空间关系,加入位置编码。

　　(3)Transformer 编码器(Transformer Encoder):利用自注意力机制处理图像块序列,捕捉全局上下文信息。

　　(4)多层感知器(Multi-Layer Perceptron Head,MLP Head):将 Transformer 编码器提取的特征向量进行非线性变换,可以将高维的特征表示映射到更低维的空间,从而执行分类或其他任务。

　　ViT 模型的出现标志着 Transformer 架构在计算机视觉领域的成功应用。ViT 模型在图像分类、目标检测等多个任务上均取得了卓越的成效,为计算机视觉领域的发展注入了新的活力。

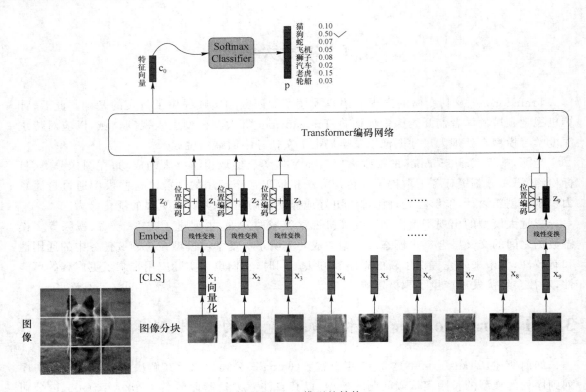

图 3.12   ViT 模型的结构

3.4.2   视觉大模型的发展

尽管 ViT 在图像分类等任务中取得了突破性的进展，但仍然存在一定的限制和挑战。

（1）模型在大尺寸图像处理能力有限。ViT 输入的 Token 是固定长度的，但在真实数据中，图像尺度变化非常大。当处理较大尺寸的图像时，ViT 模型的性能可能会下降。这是因为较大的图像通常需要更多的注意力机制和更长的序列长度来充分学习图像的特征。解决这个问题的方法包括使用分层注意力机制来处理更大的图像，或者探索分级的处理策略，使模型能有效处理各种尺寸的图像。

（2）模型的位置编码有一定的局限性。ViT 模型使用位置编码为图像序列提供位置信息，帮助模型更好地理解图像中不同位置的像素之间的关系。然而位置编码的设计不灵活，难以适应不同尺寸和形状的图像，尤其对于具有复杂结构的图像。改进位置编码的方法包括设计更加灵活的位置编码策略，或者探索不依赖于位置编码的替代方法，如局部注意力机制。

（3）模型计算成本高，ViT 模型需要将图像分割成固定大小的图块，并将它们转换为序列输入，然后再应用 Transformer 模型。对于较大的图像而言，这将产生较高的计算成本。为了解决这个问题，可以尝试改进分块策略，探索更高效的图像分块方法，或者设计更轻量级的 Transformer 结构。

近年来，ViT 模型的各种改进版本不断涌现，并且持续推动着计算机视觉领域的研究和应用发展。Swin Transformer 是一种基于分层注意力机制和交叉窗口的局部注意力模块的视觉大模型。其分层注意力机制将输入图像划分为不同级别的分辨率块，并在每个级别应用独立的 Transformer 编码器。此分层结构允许模型在处理大尺寸图像时具有更好的可扩展性,同时减少了模型的计算复杂度。通过在不同级别应用独立的注意力机制,模型能够有效地捕获不同尺度的特征信息。

借鉴传统卷积神经网络的局部性思想,该模型还引入了一种交叉窗口局部注意力模块,替代传统的全局自注意力机制。在交叉窗口注意力机制中,模型不是直接对所有位置进行自注意力计算,而是将注意力限制在一个窗口内,并在不同的窗口之间进行交叉计算。如图 3.13,在 l 层中计算每个粗黑框内的自注意力,在 l+1 层中计算自注意力的粗黑框有变动。这种交叉窗口的设计能减少模型的计算复杂度,有效地提高模型对图像中局部细节的处理能力,同时捕捉图像中不同位置之间的远距离依赖关系,从而提高模型更好地捕捉图像中的局部和全局信息的能力。

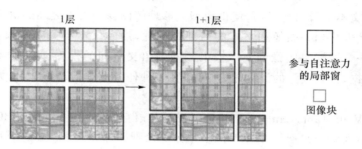

图 3.13　自注意力的移动窗口计算说明

此外,Swin Transformer 具备更深的深层次结构,它由多个阶段组成,每个阶段包含若干个分层的 Transformer 编码器。这种深层次的结构能够帮助模型更好地学习图像的语义信息,并且在处理复杂任务时取得更好的性能。

PVT(Pyramid Vision Transformer, PVT)模型结合了图像处理中经典的金字塔结构和 Transformer 模型,通过在不同层级的特征图上应用 Transformer 模型来捕捉不同尺度的语义信息。这种金字塔结构可以帮助模型更好地理解图像中不同尺度的物体,并提高模型在目标检测和分割等任务上的性能。

PVT 引入的金字塔结构将输入图像分解为多个不同尺度的特征图。这些特征图经过不同层次的处理,从粗糙到精细逐渐增加分辨率,以捕获图像中不同尺度的信息。每个金字塔层都包含了 Transformer 模块,用于对该层的特征图进行自注意力机制的处理,生成更具有表征能力的特征表示。PVT 通过在不同金字塔层之间引入跨尺度的连接和信息交换,实现了多尺度特征的融合。这种跨尺度的特征融合有助于提高模型对于不同尺度信息的感知能力,并改善了处理大尺度变化图像时的性能。

PVT 通过金字塔结构和 Transformer 模块的结合,实现了多尺度特征融合和自注意力机制,从而提高了模型在处理不同尺度信息的能力,在处理大尺寸图像时具有很好的可扩展性,同时保持了 Transformer 模型在语义理解方面的优势。

为了探索 AI 模型的性能极限,Google Research 在 2023 年将 Vision Transformer 参数量扩展到了 220 亿,提出 ViT-22B 模型。与基础 ViT 模型相比,该模型的主要改进之处在于:①将注意力和 MLP 块进行并行处理,可将训练时间减少 15%;②省略了 Query、Key、Value 映射中的偏差和 LayerNormals 中的偏差,将效率提高了 3%;③在 Query 和 Key 的计算过程添加了归一化,增强了模型训练的稳定性。实验结果表明,该模型在图像语义分割、视频分类等任务中取得了极高的准确率,在公平性、鲁棒性和可靠性上表现优异。

3.4.3 多模态大模型

随着社交媒体、物联网等应用的兴起,用户生成的多模态数据不断增加,这些数据往往蕴含着丰富的语义和情感信息。传统的单模态模型无法完整地捕获这些信息,因此需要一种能够综合利用多种模态信息的模型来更好地理解和处理这些数据。多模态大模型的概念因此应运而生。研究者们开始探索一种能够同时处理语音、图像、文本等多种模态数据的统一模型结构,以实现更全面、更高效的信息利用和处理。

CLIP(Contrastive Language-Image Pretraining,对比语言-图像预训练)模型的核心思想是通过对图像和文本进行对比学习,使得模型能够理解图像和文本之间的语义联系。具体地,CLIP 模型通过最大化相关图像和文本的内部相似性,最小化不相关图像和文本之间的相似性,从而学习到一个能够将图像和文本嵌入到同一语义空间的模型。CLIP 模型能够同时处理图像和文本数据,具有很强的泛化能力,可以在多种任务上进行迁移学习,如图像分类、文本检索等。

ViLBERT(Vision-and-Language BERT,视觉与语言 BERT)模型是在 BERT 的基础上进行的扩展,通过引入两个并行的 BERT 网络来分别处理图像和文本数据。其中一个 BERT 网络用于处理图像信息,另一个 BERT 网络用于处理文本信息,通过跨模态的交互模块来融合两种信息,从而实现更深层次的语义理解。ViLBERT 模型能够同时处理图像和文本数据,并且能够在视觉问答、图像文本匹配等任务上取得很好的性能。

UNIMO(Unified Multimodal Pre-trained Model,统一模态预训练模型)是由华为提出的,它是一种统一的多模态预训练模型,能够处理图像、文本、语音等多种模态数据。UNIMO 模型采用了一种称为"多模态融合"的方法,通过设计多个跨模态的注意力机制来融合不同模态的信息,从而实现对多模态数据的有效建模。UNIMO 模型具有很强的泛化能力和通用性,能够在多种任务上进行迁移学习,如图像分类、文本生成等。

这些典型的多模态大模型都是基于深度学习技术,并且都采用了一种将不同模态的信息融合到统一模型结构中的方法,从而实现对多模态数据的综合理解和处理。通过预训练和微调等技术,这些模型能够在多种任务上取得很好的性能,为多模态智能应用提供了重要的技术支持。

OpenAI 在 2024 年 2 月发布了 Sora 文生视频大模型引发了社会的广泛关注。Sora 能够根据文本描述生成达一分钟的连贯、逼真的视频内容。在文本生成视频的过程中,Sora 能模拟三维空间的连贯性,生成具有复杂相机运动的视频,保持场景中物体和角色在空间中的运动连贯性和一致性。Sora 可以实现视频的扩展、局部更换背景、将图片转成动态视频等功能。此外,Sora 还能在单个生成的视频中创建多个镜头,保持角色和视觉风格的连贯性。下面是两个 OpenAI 官方发布的 Sora 应用案例。

示例一:

Prompt:Beautiful, snowy Tokyo city is bustling. The camera moves through the bustling city street, following several people enjoying the beautiful snowy weather and shopping at nearby stalls. Gorgeous sakura petals are flying through the wind along with snowflakes.

　　输入提示词：在白雪皑皑的繁华东京城里，镜头穿过熙熙攘攘的城市街道，跟随几个人享受美丽的雪天，在附近的摊位上购物。美丽的樱花花瓣随着雪花在风中飞舞。

　　Sora 输出视频截图如图 3.14 所示。

图 3.14　Sora 输出示例一的视频截图

示例二：

Prompt：The camera follows behind a white vintage SUV with a black roof rack as it speeds up a steep dirt road surrounded by pine trees on a steep mountain slope, dust kicks up from it's tires, the sunlight shines on the SUV as it speeds along the dirt road, casting a warm glow over the scene. The dirt road curves gently into the distance, with no other cars or vehicles in sight. The trees on either side of the road are redwoods, with patches of greenery scattered throughout. The car is seen from the rear following the curve with ease, making it seem as if it is on a rugged drive through the rugged terrain. The dirt road itself is surrounded by steep hills and mountains, with a clear blue sky above with wispy clouds.

　　输入提示词：镜头跟随在一辆带黑色车顶行李架的白色复古 SUV 后面。车在陡峭的山坡土路上加速行驶，路边有松树围绕。轮胎上的灰尘飞溅，阳光照射在 SUV 上，给现场投下温暖的光芒。土路蜿蜒曲折，一路上看不到其他车辆。土路两旁种植的是红木，到处都是成片的绿色植物。从后面可以看到这辆车轻松地沿着弯道行驶，看起来就像是在崎岖的地形上行驶。土路本身被陡峭的山丘和山脉包围，上面是晴朗的蓝天和稀疏的云层。

　　Sora 输出的视频截图如图 3.15 所示。

　　Sora 强大的视频生成功能在娱乐、媒体产业、教育和培训、广告和营销、模拟和培训以及内容创作等领域具有广泛的应用前景。它为视频内容的创作、编辑和定制提供了一种快速、高效的方法，同时也为创新者和企业家创造了新的商业机会。

图 3.15　Sora 输出示例二的视频截图

3.5　计算机视觉的展望

深度学习极大地提高了计算机视觉的精度水平和鲁棒性，然而视觉中还有许多与机器学习相关的问题仍未得到完善解决，是未来非常值得研究的方向。

第一，长尾分布的问题，不论收集的数据数量的大小，自然数据总是存在长尾分布。如何识别那些不常见的物体，是计算机视觉的一大难题。人类具有很强的"小样本"学习能力，但目前的视觉算法并没有这种推广和推理的能力。

第二，自监督学习问题。自然语言处理已经广泛地使用自监督的方法，最近计算机视觉也开始采用。在没有数据标签的条件下，如何构造合理的自监督约束，进行大规模数据的预训练，可能是处理长尾数据一个可行的方法。

第三，遮挡是视觉的特有难题，不仅在检测中存在，分割和跟踪中更严重。如何在数据缺失的情况下，仍然取得稳定可靠的识别结果是需要特殊研究的一个问题。

第四，视觉对象的关联问题。在复杂场景的多目标跟踪问题中，受到遮挡和视角的影响，跟踪单一物体是非常困难的。如何利用物体间的关联增强跟踪的稳定性还没有得到很好解决。在物体检测和识别中，物体间的关联也有很大的帮助。

第五，视觉控制问题。如何对机器人去精准地抓取物体，是生产自动化中很重要的一个问题。物体的形状和材质千差万别，强化学习的方法，需要进行大量的试验性学习，训练效率较低且缺乏灵活性。

第六，在无人车和医疗等重大应用中，安全性和准确性极度敏感，如何做到极端精准地识别仍然是一个巨大的挑战。这也是计算机视觉技术推向实际应用的"瓶颈"。机器无法处理现实中的所有情况，如何做出合理的拒识也是值得研究的问题。

小　　结

　　计算机视觉是一门研究如何使机器"看"的科学,掌握解决具体计算机视觉任务的方法则会帮助我们解决大规模系统的复杂问题。其应用相当广泛,从常见的人脸识别,文字识别到尖端的自动驾驶智慧医疗等。本章以零基础为起点讲解计算机视觉的发展历史和相关知识,包括计算机视觉的定义、基本原理、应用举例、视觉大模型和未来方向,重点介绍视觉特征提取的发展历史,并以人脸识别和生成为例介绍视觉系统流程和深度网络结构,帮助学生对计算机视觉进行有效的基础夯实和系统梳理。

思　考　题

　　3-1　在应用计算机视觉处理图像时,有时同一类物体的外观差异会很大,如不同形状的椅子,为图像识别增添了难度,这种情况该如何解决呢?

　　3-2　为什么卷积神经网络(CNN)在图像上表现较好,相对于简单的神经网络(如感知器),CNN 具有哪些优势? 目前 CNN 还有哪些局限或缺点?

　　3-3　目标检测中的 Anchor 指什么? Anchor 有哪些作用? 对比 Anchor-based 与 Anchor-free 目标检测算法,二者分别有哪些优缺点?

　　3-4　目前 2D 的人脸识别发展相对成熟,然而由于 2D 信息存在深度数据丢失的局限性,无法完整地表达出真实人脸,所以在实际应用中存在着一些不足,如活体检测准确率不高等,针对以上问题,请思考有什么可能的解决方案。

　　3-5　尝试进行图像分类任务。要求利用卷积神经网络进行特征提取,利用 softmax 分类器进行分类。数据集可以采用 CIFAR-10(包含了 60 000 张 32×32 的小图像。每张图像都有 10 种分类标签中的一种),也可以使用其他图像分类数据集(备注:图像分类任务的步骤包括图像预处理、特征提取以及预测分类)。

第 4 章
智能音频技术

第 4 章课件

4.1 引　言

音频是通过听觉感知的信息,是与视觉同等重要的媒体形态。智能音频技术是对音频进行处理的人工智能技术,旨在实现乃至超越人类对音频信息的感知、理解和利用的能力。现今世界,在新一代人工智能浪潮的推动下,智能音频技术发展迅猛,已经渗透至人们的工作、学习和生活的各个角落。各种各样智能音频设备琳琅满目,智能音箱、智能耳机、智能麦克风、智能录音笔、智能电视、智能手表等应有尽有。同时,相关的技术名词也是随处可闻,如语音输入、智能唤醒、语音降噪、语音翻译、语音识别、语音合成、哼唱检索等。所有这一切都昭示着智能音频技术时代的到来。

在学习和探讨智能音频技术的具体内容之前,首先需要了解它的发展历史,回顾它技术变迁的脉络。总体上,可以将智能音频技术的发展划分为四个阶段,即探索阶段、传统统计学习阶段、深度学习阶段和大模型阶段。

1. 探索阶段

探索阶段的时间为 20 世纪 50 年代至 20 世纪 80 年代。这一时期的一项主要研究内容是基于模板匹配和规则的方法进行简单语音的识别,如英文数字识别、字母识别、孤立词识别等。

1959 年,研究人员第一次基于统计学的原理,采用音素序列的统计信息来提升多音素词的识别率。1971—1976 年,语音理解项目得到大力资助,促进了连续语音识别的研究,使得基于规则方法和基于统计建模的方法成为并立的两种方法。

这一时期也开始了语音合成的研究,方法的特点是将语音生成的数学模型转化为规则。例如,1952 年出现的共振峰合成器,1980 年发布的串/并联混合共振峰合成器等。此后,又出现了波形拼接技术,通过连接发声基元的方法合成语音。

2. 传统统计学习阶段

20 世纪 80 年代,隐马尔可夫概率模型 HMM 被应用到语音识别中并取得了显著效果。这一成功使得 HMM 为世人所认识和倚重,在音频信息处理中得到广泛应用。在长达 30 多年的时间里,一直处于统治地位。这个时期也就是智能音频技术的传统统计学习阶段。

3. 深度学习阶段

2010 年以来,新一代人工智能强势登场,智能音频技术得到了飞跃式的发展。深度学习这一有力武器不仅使语音识别和语音合成等经典问题得到了比较完美的解决,还促进了其他智能音频技术的大发展,如语音翻译、音频检索、音乐生成等。

最初的深度学习在智能音频技术中主要用于特征提取和声学建模,特征提取和声学建模之后,依然采用 HMM 进行处理。自 2014 年开始,深度学习被用于智能音频处理的全过程。这类方法将待处理的音频信号输入深度神经网络之后,深度神经网络从头到尾完成全部任务,最终将所需要的结果输出。因此,这类方法也被称为端到端的深度学习,即从始端到终端的任务全部由深度学习完成。

4. 大模型阶段

2021 年,人工智能进入大模型阶段后,智能音频技术在音频生成与理解、多模态融合、学习与自适应等方面取得了新的显著进展。

在音频生成方面,大模型可以根据给定的条件,如文本描述、主题或风格要求,生成相应的音频内容。生成的音频接近真实录音质量的音频,具有很高的采样率和音质,已经被用于生成高保真音乐。在音频理解方面,大模型可以对输入的音频片段给出连贯的文本语义描述,同时通过多模态融合,大模型可以将音频信息与文本和图像信息进行协同理解,完成视频生成等任务。在学习与自适应方面,通过持续学习和微调,大模型可以适应特定的音频处理任务或风格,提高生成音频的准确性和个性化。

回顾智能音频技术的发展历史可以看到,这项技术的方法论是沿着基于规则到传统统计再到深度学习这样一条路径演变的。实际上,这也是整个人工智能技术发展的大致轨迹。所谓规则,本质上就是符号演算法则,是人工智能初期所采用的主要方法。中间经历了概率统计模型的过渡之后,到现今进入深度学习,利用深度神经网络强大灵活的建模能力统一解决各种问题。

尽管智能音频技术在不同的时期有不同的实现方法,但其本质属性并没有变,那就是用机器模拟与听觉相关的人类智能。同时,所要解决的关键核心问题也没有变,那只是解决问题的技术手段不同而已。因此,学习智能音频技术,首先需要把握这些核心问题,了解与此相关的概念和产生系统能力的流程。在此基础上,对典型智能音频技术进行分析和理解。

基于上述认识,本章首先讲解智能音频技术的基本概念和处理流程,然后分别以音频信息识别和音频信息检索为例,介绍相关系统的技术特征、核心能力和应用场景,最后介绍音频大模型的技术特点和应用案例,并对智能音频技术的发展前景进行展望。

4.2　智能音频技术简介

4.2.1　从"声音"到"音频"

智能音频技术是用机器模拟与听觉相关的人类智能。而听觉所感受的信息就是声音。因此声音是智能音频技术研究的对象。那么,什么是声音呢?严格地讲,"声"和"音"是不同的。从物理上讲,"声"是人耳能够感觉到的波动,是一种在弹性介质中传播的扰动,是机械波中的纵波。声的产生一般可以分为三个阶段，即发声物体（声源）的振动所产生的激励，振动在腔体中产生的共振，以及共振通过弹性介质的传播。

而"音"的通俗解释是"有意义的声"。老子讲"音声相和""大音希声"，就是对声和音之间既相互区分，又紧密联系关系的阐释。

现实当中，人们往往并不太注意区分"声"和"音"，惯于以"声音"一词概而言之。但实际上二者的用法还是有差别的，比如噪声和噪音的区别。噪声往往强调对有用信号的干扰，如通信噪声等；噪音则侧重语义上的干扰，如噪音扰民等。

总而言之，声音是一种波，且其中包含着特定的含义——信息。因而，声音的作用可以从信息处理的角度来探讨。人对信息进行处理的过程大致就是从外界获取信息，之后进行过滤、识别、理解和决策并作用于外界的过程。这个过程对人类具有至关重要的意义。

首先，声音是人从外界获取信息的重要来源，在人的五种感觉器官中，听觉来源的信息占11％～20％，仅次于视觉，位居第二位。其次，声音中的语音是人类最重要、最有效、最便捷的信息交流工具。再次，声音可以用来与环境进行交互，如警报声、喇叭声、敲门声等。

由此可见，声音对于人具有极大的作用。于是，利用计算机帮助人进行声音的处理，促进人与人之间、人与机器之间基于声音的信息交互便成为一个十分重要的研究方向，一般把这个称作音频信号处理。

音频信号，是指声音信号经过采集设备采集并数字化后的数字信号，以电信号的形式存在。而声音信号是一种机械波——声波。二者本质是一样的，即包含的信息基本一致，只是表现形式不同。二者可以相互转化，声波经过数字化采集设备生成音频信号，音频信号经过音频播放设备转换为声音信号。音频信号是计算机可以直接处理的对象，声音信号是人可以直接处理的对象。音频，通常分为语音、音乐、一般音频（有时也称为音效）等。

4.2.2　智能音频信息处理

智能音频信息技术是在音频信号处理基础上发展起来的，是研究如何更有效地产生、传输、存储、获取和应用音频信息的技术，侧重于音频信息处理的智能化，因此也称为智能音频信息处理技术。一般认为，智能音频信息处理＝音频信号处理＋机器学习，即在音频信号处理的基础上，采用机器学习的方法进行音频信息的智能处理。

智能音频信息处理，首先是音频信息处理；其次是音频信息处理关键环节的智能化。按照信息处理的流程，智能音频信息处理可以分为音频信息采集与预处理、音频信息存储与通信、音频信息识别、音频信息检索、音频信息生成等，如图4.1所示。

图4.1所示的智能音频信息处理流程，实际是人们日常生活中时刻都在进行的。为了便于大家理解，给出一个电话语音查分的实例。拨打查分热线，语音合成提示音"欢迎进入查分系统，请直接说考号和姓名！"，"考号是×××，姓名是×××"，电话终端会进行语音检测、语音增强、语音编码，然后通信传输到服务器端进行语音译码、语音识别与理解、成绩信息检索与应答文本生成、语音合成，最后语音编码传输到电话终端，返回成绩播报语音。具体过程如图4.2所示。

由此可见，智能音频信息处理主要的功能在于智能地获取音频信息、生成音频信息工具（如成绩语音播报）、基于音频（语音）的智能信息交互（包括音频信息获取、理解与应答、语音合成等的完整流程）等。

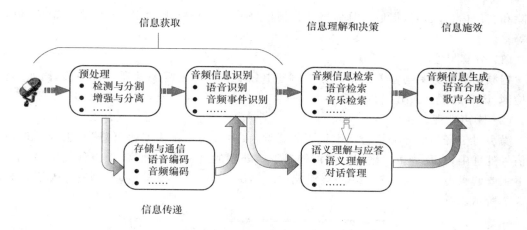

图 4.1　智能音频信息处理流程

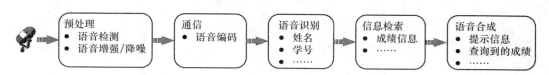

图 4.2　一个完整的智能音频信息处理的例子(语音成绩查询)

下面将按照信息处理的流程,以音频相关部分为重点对智能音频信息处理的各个环节进行讲解。

1. 音频信息采集

音频信息采集,也简称为录音,即把声音信号转换为音频信号。声音信号是连续的模拟声波信号,需要利用声音传感器(麦克风)转换为电信号,并进行模-数转换(A/D 转换)为数字音频信号,便于进行后续数字处理。由于信号采集的不理想会带来音频信号的失真,将会给后续处理带来不可逆转的影响,因此在进行音频信号采集时,需要考虑使用合适的传感器。

录音的基本原则是不失真,即要采集到的音频信号不失真、噪声干扰足够小。常用的麦克风有气导麦克风、骨导麦克风和麦克风阵列等。其中,气导麦克风是通过感知空气传导的振动采集声音,是最常用的麦克风;骨导麦克风是通过感知固体传导的振动来采集声音,因此骨导麦克风可以有效降低空气传导噪声的影响,但使用时必须紧贴人脸;麦克风阵列,顾名思义,是由多个麦克风组成的阵列,具有可以有效抑制噪声、可采集空间信息(即声场信息,可以用于音源定位、音频分离、声学场景分析等)等特点。骨导麦克风和麦克风阵列的采集效果要优于气导麦克风。

未来麦克风的发展方向应该是按需感知的智能麦克风,可以根据需要智能地采集音频信号,大大降低后续处理的难度,即智能麦克风。其可通过对人耳听觉感知的研究,发现人耳不仅仅是单向的声音感知,还有来自大脑的反向控制信息,可以让人耳智能地感知外界音频信息,从繁杂的音频信号中获取自己需要的音频信息,诸如鸡尾酒会效应(Cocktail Party Effect,是指人的一种听力选择能力,通过注意力集中在某一个人的谈话之中,而忽略背景中其他人的对话和噪声)。目前的麦克风技术还没有这样的功能,只是单向的、简单被动地进行音频信号采集。智能麦克风可能具有的功能:按需采集、智能降噪、智能定位、智能分离等。

2. 高频信息预处理

麦克风采集到的音频信号在进行后续处理之前,还需要做一些必要的预处理,包括噪声的去除和有用信息的初步提取。具体包括音频信号的分割与检测、噪声处理、音频定位、语音恢复等。

（1）分割与检测。

音频信号的分割与检测是指从音频信号中分割和检测出需要处理的音频段，比如语音端点检测、语音的说话人分割与聚类等。

（2）噪声处理。

噪声对于音频信号分析会产生很大的影响，很多应用中都需要进行降噪、去噪处理，在语音信号处理中，也称为语音增强。噪声相对于要处理的目标音频而言，噪声种类很多，室内环境下主要的噪声干扰有回声（Echo）、混响（Reverberation）、环境噪声、其他说话人语音等，如图 4.3 所示。

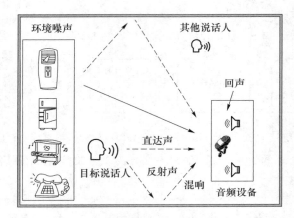

图 4.3　可能的噪声干扰（以室内为例）

因为噪声种类很多，对目标音源的干扰也各不相同，实际进行噪声处理的时候往往分门别类进行处理。比如回声消除、混响抑制、语音降噪（主要去除语音中的噪声干扰）、说话人语音分离（研究如何消除目标人语音以外其他说话人语音的干扰）、音乐分离（解决人声与乐器声分离的问题）等各种有针对性的噪声处理。

传统的音频分离，也称为盲源分离、盲信号分离，这里的盲主要是指缺少源信号和传输信道先验知识。常用的方法有独立成分分析法（Independent Component Analysis）、快速独立成分分析法（Fast ICA）、独立向量分析算法（Independent Vector Analysis）、稀疏成分分析（Sparse Component Analysis）、非负矩阵分解（Nonnegative Matrix Factorization）和字典学习（Dictionary Learning）等。这些方法大都是根据音频信号的某些特点，如高阶统计量和数据稀疏性等，来实现音频信号的分离，但对人类听觉感知借鉴的很少。

基于计算听觉场景分析法（Computational Auditory Scene Analysis）的分离方法是近年来的研究热点。传统的计算听觉场景分析方法需要计算各种听觉线索，需要对不同音源的产生以及人耳的感知有充分的认知，因此比较复杂。由于深度学习有强大的学习能力，基于深度学习＋计算听觉场景分析的音频信号分离，是目前的主流方法。其基本思想是借鉴人耳的掩蔽效应，通过深度学习网络来估计目标音频的掩蔽阈值，从而实现目标音频的分离。常用的网络有 LSTM、TCN、Tasnet、DPRNN、U-NET 和 Wavenet 等。

（3）音频定位。

音频定位也称音源定位，就是要确定某个音频来自哪个方向、哪个空间位置。一般需要麦克风阵列来提供空间信息，其原理与通信中基于天线阵列的手机定位问题很相似。音频定位主要用于会议场景下的说话人定位、特定音源的定位（如非法鸣笛车辆检测、枪声位置检测等）等。

（4）语音恢复。

由于一些诸如磁带录音介质老化、远距离录音等特殊原因，语音信号本身有所损失，语音恢复技术就是运用语音信号处理和机器学习算法来对损失的语音进行补偿。这个问题与语音降噪有所不同，语音降噪中，语音没有损失，只需要消除噪声的干扰；而语音恢复问题中，语音本身的信息有损失，也可能存在噪声，但语音损失是主要问题。

基于端到端的音乐
分离演示样例

3. 音频通信与音频存储

采集到的音频可以直接进行处理，也可以经过通信系统传输或存储到计算机等存储介质中保存。音频通信即远距离通信，主要将音频信息从一方传到另外一方，是打破信息处理在空间上的限制；计算机存储将音频保存至存储介质，可以随时进行音频信息处理，不受时间上的限制。音频信号中存在很多冗余信息，为了提高通信和存储的效率，需要对音频进行压缩编码。如何通信、如何存储是通信技术和计算机存储技术需要解决的问题，如何对音频进行压缩编码是音频信号处理需要考虑的问题。语音编码、音频编码部分，基本属于传统音频信号处理的范畴。常见的方法有波形编码、参数编码和混合编码等。

音频编码中也存在一些智能处理技术，主要表现在以下几个方面：

（1）音频编码关键环节的智能处理。比如语音激活检测（判断是否是语音）、矢量量化码本生成、语音质量评价等环节，即可以采用传统的方法实现，也可以使用机器学习的方法提高编码质量。

（2）基于内容的音频编码。MPEG-7 编码标准是要把多媒体内容变成像文本内容一样，具有可搜索性。这种内容表示往往是多种抽象层次上的，对于音频内容，较低抽象层可能会采用音调、调式、音速、音速变化、音响空间位置等属性来描述；而最高层可能会给出关于语义的信息；如"一群野马在荒原上奔跑、嘶鸣"；中间也可能存在过渡的抽象层，一般是提取的各种特征。这些内容的获取往往需要进行音频信息识别或者转写技术。

（3）音频场景编码。其主要包括两个过程，音频听觉场景分析编码和音频场景译码。编码阶段，主要采用麦克风阵列采集音频场景信号，然后进行音频场景信息的提取分析、编码。译码阶段，对音频场景编码进行译码，并将译码后的音频场景信息通过扬声器阵列（比如 5.1/7.1 扬声器）复现出原始的音频场景。音频场景译码可以看作是一个（音频）虚拟现实的过程，因此可以直接用于基于虚拟现实的影视作品创作，也可以用于实现身临其境的语音通信（免提全息电话）等。

（4）基于学习的智能音频编码。最早的智能语音编码概念是采用基于语音识别的语义编码、基于语音合成的译码的思想，但受识别和合成技术成熟度以及识别错误的影响，这种显性语义编码的方法并未有成熟产品出现。随着深度学习技术的发展，隐含语义编码的思想逐步成熟，即基于学习的智能音频编码。与依赖于信号处理和数学模型的传统音频编码算法不同，基于学习的音频编码利用机器学习算法（特别是深度学习网）从海量音频数据中学习并提取音频信号的低维隐含语义表示（压缩编码），并通过学习得到生成网络完成译码，整体上等同于一个自编译码器加上量化器。如谷歌的 SoundStream（多速率编码，可在智能手机上运行），Facebook 的 EnCodec，北大腾讯等的 HiFiCodec 等，因为使用深度学习网络，故亦称神经音频编码器（Neural Audio Codec）。

4. 音频信息识别

音频信息识别是音频信息获取中的关键环节，传感器采集到的只是音频信号，音频信号中包含的信息需要识别过程来提取。这个从音频信号中提取所需信息的过程，就是音频信息识别。举例来说，英语听不懂，不是听不见声音，而是不会做英语语音识别。而这个识别能力是通过学习得到的，这个学习的过程称之为训练，工作的过程则称之为识别。

音频信息识别的种类很多，一般根据所提取信息的不同来进行命名。由于音频中包含的信息很多，可以提取的信息也非常多，而人们则根据需要进行不同信息的提取。比如可以通过音频场景识别知道"我在哪里？"（如车里），通过音频事件识别知道"有什么事情发生"（如识别到语音表示有人说话，识别到喇叭声表示有车、需要注意等），通过语音识别知道一些细节，比如"谁在说"（说话人识别），"说了什么内容"（语音内容识别），"说话人是男的还是女的"（语音性别识别），"说的是中文还是英文"（语种识别），"说话的感情色彩是怎样的"（语音情感识别），甚至于"说话人是胖还是瘦，有没有疾病，说话时嘴里有没有吃东西"等。总之，音频信息识别就是根据人们的需要，从音频信号中提取各种各样的信息，是一个开放的概念。

音频信息识别的建模方法很多，总的来说有，模板匹配法、统计识别方法和基于深度学习的方法等。统计模式识别方法是深度学习流行之前的主流方法，如 SVM、GMM、HMM、随机森林等，当前的研究方法主要以深度学习方法为主，有很多成熟的深度学习识别框架，如CTC、RNN-Transducer、LAS、Transformer 等。

5. 音频信息检索

信息检索（Information Retrieval）是将信息源（检索对象）按一定的方式进行加工、整理、组织并存储起来（数据库，一般是建立索引的数据库），再根据用户特定的需要（检索输入，Query）将相关信息准确地查找出来的过程。音频信息检索是指检索对象或检索输入（Query）为音频的信息检索，是多媒体信息检索的一个分支。

音频信息检索是信息检索的一个分支，其处理过程与信息检索过程相一致，不同的是音频信息的存在。音频信号是一种随机信号，不能直接进行检索，需要进行音频信息的转写，将随机性的音频信息转换为可以直接计算匹配的可描述信息。音频信息转写的过程是一个从随机空间到确定空间映射的过程，必然会存在转写的错误或者不确定性，如何处理这种转写错误或者不确定性，是音频信息检索相对于一般信息检索的特殊问题。后面将对这些问题进行详细讲述。

音频信息识别与音频信息检索，二者关系非常紧密，这个也是信息识别与信息检索之间的关系，下面简单说明。

音频信息识别解决的是一个音频中有什么信息的问题，音频信息检索解决的是一个海量的音频库中有没有特定信息（与查询输入相关）的问题，而音频库中的每个音频有无特定信息，则需要通过音频信息识别过程来解决。可以说，音频信息识别是音频信息检索的基础，音频信息检索中的音频信息转写就是音频信息识别本身或者其中的一部分（如特征提取等），因此音频信息检索也可以看作是音频信息识别的一个应用。

从类别数目上看，音频信息识别中的类别数目一般是有限的、确定的（需要为每个类别训练模型），比如语音性别识别只有两个类别，语音情感识别一般采用 4～8 种情感类别（视具体任务而定），汉语连续语音识别一般有几千个字（类别）等。而音频信息检索中用户的查询输入往往是多种多样的，不同的查询输入都可以看作一个类别，可见音频信息检索中的类别数目是没有限制的。因此音频信息检索问题,在一定程度上可以看作是无限类别的音频信息识别问题。由于类别数目无限或者过于巨大,不可能在检索时进行实时比较识别,因此检索系统需要事先对音频数据库中的每个音频进行比较,识别计算得到索引,并构建索引数据库,在检索时直接查询索引库,提高了检索效率,属于以空间换时间的方法。

6. 音频信息生成

音频信息生成包括音频信息合成和音频信息转换。音频信息合成是将文本描述的信息转换为音频信息(音频信号),包括语音合成、歌声合成、伴奏生成、动物叫声合成和听觉场景生成等;音频信息转换,是将音频信息由一种风格转换为另外一种风格,如语音转换,是将一个人的语音转换为其他人的语音,歌声转换是将某个人的歌声转换为其他特定人的歌声等。从某种意义上说,音频信息转换和个性化的音频信息合成具有很多相似之处,但二者输入不同。在一些研究中,也采用音频信息识别+个性化音频信息合成的方法解决音频信息转换问题。

(1)语音合成(Speech Synthesis)又称文语转换(Text To Speech,TTS),是将文本转换为语音的技术,主要解决让机器开口说话的问题。语音合成,可以看成语音识别(Speech To Text)的相反过程。常用的语音合成方法有波形合成(如基音同步叠加 PSOLA 算法)、参数合成(如基于 HMM 的语音合成)、基于深度学习的语音合成等。基于深度学习,特别是基于端到端的语音合成是当前的主流方法,如 Tacotron、FastSpeech、Deep Voice、Transformer 等。语音合成系统生成的语音往往是某个说话人(训练集中的说话人)的语音,利用个性化语音合成技术,可以合成其他说话人的语音。个性化是指与说话人有关的个性信息和发话风格信息,如发声器官的特性、口音等信息,个性化语音合成需要引入参考说话人的风格信息,使得合成的语音带有特定说话人的风格。歌声合成,与语音合成类似,但多了韵律合成部分,其输入一般包括曲谱和文本歌词。

(2)听觉场景生成是虚拟现实研究的一部分,其理论基础是计算听觉场景分析建模,用计算机技术将人类听觉对声音的处理过程(听觉场景分析)建模,使计算机具备从混合声音中分离各物理声源并作出合理解释的能力。听觉场景生成则依据听觉场景模型,根据输入的场景要求,通过扬声器阵列在新的声学空间重现特定音频场景。可能的应用包括家庭 3D 影院(环绕立体声)、全息通信(免提全息电话)、虚拟游戏(比如虚拟音频场景游戏等)、影视制作(音频场景虚拟现实)等。

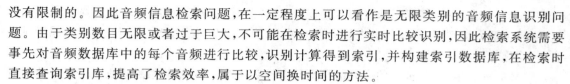

基于端到端的
语音合成样例

4.3　音频信息识别

4.3.1　概述

1. 音频信息识别的基本概念

本节围绕音频信息识别问题,讲解智能音频信息处理的核心关键技术。音频信息识别属于模式识别问题。模式识别的主要任务是从外界采集到的多媒体信号中提取所需要的信息,根据媒体的不同,可以分为图像信息识别和音频信息识别等。

音频信息识别是研究如何采用数字信号处理技术自动提取以及决定音频信号中最基本、最有意义的信息的一门新兴的边缘学科。简单来说,从音频信号中提取有用信息的过程,都可以称为音频信息识别，而且提取什么信息，就可以称为什么识别，比如从语音中提取说话人信息，简称说话人识别；从音频信息中检测婴儿哭声，简称婴儿哭声检测；判断一段音乐属于哪种流派，简称音乐流派识别；等等。

音频的种类很多，每种音频中的信息也是多种多样的，因此音频信息识别是一个开放的概念，往往根据人们的需求进行不同的识别。图 4.4 所示为常见音频的种类，相应的识别技术也列在图 4.4 右侧部分，但这种列举还远远不能把所有的音频信息识别包含在内。

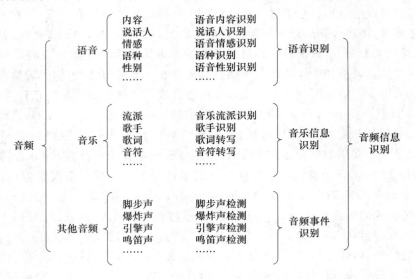

图 4.4　常见音频的种类

音频信息识别本质是解决如何通过音频获取信息的问题，那么人要通过音频从外界获取哪些信息呢？音频信息识别都有哪些具体的分类呢？图 4.5 所示为音频信息的层次描述的简单示意。人对外界信息的获取可以分为从大到小的三个层次：在哪里（音频场景信息）、发生了什么（音频事件）、具体情况怎样（细节信息，即音频内容及个性化信息）。同样，音频信息识别也包括三个层次信息的识别：音频场景识别、音频事件识别或检测、音频内容和个性化信息的识别。

（1）音频场景（识别）。

音频场景是指音频发生的具体环境、场景、情境。音频场景的定义往往是根据人的需要来定义的，很多时候也有粗类（大的场景）和细类的区分，如室内、室外、野外等就是粗类划分，而每个粗类下存在很多细类，具体如图 4.5 所示。无论粗类还是细类，每个音频场景都是由很多音频事件构成的，不同的场景下可以存在相同的音频事件，比如语音这个音频事件可以存在于各种音频场景中，但其出现概率是不一样的。通常认为，一个场景中应包含一些关键音频事件，这些关键音频事件的出现及其组合情况、定义或者代表了这个场景。

（2）音频事件（识别或者检测）。

与音频场景相类似，音频事件的定义是根据人的需要来定义的，也有粗类和细类的区分，往往根据音源（声音的来源）来进行命名，如汽车的声音、发动机声等。实际环境中的音频事件很多，很难对所有事件进行识别，故往往只识别感兴趣的音频事件——关键音频事件。

（3）音频内容及个性化信息（识别）。

音频事件还是一个更高层次的描述，只描述了这些音频事件是否发生，因此需要更为细化的信息识别——音频事件内容及个性化信息。音频事件繁多,但真正做到音频信息内容识别的,只有语音和音乐这两个事件,当然也只是解决了一部分问题而已,具体如图 4.5 所示。

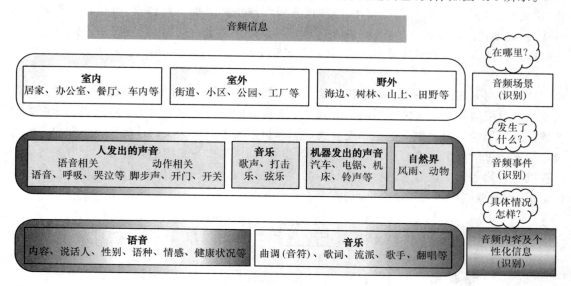

图 4.5　音频信息的层次描述

2. 音频信息识别的基本方法

音频信息识别的难点,或者需要智能化信息处理的原因,就在于音频信号的随机性。音频信号中包含的信息多种多样,比如语音中包含有内容、说话人、情感、语种(口音,方言)、性别、疲劳、生病等信息,这些信息都交织在一起构成语音。哲学里有句话,人不可能两次踏入同一条河,对于语音的随机性也同样可以说:一个人不可能发出两句相同的语音。

而实际识别任务往往只需要识别其中的某个信息(如情感),但这个信息不是单独存在的,而是和其他信息融合在一起,会受其他信息所影响,表现出来就是语音的随机性,进而使得这个信息(如情感)的识别变得困难。图 4.6 所示为简单的图示,两个语音波形都是高兴情感的发音,上图是女性发音,下图是男性发音,两句话的发音内容不同,可以看出虽然情感类别相同,但信号差别非常大。

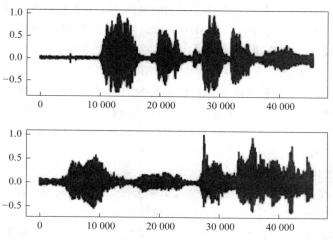

图 4.6　两个高兴情感的语音波形(上图为女性发音,下图为男性发音)

以语音情感识别为例（其他问题可以以此类推），与情感分类任务相关的属性信息或者情感分类所依赖的属性信息是分类本身所需要的，简称情感属性信息。而其他属性信息（诸如内容、说话人及其性别、语种等）的存在，使得情感属性信息的表现不再稳定，而是具有很强的随机性，因此如何消除随机性的影响、提取稳定的语音情感信息，就是语音情感识别的重点。传统的模式识别及当前的深度学习方法，都进行了很多的研究，提出了很多的解决方案。

（1）传统识别方法。

传统识别方法往往采用特征工程＋复杂分类模型的思想，通过特征提取更有效的特征，通过复杂分类模型将音频从特征空间映射到一个更可分的模型空间。图 4.7 所示为一个简单的音频信息识别的框图。整个识别系统分为训练和识别两个过程。训练过程主要是利用训练音频数据库通过学习生成模型（表示类别的参数集合，具体形式与采用的分类方法等有关）；识别过程则是将输入的测试音频与模型进行匹配比较的过程，一般遵循近邻原则，即离哪个类别的模型最近，识别结果即为哪个类别。

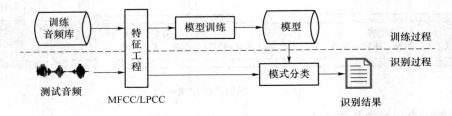

图 4.7　音频信息识别框图

① 特征工程。简单来说，音频信息识别就是按照某些音频属性把一个音频分到其所属的类别中，这些与分类相关的属性信息就是特征，提取这些与类别相关属性信息的过程就是特征提取。例如，语音内容识别需要提取与内容相关的属性信息；说话人识别需要提取与说话人相关的属性信息；语音情感识别需要提取与情感相关的属性信息。好的特征应该是去除所有与分类任务无关的属性信息，只保留与分类任务相关的属性信息，使得所有模式（即音频样本，一般一个 wav 文件就是一个音频样本，一般情况下，音频样本还包括其对应的类别标签）在特征空间上，类内距离最小、类间距离最大。例如，语音情感识别的特征中应该尽量不含有语音内容、说话人等的信息，在特征空间，每个情感类别（比如高兴）应该分布比较集中，不同情感类别之间应该分得越开、离得越远越好。要想提取完美的特征，需要对研究对象有深刻的了解和认识，比如人是如何产生语音情感的，人是如何感知语音情感的，这些理论问题的认知往往都是有所不足的。因此特征工程很难做，故而在做好特征工程的同时，也设计了很多复杂的模式识别方法来共同解决这些问题。常用特征如 MFCC、LPCC 等。

② 模式分类就是将一个音频样本从特征空间映射到模型空间，希望不同类别的音频样本在模型空间是可分的，分类的过程就是匹配比较的过程，计算测试音频样本与每个模型的距离，选择与测试音频距离最小的模型所对应的类别作为识别结果输出。常用的分类方法有 SVM、GMM、HMM、随机森林等。

（2）深度学习方法。

深度学习是当前主流的、比较有效的模式识别方法，是一种模拟生物神经网络的人工神经网络方法。其特点主要表现在强大的学习能力和信息提取能力。这些能力为解决音频信号的随机性问题提供了基础，也有了和传统方法不一样的思路。或者从某种意义上说，深度学习将特征提取和分类建模两个任务一起通过网络学习完成了。

依赖网络学习。依赖深度学习强大的学习能力,不再做或者不重点做传统的特征工程,而是把一切问题都交给神经网络去学习,这种简单化解决问题的思路也是深度学习大行其道的原因之一。但神经网络的能力是有限的,而且生物神经网络都是专网专用的,也是天生的(进化而来的),即负责不同功能的生物神经网络都是各不相同的,因而需要设计适用于特定识别任务的专用神经网络。

下面以语音情感识别为例,探讨如何搭建一个简单的深度学习网络,其他问题可以以此类推,后面将不再重复阐述。

图 4.8 所示为一个基于深度学习的语音情感识别框架,这里采用了多任务学习的思想,通过引入性别分类任务,降低性别因素对情感识别的影响,这个是可选项,不是每个模型都需要的。为了便于理解深度学习的建模过程,本文将整个识别过程分为信息的表达、信息的提取、信息的理解三个阶段,分别对应信号层、特征层/属性层和高级属性层/低级语义层。那么每个阶段的目标就是如何获得本阶段的最佳情感表达,即如何提取保留情感分类需要的情感信息,如何消除非情感部分的信息。

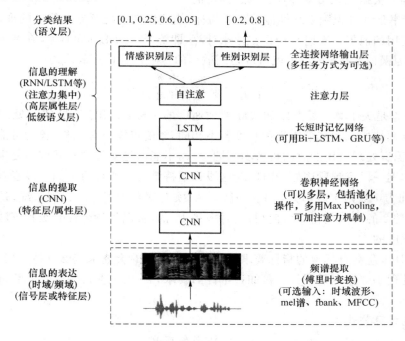

图 4.8　一个基于深度学习的语音情感识别框架

a. 信息的表达。作为深度学习网络的输入,最简单也是最常见的方式就是直接输入原始的音频信号,可以是时域音频信号,也可以是频域信号,这种方式保证了输入音频中信息的完整性,依赖后面的 CNN 提取与类别相关的属性特征。也有的研究继续使用传统的特征提取方法来提取各种特征作为网络的输入,这种方法对特征工程的依赖较大,是传统模式识别思想的延伸。当然,也有的研究将二者结合起来使用,也取得了一些效果。

b. 信息的提取。这一阶段使用的网络大多是 CNN。CNN 具有良好的局部信息提取能力,在有监督学习算法的指导下,可以提取与类别相关的属性信息。这一阶段的网络输出类似于传统识别方法中的特征,也可以将其看作是一些与类别有关的属性信息的表达。也可以考虑加入注意力机制，比如通道注意、频域注意、时域注意等。直接使用 Transformer，也是近年来很多网络建模经常使用的方法。

c. 信息的理解。由于音频信号是时序信号，在信息理解阶段，一般采用如 RNN、LSTM、GRU、Transformer 等时序建模网络，对时间上的信息进行建模，这一层的输出可以看作是高级属性信息（相对于信息提取阶段）或低级语义信息（相对于类别）。最后通过一个全连接网络产生类别的输出，具体输出形式可以是一个后验概率的矢量形式。图 4.8 中，输入的语音属于第三类情感的后验概率是 0.6，属于第二类性别类别的概率是 0.8；也可以是直接输出后验概率最大的类别，即第三类情感、第二类性别。在时序网络的基础上，往往还会引入注意力集中机制，以提升一些关键信息的权重及影响力。

以上是一个简单神经网络的建立方式，只适合于搭建一个基线系统，要搭建一个适用于某个分类任务的专用网络，还需要做很多工作，希望感兴趣的读者一起去探讨研究。

3. 性能评价

评价音频信息识别系统的性能，通常使用正确识别率和实时率两个指标。这些指标一般都是在测试集上根据识别结果统计（计数）测得的。

（1）识别率是评价识别系统性能的主要指标，描述识别系统所提取信息的准确性，这是识别系统能够使用的前提。有时也用误识率来计算，即等于 1 为正确识别率，在音频信息识别应用中，通常认为误识率在 5% 以内就可以达到适用的水平。其计算公式为

$$识别率 = \frac{识别正确的个数}{参与识别的音频总数} \times 100\%$$

（2）实时率是关于算法复杂度和实际处理速度的指标，多用于需要实时处理海量数据的场合。由于音频片段或者音频文件的长度各不相同，短的可能只有几秒，长的可能几十分钟到几小时，所以识别处理所用的时间也各不相同，故而不能以绝对处理时间作为复杂度指标。实时率定义为识别一段音频所用处理时间与这段音频持续时间的比值。如一段音频持续时间为 10 s，处理时间为 1 s，则实时率为 0.1。一般认为，实时率在 1 附近的识别系统，是可以直接适用的；实时率是 2 的可以优化以后使用；实时率是 10 的，可以等待硬件升级和算法改进之后可以达到实用程度的。

实际应用中，还会有其他的指标要求，比如并发率，有时会要求能够支持并发 100 路，即要求能够同时处理 100 路电话语音。再如稳定性的要求，希望经过 7×24 小时不间断压力测试无故障等。

实时率的计算公式为

$$实时率 = \frac{识别处理时间}{音频持续时间}$$

4.3.2　语音识别

1. 语音识别基本概念

简单来说，广义上的语音识别是从语音信号提取有用信息的一门学科，是音频信息识别的一个分支。根据从语音中提取信息的不同，可以分为语音内容识别、说话人识别、语音情感识别、语种（方言、口音）识别、语音性别识别、发音评价、语音疾病诊断等。可见，语音识别是一个开放的概念，只要是从语音中提取信息，都可以看作是一种语音识别。本节重点讨论语音内容

识别。

语音内容识别,简称语音识别,即狭义上的语音识别,平时大家所说的语音识别往往是指这个。语音内容识别有时也被称为 STT(Speech To Text,语音文本转换)、ASR(自动语音识别)等。

根据发话方式的不同,语音识别可以分为孤立词识别、关键词识别以及连续语音识别。孤立词是指识别时每次只能一个词一个词地孤立发音。识别系统实现简单,但使用不方便,目前已经基本不用这种方式。连续语音识别和关键词识别对用户发音没有限制,可以连续发音,连续语音识别要求把每个发音都识别成文本;而关键词识别则只需要将发音中的关键词汇识别出来就可以。关键词识别往往用于基于语音交互的信息服务中,比如语音订票系统,用户说"您好,我要订明天早上 8 点北京到上海的机票",语音识别系统只需要将时间、起点、终点等关键词识别提取出来即可。

从语音来源或者应用场景来分可以分为桌面语音识别(16 kHz 采样,16 bit 量化)、电话语音(8 kHz 采样,8/16 bit 量化)、会议语音(16 kHz 采样,16 bit 量化)、远场语音(如家庭环境下的智能音箱等,往往采用麦克风阵列,16 kHz 采样,16 bit 量化)等。由于语音背景不同,语音质量不同,往往需要根据语音应用场景进行定制,即不同的场景需要用不同的识别引擎(声学模型)。另外,由于应用领域的不同,比如语音短信输入、语音地图导航、语音医嘱转写、庭审语音自动记录等,因为领域不同,说话方式也有所不同,常用词也各不相同,特别是一些专业领域有一些专业术语等,语音识别引擎往往需要不同的语言模型。再加上语种、方言、口音等因素,一个语音识别引擎很难适用于不同的任务,即通用性不好,需要定制。

语音识别的难点除了之前谈的随机性问题,还有一个连续样本的问题,即一句语音是连续发音的,由很多个字或词(类别)构成,字词之间的边界很不明晰,这给识别带来了一些困难。目前的解决方法大都是采用动态解码的思想,即假设任何一个时间点都有可能是某个字词的边界。其优点是可以处理所有可能情况;缺点是计算量很大。所以即使采用了快速算法(如Viterbi,beam-search 等),识别时间开销依然很大。

2. 语音识别基本方法

纵观这几十年的语音识别研究方法,大概经历了三个阶段:GMM(高斯混合模型)＋HMM(隐马尔可夫模型)阶段,深度学习(DNN)＋HMM 阶段,深度学习阶段。

在第一阶段中,HMM 模型主要用来对语音进行声学建模,是一个典型的统计方法,是语音识别前两个研究阶段的主流方法;GMM 主要用来描述语音的状态输出概率。

在第二阶段,DNN＋HMM 阶段。采用深度神经网络来代替 GMM,如 DNN/CNN/LSTM/CNN＋LSTM＋DNN(有时也简写为 CLDN)等＋HMM 的方案,虽然采用了深度学习网络,但主要框架还是基于 HMM,深度学习的优势没有完全发挥出来。图 4.9 所示为这两个阶段的实现框图。由图中可以看到,使用的还是分立的模型——声学模型＋语言模型。其

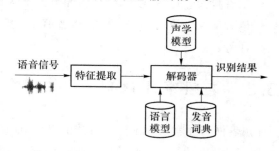

图 4.9　传统语音识别框架

中,发音词典是声学模型基元(词)与语言模型基元(比如声母、韵母)的关系表——词典。

在第三阶段，深度学习阶段。完全抛弃了 HMM，全部采用深度学习模型，比如 CTC、Transducers、LAS(Listen_Attend_and_Spell)、Transformer、FSMN 等，这些模型大多是一种端到端的语音识别框架。端到端，是指网络输入的是语音，输出的就是识别的文本，整个系统就是一个模型，因而可以进行端到端的整体训练优化，比传统的声学模型＋语言模型的建模方法要好得多。目前的商用系统大多是基于深度学习的框架，特定领域的识别性能在 97％左右，基本达到了人的语音识别水平，也得到了广泛的应用。图 4.10 所示为深度学习的语音识别实现框图。与传统基于 HMM 的框架相比，明显不同之处有三个：特征提取部分一般被 CNN 代替（大部分如此，也有研究者仍在使用 MFCC 等传统特征）；声学模型与语言模型都被集成到端到端神经网络中，图中以虚线表示语言模型，实际是为了做任务迁移（实际应用任务与训练时的任务不一致）等需要而加的外部语言模型，不是必需的；深度学习框架中声学模型与语言模型整合在一起，故不再需要发音词典。

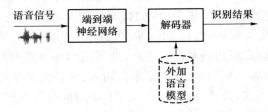

图 4.10　深度学习的语音识别实现框图

可用的中文语料库：THCHS-30，Aishell，ST-CMDS，Primewords Chinese Corpus Set 1，aidatang_200zh，magicdata 等，可免费用于学术研究，具体可参考 http://www.openslr.org/resources.php。

可用的开源工具有 HTK，Julius，Kaldi，Sphinx-4，RWTH ASR 工具箱等。

3. 语音识别的应用领域

语音识别目前已经在日常生活中广泛使用，特别是在智能终端上，在这里简单整理如下：

- 语音输入。语音短信输入、微信语音转写、语音医嘱转写、庭审语音自动记录和智能语音笔等。
- 语音控制。语音命令控制、语音唤醒、智能音箱等。
- 语音检索。语音地图导航、新闻节目检索等。
- 语音交互。语音订票、智能语音客服、智能音箱、智能电视、智能车载系统、语音翻译等。

4.3.3　音频事件识别

音频事件实际就是不同种类音频的统称，往往根据声音来源进行定义，比如汽车发动机的声音、脚步声、开门声等。音频事件种类的定义，也有粗类（coarse-level categories）和细类之分（fine-level categories）。粗类往往是大类，细类是粗类的细化，比如汽车引擎声是粗类，可以细分为小引擎（如摩托车）、中引擎（一般的家用汽车）、大引擎（大卡车）等细类。再比如，乐器音是粗类，弦乐器和打击乐是细类，还可以具体分为更细的类别，如钢琴声、小提琴声、大提琴声、鼓声、锣声、二胡声等。由此可见,音频事件的定义是根据任务需要定制的,缘于人们对音频信息关注的层次不同。

音频事件识别也可以称为音频种类识别或音频事件分类,是指从音频信号中提取音频事件种类信息的技术。由于音频事件种类很多,实际任务中往往只识别关键音频事件,即关键音频事件识别。所谓关键音频事件,是指实际任务需要关注的、重要的音频事件,比如监控场景下的脚步声、玻璃破碎声等,健康监控场景下的呼吸声、咳嗽声、鼾声等,都是对应场景下的关键音频事件,同时也可以是其他场景下的非关键音频事件。

音频事件检测是音频事件识别的应用,即利用音频事件识别技术检测连续的音频流中存在哪些音频事件。音频事件识别一般是单标签分类任务,即要识别的音频中只有一个音频类别,从单个样本的类别标签上看只有一个类别标签,识别时只需要判断整个音频样本属于哪一类(标签)即可,这段音频往往不会太长(几秒到十几秒),通常是由人工切分或者通过某种算法分割而来。而音频事件检测往往是一个多标签分类任务,一个音频样本中包含多个音频事件种类,从类别标签上看,存在一个音频样本有多个类别标签的情况,这些音频往往来自实际应用场景,音频持续时间比较长,除了要检测有哪些音频事件发生,还需要标记每个音频事件具体的起止时间。

音频事件识别的难点除了前文探讨的随机性以外,还在于音频事件的多样性。音频事件种类之间的差异比较大,具有多样性的特点。不同种类音频事件的产生机理上的差异多种多样,比如持续激励的乐音(语音、乐器音等)、非持续激励的非乐音(枪声、敲击声等)、闭合的谐振腔(语音、乐器音等)、半闭合(喇叭声)和无明显的谐振腔(锣声等)、小孔辐射(语音)、全辐射(乐器音等),类似的产生机理上的差异还有很多。产生机理上的多样性会表现在音频信号空间上的多样性以及音频属性空间上的多样性。这种多样性,增加了音频事件识别建模的难度。

DCASE (Detection and Classification of Acoustic Scenes and Events,音频场景、音频事件的分类与检测)挑战赛是音频处理领域的顶级赛事,是由 IEEE 举办的声学类比赛。2013年第一届,2016 年第二届,每届都会吸引大量的研究机构、高校和企业参赛。在第六届 DCASE 2020 中,亚马逊、三星电子、IBM、日本电信电话 NTT 集团等知名企业和清华大学、霍普金斯大学、南洋理工大学等国内外知名高校的众多队伍参加。DCASE 评测一般每年 3 月份开始报名,4 月初左右开放数据集下载,6 月 15 日左右提交评测。多年评测,使得 DCASE 积累了很多开放数据集和一些评测报告。感兴趣的同学可以自行去相关网站查询学习(http://dcase.community)。

DCASE 2021 年有 6 个任务:声学场景分类、域转移条件下机器状态监测的无监督异常声音检测、定向干扰下的声事件定位与检测、家庭环境中的声音事件检测和分离、少量生物声事件检测、自动音频字幕等。

音频事件识别与检测图像中有什么物体存在的物体识别技术很相似,就是识别、检测一段音频中有什么声音存在,可以让人和机器通过音频获取外界信息,属于音频认知范畴。在实际应用中,音频事件识别与检测也有广泛的应用,简单列举如图 4.11 所示。

图 4.11　音频事件识别与检测的应用领域

4.4　音频信息检索

办公室场景下的音
频事件识别演示视频

4.4.1　概述

　　信息检索是信息处理中非常重要的一个环节，如百度搜索、新闻搜索、商品搜索等都是信息检索的实用例子。信息检索可以分为文本信息检索和多媒体信息检索，音频信息检索就是基于音频的多媒体信息检索。

　　以音频信息作为检索输入，或者以音频信息作为检索对象的信息检索，都可称为音频信息检索，如图 4.12 所示。以音频信息作为检索输入，可以提供更多、更灵活的检索方式，使信息检索使用起来更为方便（如语音导航——语音输入检索文本），同时也提供更多的检索功能（如音频样例检索——音频输入检索音频）；而以音频信息作为检索对象（如语音关键词检索——文本输入检索语音），可以使得海量音频数据得到有效地使用。

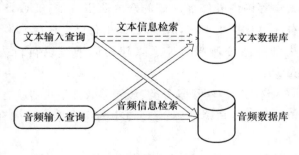

图 4.12　音频信息检索

1. 音频信息检索的层次分类

　　音频中包含的信息很多，从底层的信号层到上面的语义层，每个层次都包含着不同的信息，而这些信息都可以用于音频信息检索，或作为检索输入的描述，或作为检索对象的描述，如

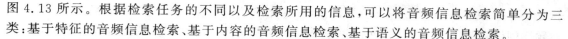

图 4.13 所示。根据检索任务的不同以及检索所用的信息,可以将音频信息检索简单分为三类:基于特征的音频信息检索、基于内容的音频信息检索、基于语义的音频信息检索。

（1）基于特征的音频信息检索。

基于音频信号层特征信息的检索,强调检索输入与检索对象在信号层次上的一致性,一般是以音频作为检索输入,检索对象也为音频信息,检索使用的是底层的信号特征信息,如峰值点、短时能量、过零率等,往往通过音频特征提取方法获得。检索结果往往是与检索输入相同的音频,故有时也称作音频样例检索。但这些音频可能存在由于播放录制、环境噪声污染、多次编译码、简单编辑等产生的失真。

（2）基于内容的音频信息检索。

基于音频内容信息检索,强调检索输入与检索对象在内容层次上的一致性,通常是以音频作为检索输入,检索对象也为音频信息,检索使用的是中间层次的属性信息,如旋律、节奏等的显性属性或者说话人、音乐风格等高层属性信息的隐含矢量描述（有时也称作 Embedding 或 Vector）等,往往通过音频信息转写（如音符转写）或者音频信息识别方法（如说话人的 i-vector、x-vector 等）获得。检索结果与检索输入可能在信号层上差别很大,但在某些内容属性上相一致或者相类似,比如哼唱检索强调在旋律上能够匹配,而忽略人、哼调唱词等的差异影响。

（3）基于语义的音频信息检索。

基于音频语义信息的检索,强调检索输入与检索对象在语义层次上的一致性,检索输入和检索对象中至少有一个为音频,其他的可以是文本信息。检索使用的是语义层次信息（确定的类别信息）,如语音内容、说话人、音频事件、音乐流派等,音频语义往往是通过音频信息识别获得。检索结果是与检索输入在某些语义层次上一致,比如语音内容检索、说话人检索、音频事件检索等。

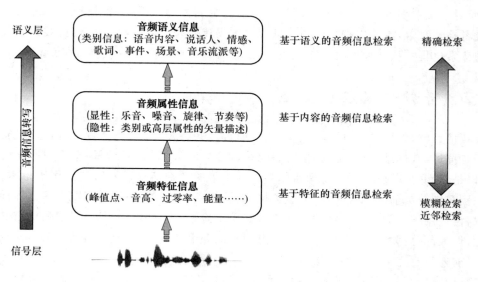

图 4.13　音频信息检索的层次分类

音频信息检索的分类方法很多,还可以根据音频种类的不同,分为语音检索、音乐信息检索（MIR）、音效检索、音频样例检索等。这些不同的分类方式之间不是简单的一一对应关系,比如说话人检索,可以通过说话人识别实现基于语义的检索,也可以通过提取说话人的矢量表达（i-vector，x-vector），进行基于内容的检索；再比如音乐检索，可以进行基于特征的检索——音频样例检索，也可以进行基于内容的检索——哼唱检索，也可以进行基于语义的音频信息检索——音乐流派检索等。

2. 音频信息转写

为了便于描述，本章将音频信号转换为特征、属性（内容）、语义描述的过程，统称为音频信息转写。其方法包括音频特征提取、音频属性信息转写、音频信息识别等，其本质是从音频中提取不同层次的信息，用于音频信息检索。

研究音频信息检索问题，不能眉毛胡子一把抓，要考虑其共性问题和特殊性问题。共性问题可以参考已有问题的解决方案（或在此基础上改进，但这不是重点）；特殊性问题则是音频信息检索所特有的问题，这个是要重点解决的问题。

（1）共性问题。音频信息检索与文本信息检索一样，都属于信息检索的范围，因而音频信息检索与文本检索具有很多相同的地方，比如都是检索问题，其实现方法都是一样的，即索引＋检索，其检索的性能评价指标也是一样的，即常用的准确率与召回率，等等。

准确率是指检索出来的条目（比如：文档、网页等）有多少是准确的，衡量的是检索系统的查准率；召回率就是所有需要检索出来的条目有多少被检索出来了，衡量的是检索系统的查全率，这两个指标往往是相互矛盾的。

$$准确率 = \frac{提取出的正确音频个数}{提取出的音频个数}$$

$$召回率 = \frac{提取出的正确音频个数}{检索库中总音频个数}$$

（2）特殊性问题。音频信息检索又与文本检索问题有不同之处，主要在于音频信号是高维随机信号（信号点多，8 kHz/s 采样的音频数据有 8 000 个采样点），不能直接进行精确编码描述；而对于文本来说，一个字或者词就是一个确定的编码。因此，音频信号无论是作为检索输入或者检索对象，需要先进行音频信息转写过程转换为文本或者数据描述，再进行类似文本检索的检索过程。从某种程度上来说，音频信息检索＝音频信息转写＋文本检索。

4.4.2　音频信息检索方法

音频信息转写是将高维的随机音频信号通过一些特征提取、信息转写、信息识别等手段，转换为可描述的（低维的、确定的）信息编码。这些技术大都属于音频信息识别所要研究的内容，可以是识别完整过程的使用，即将作为识别结果的类别信息（语义信息）用于检索；也可以是将识别系统分类前的隐含变量/矢量数据（属性信息）用于检索；也可以类似识别器前端的特征提取，设计用于音频信息检索的特征提取器用于检索。因此，音频信息转写虽然有其任务的特殊性，但大部分都可以参考借鉴音频信息识别的理论和方法，但其难度依然如音频信息识别一样，目前还没有完美无缺的方法。

音频信息转写是将高维随机音频信号转写为低维度的确定编码，由于音频信号的随机性和转写方法的原因，转写的结果往往也具有某些随机性或者转写错误发生，因此音频信息检索系统必须对这些随机性或错误进行处理，这也是音频信息检索独有的特殊问题，是研究音频信息检索的重中之重，这个也是所有多媒体信息检索研究都必须面对的问题。也可以说音频信息检索＝音频信息转写＋转写错误处理＋文本信息检索。因此，如何设计一个可以有效消除音频信息随机性的音频信息转写方法,如何处理转写随机性或错误带来的影响,是音频信息检索需要重点研究的问题。前者可以结合音频信息识别问题和具体任务进行探讨研究,本文重点探讨后者。

对于音频信息转写结果通常有两种形式:识别结果的语义(文本形式的类别)表达和由特征提取、信息转写等得到的矢量(数据)表达,音频信号的随机性对它们的影响各不相同,采用的检索方法也各不相同。

1. 查询扩展＋精确检索

基于语义的音频信息检索中,往往采用音频信息识别作为转写工具。由于识别器有很强的分类能力,可以吸收一部分随机性,识别结果为确定的文本,其随机性影响主要表现为识别结果的错误,进而影响检索召回率。为了降低识别错误的影响,往往采用查询扩展＋精确检索的方法。

查询扩展(Query Expansion)是信息检索中常用的方法,为了改善信息检索召回率(Recall),将原来的查询输入增加新的关键词来重新查询,扩展的往往是查询输入的同义词等。如检索输入为“电脑”,检索系统会扩展为“计算机”“PC”“台式机”等词条。这里借鉴查询扩展的思想,将识别结果中的多个候选结果用于查询扩展,降低识别错误带来的影响。

具体过程如图 4.14 所示。对于识别器输出的多个识别结果进行可信度评估打分,并按照可信度进行排序,选择 Top N(前 N 个)或者可信度大于某个阈值的多个候选结果,作为查询扩展项,即这些结果都作为检索的输入或者作为检索对象,其识别可信度也将作为检索结果排序的一个依据。这种多候选扩展的优点是可以有效降低识别错误的影响,提高召回率;缺点是增加了检索时间,有可能返回错误的检索结果,降低检索的准确度。

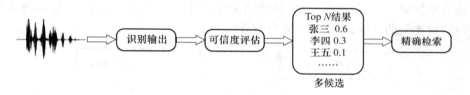

图 4.14　基于语义的音频信息检索(查询扩展＋精确检索)

2. 近邻检索/模糊检索

在基于特征和内容的音频信息检索任务中,音频信息转写的结果大都是一些矢量表达(可以是特征矢量、Embedding、Vector 等),由于方法的简单以及原始音频信号的随机性,其输出也往往带有随机性,即检索输入和检索目标的转写结果可能分布在一个范围内,因此往往无法直接使用精确检索,只能采用近邻检索方法。

下面以说话人语音检索为例说明精确检索和近邻检索的差别。在基于语义的说话人检索中,采用说话人识别结果来表示一段语音,每个说话人的不同语音都被映射为检索空间的一个点,只要识别正确,就会都落到同一个点上(如图 4.15 所示中的圆心);但如果识别错误,则落到其他说话人的点上。也就是说,每个说话人的语音通过识别都会变成检索空间上一个确定的点,这时的检索就是精确检索。

在基于内容的说话人检索中,需要采用说话人特征提取得到的矢量表示(如 i-vector、x-vector 等)来表示语音。那么同一个说话人的不同语音可能会落到说话人特征空间上的一个范围内,而不是一些确定的点上,这时不再存在识别错误的问题。如图 4.15 所示,张三的不同语音可能会落到表示张三的圆内任何一个位置,圆的大小和不同圆之间的重叠程度是语音随机性的具体表现。好的说话人表示,应该使得圆尽可能小、圆之间的重叠尽可能小。在这种情况下,再做精确检索就没有意义了,需要对一个范围或者一个区域进行检索,这就是近邻检索。从建立索引的角度来说,精确搜索就是空间中的每个点对应一个索引值;而近邻搜索则是一个区域(如张三所在的圆)对应一个索引值。常用的近邻检索方法包括局部敏感哈希(LSH)、乘积量化(PQ,Product Quantization)等。具体方法请大家自行查阅相关文献。

图 4.15　精确检索(两个圆心)与近邻搜索(两个圆)

　　下面将简单介绍语音检索、音频样例检索和音乐信息检索中的哼唱检索。它们分别对应基于语义的音频信息检索、基于特征的信息检索、基于内容的信息检索。

4.4.3　语音检索

　　语音检索是以语音作为检索输入,或者以语音作为检索对象的信息检索技术,属于基于语义的音频信息检索。常用的有两种,一个是语音输入查询文本资料,如语音地图搜索;另一个是文本输入检索语音库,如语音关键词检索系统,如图 4.16 所示。目前,手机地图软件都有与语音地图搜索类似的功能,大家可以自行体验。

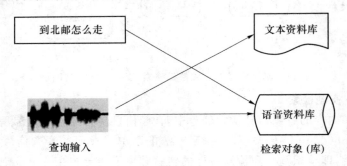

图 4.16　语音检索的种类

　　语音关键词检索系统如新闻语音检索系统、电话语音关键词检索等,其实现框图如图 4.17 所示。在索引库建立阶段,将所有的新闻/电话语音通过语音识别转写为文本,为了解决识别错误的问题,在识别后处理阶段去计算识别结果的可信度,保留可信度比较大的多个候选识别结果,将这些多候选结果一起进行 Hash 计算索引,并建立索引库。在检索阶段,根据查询输入项进行关键词查找,对检索返回结果计算可信度并进行排序,然后输出检索结果(如 wav 文件、对应文本及可信度等)。这个过程基本与文本检索基本一致,不同之处是在于排序信息中使用了识别结果的可信度信息。

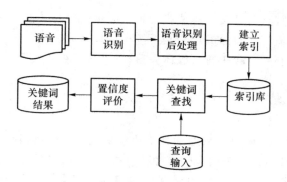

图 4.17 语音关键词检索系统的实现框图

4.4.4 音频样例检索

音频样例检索是以音频样例输入查询音频数据库的检索方式,属于基于特征的音频信息检索。例如听歌识曲:走在马路上,听到一首好听的歌,就想知道是什么歌,便用手机录下一段音频,到歌曲库中进行检索。简单来说,就是通过一个音频片段(原始的音频片段或者录制的,允许有噪声及一定的失真)在音频数据库中搜索到对应音频的完整信息,如图 4.18 所示。

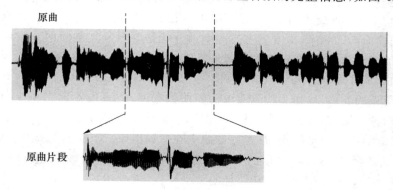

图 4.18 音频样例检索示意

音频样例检索中的关键问题,在于如何提取简单有效的特征。"简单"是指特征不能过于复杂,不然不利于快速索引;"有效"是指特征要有区分性和一定的鲁棒性(健壮性,稳定性);"区分性"是指这些特征能够表示这段音频与其他音频片段的差异;"鲁棒性"是指所提取的音频特征要对一些失真有很强的稳定性,即同一段音频经过转录、加噪后,其特征要保持不变。常用的特征有短时能量、过零率、频谱峰值点、频谱峰值点位置等。

音频样例检索可以应用的场合如下:

(1)听歌识曲。通过歌曲/音乐的片段,检索对应歌曲名、歌手、专辑等信息。

(2)安全应用或音视频版权。

① 安全应用:在网络上发现一段不良音视频,希望找到所有包含该段音视频的音视频文件或网站。

② 音视频版权:查找特定音视频文件及其片段是否被非授权传播。

(3)广告监管。

① 对于广告监管部门，监管某个非法广告是否继续播放；

② 对于广告厂商，监管所投放的广告是否按时足长播放。

（4）多媒体去重。利用音频进行多媒体去重，可以缓解视频去重的庞大计算量问题。

4.4.5 哼唱检索

哼唱检索是通过哼（调）唱（词）歌曲的某个片段来找到想要搜寻的歌曲，是一种基于音乐旋律信息的音乐检索，故属于基于内容的音频信息检索。与音频样例检索的最大不同在于，检索输入不再是音频数据库中某个音频的片段，而是不同人哼唱的不同音频片段，检索的依据也不再是特征信息，而是比特征更高一层的旋律信息。

哼唱检索最大的难点在于歌曲旋律信息的提取，需要解决人的个性化差异问题以及哼唱数据库问题。

1. 个性化差异问题

人类歌唱时的旋律信息主要表现为基音频率（音高）的相对变化，不同人的发声器官差别很大，基准音高不同，音域范围也不一样，节奏上也有差异，同时也存在哼唱不准确的问题。个性化差异使得即使是同一个歌曲片段，不同人哼唱出来的基频曲线也千差万别，所以如何消除哼唱的个性化差异，是哼唱检索首先要解决的问题。目前主要采用的方法是研究更好的旋律信息提取方法，如基频曲线的归一化处理、提取特征、利用深度学习等（注：基音频率，简称基频，是声带周期性振动的频率，语音的主要频率成分就是基频及其基频的 n 次谐波的组合，基频的高低决定了音调的高低，女声和童声音调较高，主要原因就是基频高）。

2. 哼唱数据库问题

哼唱输入是人的歌声，而作为检索对象的歌曲数据库，大多包含歌声和伴奏声，无法直接使用。目前有两种方案来解决：一个是使用 MIDI（Musical Instrument Digital Interface）数据库；另一个是对歌曲进行主旋律提取，建立歌曲主旋律数据库。下面简单介绍这两种方案。

（1）MIDI 是"数字化乐器接口"的英文缩写，是音乐创作等领域广泛使用的音乐标准格式。MIDI 文件是计算机中记录 MIDI 信息的数据文件，文件扩展名是 * . mid，其中记录的不是声音信号，而是音符、控制参数等数据信息。MIDI 文件一般包含多个音轨，主旋律保存在某个音轨上，其他音轨作为伴奏，每个音轨对应一种乐器，音轨中记录着音符等具体音乐信息。采用 MIDI 库方案，优点是比较简单，解析 MIDI 文件中的主旋律音轨就可以得到可用的音符信息（包括音符值和音符持续时间等）。不足之处在于：①不是所有的歌曲都能找到对应的可用 MIDI 文件，往往需要人工转写、校正；②需要进行主旋律音轨的判定；③MIDI 文件中记录的是乐器音符，和人的哼唱旋律表示（基音频率）存在差异，因此检索系统需要吸收表示上的差异和哼唱个性化差异两种不一致性。

（2）主旋律提取。歌曲中包含歌声和伴奏声，歌声含有基频，伴奏中的弦乐器声中也含有基频，主旋律提取就是提取混合音乐中歌声的基频。主旋律提取方案的优点是歌曲来源丰富，不需人工处理，而且检索输入（哼唱）与检索对象（主旋律数据库）都是歌声，不存在旋律表示上的不一致问题，只需要解决哼唱的个性化差异问题。不足之处在于，主旋律提取比较困难，提取结果存在错误。目前的主旋律提取有两种方法，一种是通过多基频提取得到歌声和弦乐器的基频，然后通过主基频判断哪个基频是歌声基频；另一种是采用歌声分离方法分离出歌声信号，然后提取歌声基频。

哼唱检索系统框图如图 4.19 所示,这个与一般的检索系统基本一致,不同之处在于特征提取和索引阶段。在特征提取阶段,需要设计合适的特征提取算法,保证同一段旋律的不同表达(检索哼唱输入和检索数据库)在经过特征提取后的旋律表达能够尽量一致,或者至少分布在一个集中的区域(即具有稳定性),且与其他旋律具有一定的距离(即具有区分性)。索引阶段,需要按照近邻检索的方案进行索引计算,尽可能降低哼唱检索中差异性信息的影响。

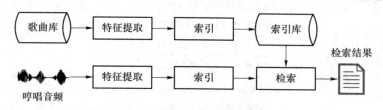

图 4.19　哼唱检索系统框图

4.5　音频大模型

大语言模型产生后,智能音频信息处理领域也涌现出了各种各样的大模型。总的来说,音频方面的大模型可以分为音频大模型和音频相关多模态大模型两种。

4.5.1　音频大模型

音频大模型是指以音频为中心的大模型,或者说以单一音频模态为主的大模型,虽然也会有文本参与控制,但本质还是以音频处理任务为主,或者说音频大模型更多的是解决音频自身的处理问题。

在传统音频处理中,音频模型或系统大都是解决特定音频对象、特定任务问题。音频大模型由于大量采用预训练模型,往往可以同时解决多个音频对象、多个音频任务,可以说音频大模型的发展趋势或目标就是一个大模型解决所有音频的所有处理任务。

常见音频大模型如表 4.1 所示。这些模型大多是近几年内涌现的,未来也会涌现更多更强的大模型。音频大模型除了可以直接应用解决实际问题,其本身或者某个部分也可以用于二次研发,比如音频大模型 AudioLM 除了使用预训练模型 w2v-BERT 提取语义 Token 外,还采用了音频编码大模型 SoundStream 来提取声学 Token 并转换语音。

4.5.2　音频相关多模态大模型

音频相关多模态大模型是指以语言大模型(LLM)为核心支持包括音频的多个模态(视频、图像、文本、数据等)的综合大模型。表 4.1 也给出了音频相关多模态大模型的简单介绍,感兴趣的读者可以自行体验,特别是 GPT-4o(网络访问)的语音交互和天工 AI(下载 App)的歌曲创作等功能。

多模态大模型中的关键问题在于多个模态信息的对齐(即统一表示),使得 LLM 能够以相同的方式处理不同模态的信息。简单来说,单模态处理＋多模态对齐＋LLM＝多模态大模型。

表 4.1 常见音频大模型

处理对象	任务	大模型实例
语音	单任务	语音合成（VALL-E，SPEAR-TTS，NMS，PromptTTS 等）
	多任务	Whisper：语音识别、语音翻译、语种识别； VioLA：用于语音识别、合成和翻译的统一编解码器语言模型； AudioPaLM：语音识别、语音到文本翻译、语音到语音翻译、语音合成、机器翻译； SpeechX：零样本 TTS、噪声抑制、人声去除、目标说话人提取、语音编辑等
音乐	单任务	MusicLM、MusicGen 等根据提示生成音乐
	多任务	MeLoDy 等根据提示生成音乐、歌曲
一般音频（语音、音乐、音效等）	单任务	音频编码：SoundStream、EnCodec、HiFiCodec、FACodec 等； Bark：带音效的语音合成（非语言语音如大笑、叹息、哭泣等，歌曲，背景噪声和音效等）； AudioLDM：基于潜在扩散模型的 text2audio； AudioGen：生成复杂音频（场景、音乐、语音等）； WavJourney：利用大语言模型连接各种音频模型，以文本输入生成有故事情节的音频内容（包含语音、音乐和音效）
	多任务	AudioLM：类似 GPT 的音频生成，包括随机音频生成、语音的续写（以语音输入作为 prompt，生成语音内容）、钢琴乐曲的续写、说话人转换等； Qwen-Audio：旨在实现基于人类指令的通用音频理解和灵活交互，涵盖了超过 30 个音频处理任务、8 种语言和各种音频类型
多模态	多任务	ChatGPT：支持语音输入输出； GPT-4o：支持 50 种语言的多模态（音频、视觉和文本，甚至情感）的实时处理； SpeechGPT：具有内生跨模态能力的大语言模型，通过离散化描述来统一语音和文本之间的表征，规避了传统的语音识别＋大语言模型＋语音合成的方式； NExT-GPT：任意输入/输出模态的大语言模型，如何构建一个能够接收和输出任意模态（文本、图像、视频、音频等）内容的多模态大型语言模型（MM-LLM），从而实现更接近人类水平的人工智能； 天工 AI：国产综合性大模型，包含可免费使用的音乐生成大模型（根据歌词和参考音乐生成歌曲，目前仅限手机安装使用）

4.6 智能音频技术应用案例

智能音频技术应用广泛，主要用于音频相关的信息提取（基于音频信息识别、音频信息检索等技术）、音频相关的信息生成及施效（基于音频信息生成技术等）以及基于音频的信息交互（基于音频识别、音频生成、智能交互等技术），可以为用户提供基于音频的更为便利快捷的信息处理服务。可以说只要有音频、语音存在的场合，智能音频技术都可以发挥其作用。下面简单介绍两个应用案例——智能语音助手和智能音乐创作。

4.6.1 智能语音助手

智能语音助手是人工智能技术的一项重要应用，一些产品已经走向市场，比如智能主播

（智能语音播报）和智能语音人机交互等。

1. 智能主播

智能主播也称虚拟主播、数字人等，主要是利用语音合成技术实现新闻等文稿的语音播报，加上唇形同步、表情控制、肢体控制等技术，就可实现视频播报，可广泛用于新闻、PPT 讲解、商品介绍、虚拟主持等各种场合。

智能主播的早期产品主要出现在官方媒体，如新华社的虚拟主持人"新小浩""新小萌""新小微"，新闻播报员"康晓辉""央小广""小晴""小江"等。随后，虚拟主播便被用于企业和社交网络平台，如京东的数字人"采销东哥"，B 站和微信短视频上的虚拟主播等。

采用可定制的个性化情感语音合成技术的智能主播可以充当戏剧中的音频角色，如番茄小说的情感配音技术、字节跳动的 Seed-TTS 等。再结合音频合成、音乐创作等技术，便可以根据文本自动生成广播剧，或根据文本为电视剧、电影配音。而结合 Sora 等视频合成技术，就可以实现电视剧、电影的智能创作。

智能主播主要完成语音的智能播报，虽然也可以根据其他信息如弹幕、点赞等行为与用户互动，但这种互动并不是全语音的。全语音的互动，即智能语音人机交互，也称为智能语音助手。

2. 智能语音人机交互

人机交互可以是键盘、鼠标等按键控制，也可以通过音频、语音、图像、视频（手势）等控制，后者通常称为智能语音人机交互，使用语音完成交互的也称为智能语音助手，通常可以获得更为便利的交互体验，特别是在双手被占用的某些场景（如驾驶）。其基本原理是利用语音识别技术获取用户输入，通过自然语言理解技术理解用户意图，进而进行设备控制或语音应答（通过云服务获取应答信息，应答信息通过语音合成技术合成语音并播放给用户），整体采用对话管理技术进行控制。

苹果公司的 Siri 是初期语音助手的典型产品，后期多家中外企业也推出了各自的语音助手。除了智能终端上的应用，还开发出了诸如车载语音助手、智能音箱、智能眼镜、智能手表、智能别针等智能音频硬件设备。这些硬件本身既可以被用作信息入口，也可以用作信息出口，从而扩展了语音交互的应用领域和应用范围，使得人们可以通过语音交互控制设备、获取信息、订购商品、在线娱乐等。

随着技术的发展，语音助手越来越多地接入了大模型，显著提高了智能信息服务的能力和水平。同时，也有很多大公司直接基于大模型开发出了不同种类的智能语音助手。表 4.2 所示为智能音箱与大模型引入情况。

表 4.2　智能音箱与大模型引入情况

厂商	智能音箱产品	智能语音助手	大模型引入
阿里巴巴	天猫精灵	阿里小爱	多模态大模型 M6、通义千问
百度	小度	小度	文心一言、文心千帆
谷歌	Google Nest	Google Assistant	Bard
华为	华为	小艺	盘古
亚马逊	Echo	Alexa	泰坦
小米	小爱	小爱同学	MiLM

近年来，随着人工智能技术的发展，汽车的智能不再局限于车载语音助手，而是逐步向全面智能化、高集成化转变，特别是大模型的全面引入，使得汽车成了集娱乐、办公、生活、社交于一体的人机交互智能产品，因而有智能座舱的称呼。智能座舱的服务对象也趋于多元化，开始从面向驾驶员到面向所有乘客的转变，交互方式也由触摸交互、语音交互扩展到触摸手势交互、凝视与头部姿态交互等多种多模态交互方式。

总之，智能人机交互的发展趋势就是多模态化和高集成化，即通过多样化的交互方式和集成化的智能核心技术形成强大的智能体，以成为名副其实的智能助手。这种技术与机器人技术相结合将为具身智能的发展注入强劲动力。

4.6.2　智能音乐创作

音乐在个人和社会生活中扮演着重要的角色。它不仅是一种艺术形式，还是一种文化传承和情感表达的工具。无论是创作、演奏还是欣赏音乐，都能带来丰富的体验和意义。一直以来，音乐创作都是专业人士的专利，普通人更多的只能是欣赏，而智能音频技术的发展给普通人带来了低成本创作专业音乐的可能。自2023年以来，智能音乐创作技术蓬勃发展，并迅速走向应用。从 So-vits Svc 到 OpenAI 的 MuseNet、谷歌的 MusicLM、Meta 的 MusicGen，再到 SunoV3、Udio，以及天工 SkyMusic，智能音频技术不断重塑音乐创作领域。

当前智能音乐创作主要包括歌声转换、AI 乐曲创作、AI 歌曲创作等，下面分别对这几项技术进行介绍。

1. 歌声转换

歌声转换的研究，源于语音克隆，即用克隆的（他人）声音说话。语音克隆包括说话人声音转换（张冠李戴）和语音合成（文本转换为语音）两种技术。随着语音克隆技术的日益成熟，歌声的转换和克隆应运而生，从而开启了 AI 歌曲创作时代。

这里采用的核心技术便是歌声转换技术，即用目标歌手的声音替换原歌手的声音，再加上配乐来实现歌曲的翻唱。利用这一技术，也可以将自己哼唱的歌声配上伴奏后转换为目标歌手的歌曲。

歌声转换技术已有开源软件供大众试用，例如，

So-vits-svc：https://github.com/svc-develop-team/so-vits-svc；

2. AI 乐曲创作

AI 乐曲创作是实现由文本描述生成音乐（Text-to-Music）的技术。其中，谷歌的 MusicLM 和 Meta 的 MusicGen 具有代表性。

（1）MusicLM 能够根据文本描述生成高保真的音乐，生成的音乐不仅包括旋律，还可以是钩子、副歌或完整的音乐作品，并且能够根据每个输入进行学习和适应。MusicLM 还能够生成长达数分钟的连贯音乐序列，甚至在故事模式下根据随时间变化的文本描述生成音乐，实现音乐风格的平滑过渡。

（2）MusicGen 基于 Transformer 架构高效地处理音频和文本数据，能够通过文本或旋律的引导生成高质量的单声道和立体声音乐。利用这一特性，用户可以使用文本描述或上传的现有旋律作为参考来生成所需的音乐片段。MusicGen 支持采样率为 32 kHz 的高质量、高自然度的音乐作品。

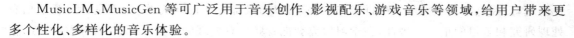

MusicLM、MusicGen 等可广泛用于音乐创作、影视配乐、游戏音乐等领域,给用户带来更多个性化、多样化的音乐体验。

3. AI 歌曲创作

2024 年,智能音乐创作步入 AI 歌曲创作阶段。AI 歌曲创作技术极大简化了歌曲创作的过程和难度,用户只要输入歌词和音乐风格,便可为其生成几分钟的完整歌曲。知名软件包括 SunoV3、Udio、天工 SkyMusic 等。

天工 SkyMusic 是昆仑万维发布的音乐大模型,被认为是中国首个音乐大模型。天工 SkyMusic 的使用只需四步:输入歌名、输入歌词(或由 AI 自动创作)、选择参考音乐、开始创作。生成的歌曲可以通过二维码下载欣赏,更可以通过访问天工 SkyMusic 的网址体验。

以上这些突破性的技术创新,真正意义上拉低了音乐创作门槛,让更多人能够参与到音乐创作中。可以预期,未来的音乐创作将更加智能化,人类需要做的只是提供创意和选择,具体的细节都将交给 AI。

4.7　总结和展望

智能音频技术即智能音频信息处理,是人工智能、智能信息处理的重要组成部分。其主要研究如何更有效地生成、获取和应用音频信息,促进人与人之间、人与机器之间基于音频的信息交互,侧重于音频信息处理的智能化。本章主要讲述了智能音频信息处理的基本概念,具体研究方向和实际应用,研究难点及解决方案等。现将智能音频技术在信息处理中的应用及具体的技术简单总结如表 4.3 所示。

表 4.3　智能音频技术小结

信息处理阶段	智能音频信息处理技术
信号采集	音频信号采集与预处理
信息获取	音频信息识别
信息检索(获取)	识别＋检索
信息交互	识别＋检索＋合成
信息失效	音频信息合成与生成

总的来说,智能音频技术要研究的内容很多,抓大放小是处理问题的基本原则。智能音频技术,即智能音频信息处理,它既是音频信息处理,又是智能信息处理,因此学习、研究智能音频信息处理要抓住两个重点,即"智能"和"音频"。

1. 关于"智能"

智能音频信息处理是建立在传统音频信号处理的基础上,重点研究音频信息的智能化处理问题。传统音频信号处理是基础,了解基本原理、学会使用已有工具即可,除非要进行智能化的音频信号处理方法的研究。

2. 侧重"音频"

智能音频信息处理是智能信息处理的一个方面,和智能图像处理、智能文本信息处理都有很多相似之处,比如相似的任务需求、相同的信息处理流程、相似的信息处理方法等。这些共性问题，已经有很多成熟的解决框架和方法，可以与其他媒体的研究共享，不是音频智能信息处理研究和学习的重点。因此，在学习研究智能音频信息处理的时候要侧重"音频"的特性，重点研究音频独有的问题，共性问题则可以参考借鉴已有研究成果。

与其他媒体相比，音频独有的特性就是音频本身，因此从整个信息处理流程来看，音频信息的智能获取和音频信息的智能生成是音频所独有的，如果把这两个问题解决了，那么智能音频信息处理的主要问题就解决了。限于篇幅，本章重点讲述音频信息的智能获取问题（识别与检索），而音频信息的智能生成多以应用案例进行介绍。

下面展望一下智能音频技术的发展趋势。

从应用上来看，随着人工智能、移动互联网和物联网技术的发展，智能音频技术产业正处于爆发增长的时期，其主要趋势有以下两个特点。

（1）由软件到硬件：智能音频技术的传统应用领域主要还是智能终端（手机）、电信服务、教育领域等，多以软件应用的方式提供服务。随着智能音频技术的发展，智能音箱、智能耳机等为代表的智能音频硬件越来越多，为人们提供了随时随地享受智能音频信息服务的可能。随着物联网的发展，除了智能强黏性终端（手机、耳机、手表、音箱、电视、路由等），众多弱黏性物联终端（其他智能家居、公众设备、传感器等）也将逐步拥有提供智能音频信息服务的功能。智能音频硬件接口＋云端智能音频计算，将逐步成为智能音频应用的一个趋势，这也是智能音频技术市场增长的爆发点。

（2）由高科技产物到成熟辅助工具：随着智能音频技术特别是基于大模型的智能音频技术的发展，更多功能更为强大、功能更为全面的低成本智能音频（及多模态）技术日趋成熟，应用领域越来越广，将渗透到生活生产的各个方面，由高大上的高科技产物逐步变为经济实用的辅助工具，逐步变成与计算机、手机一样的触手可及的成熟产品和工具。

小　　结

智能音频技术是人工智能的一个重要研究和应用方向，旨在实现乃至超越人类对音频信息的感知、理解和创造的能力。智能音频技术主要包括音频信息采集与预处理、音频信息识别、音频信息检索、音频信息生成（音乐生成）等内容，已经广泛应用于生产、生活、学习的方方面面。深度学习是当前智能音频技术的核心关键技术，音频大模型和多模态大模型的迅速发展进一步促进了智能音频技术的广泛应用。

思　考　题

4-1　简要说明声音、音频的区别和联系。

4-2　为何要对音频进行智能处理？简单举例说明。

4-3　智能音频技术包括哪些研究方向？各自有什么应用？

4-4　简要列出几种常见的音频信息识别，并说明其有什么异同？

4-5　音频事件识别都有哪些潜在的具体实际应用？请结合图 4-11 举例说明。

4-6 简单说明音频信息检索与文本信息检索有什么不同？音频信息检索有哪几种分类方式？举例说明几种常见的音频信息检索系统。

4-7 音乐信息检索应有哪些功能？需要用到哪些智能音频信息处理技术？

4-8 简单谈谈对音频大模型的理解。

4-9 简单谈谈对智能语音助手和智能音乐创作的认识，并预测一下今后的发展趋势。

第 5 章

机器学习基础

第 5 章课件

5.1 引　言

　　人工智能技术的发展离不开智能问题的推动作用,早期最有代表性的智能问题是"机器下棋"和"模式识别"。

　　图灵曾提出通过与人类博弈展现人工智能水平。自 2016 年以来,阿尔法围棋相继战胜李世石、柯洁等顶尖人类选手,证明机器在棋类上已经超越人类,标志人工智能技术取得了重大突破,预示人工智能时代即将来临。围棋在常见棋类中具有最高的搜索空间复杂度和决策复杂度,这使得暴力穷举搜索方法无法适用。另外,围棋大师的很多博弈知识都难以言表,不易被机器直接利用,比如围棋中"大局观"就依赖于非精确计算的"直觉"。阿尔法围棋的胜利主要归功于其强大的深度学习算法,该算法使机器能够从海量围棋棋局数据中不断学习,持续优化博弈算法,进而提升棋艺。

机器下棋

　　模式识别也被称为模式分类,旨在判别给定对象的所属类别。20 世纪 20 年代,人们开始研究光学字符识别(OCR),如图 5.1 所示,以实现机器阅读。随后的图像识别、语音识别和文本分类等应用任务构成了传统模式识别的主要研究问题。在解决模式识别问题的过程中,研究人员发展出利用数据自动训练出分类模型的方法体系,并形成了现在的机器学习理论。模式识别和人类的"认知"存在密切的关系。认知是人类最基本的心理过程,包括感觉、知觉、记忆、思维、想象和语言等环节。一般认为模式识别的目标就是模拟和延伸人类的认知能力。

　　机器学习是当前人工智能技术的核心内容,主要研究自动获得知识的方法。依托强大的计算与存储能力,机器已经能够自动利用知识在一些智能任务上超越人类。制约人工智能水平的"瓶颈"在于如何获取知识。机器学习是一种基于数据或经验获取知识的技术。正是由于机器学习技术的重大突破才引导人类进入了人工智能时代。希望读者认识到学习人工智能理论,首先要从机器学习入手,掌握其基本概念和基本方法,了解其技术发展脉络和方向,从而认识人工智能的基本机理,把握其技术关键。

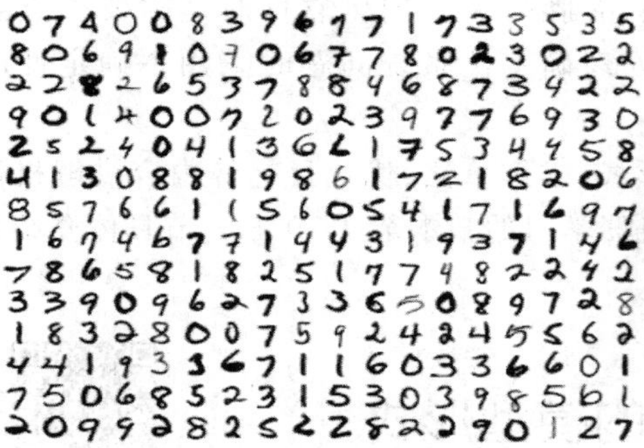

(a) 手写数字数据库MNIST 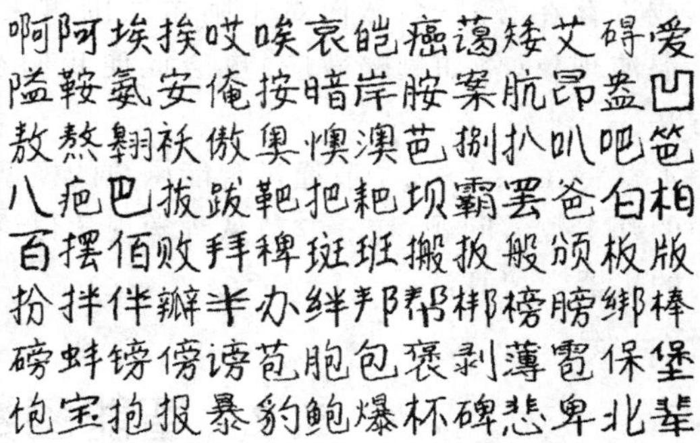　　　　　　　　　(b) 脱机手写汉字库HCL2000

图 5.1　常用的 OCR 数据库

机器学习研究如何让计算机系统通过数据获得改善模型性能的"知识"或"规律"，并运用智能函数进行预测或决策。第一，机器学习的硬件基础是计算机系统。机器学习是一种面向应用实践的技术，它依靠计算机系统完成各种任务。计算机的发展水平就决定了机器学习的主要方式。当前计算机的主要能力在于计算，因此无论是"学习"还是"预测"，都需要研究者将其设计成精巧的计算问题予以实现。第二，机器学习的知识来源是数据。按照形式或来源可以将数据分为监督数据、非监督数据、结构化数据、非结构化数据、观测数据和生成数据等多个种类。拥有什么样的数据就要采用什么样的学习范式。数据的质量和数量对机器学习的效果有着直接的影响。高质量、多样化的数据可以提高模型的预测能力。第三，机器学习中的核心是"模型"，也就是本书中所定义的智能函数。智能函数将机器学习描述成数学问题，为利用计算机解决学习问题奠定了基础。智能函数是一种带参数的函数，利用数据来求取参数的过程就是学习，并且学到的知识就体现为模型参数的取值。在学习过程完成后，智能函数就可以用于对新数据进行预测或决策，从而解决智能问题。

从形式上看，机器学习包括"学习"和"预测"两个过程。学习，也称为训练，是通过数据求取出智能函数参数的过程。机器学习方法通常由模型形式（简称模型）、目标函数（也称为策略）和求解算法（简称算法）三个要素构成。其可简单地表示为

$$方法＝模型＋策略＋算法$$

利用学习到的智能函数解决应用问题的过程一般是预测或决策。传统机器学习中，这个过程相对简单，只要将新数据输入到智能函数中并计算输出即可。随着大模型的出现，决策过程的研究内容也在增多，例如基于多步推理的决策或基于智能体的决策等。

机器学习需要应对的主要问题是不确定性（Uncertainty）。例如，在分类任务中不确定性问题通常导致无法获得零错误的理想分类器。因为在充满不确定性的现实中，错误是不可避免的。例如，在看似相同的天气情况下，有时就会下雨，而有的时候却不会下雨。也就是说，给定的样本 x 既具有属于第 i 类的可能性，同时也具有不属于第 i 类的可能性。就好比猜硬币一样，无论我们如何预测，总有出错的概率。这样的情况也存在于医学诊断、图像分类、语音识别等各种分类任务中。

不确定性源自很多因素。最常见的是噪声干扰，例如，在古籍上识别文字的时候，各种因素既可能导致文字残缺不全，也可能导致增加干扰笔画。存在未知的信息和规律也会带来不确定性，例如在 COVID-19 爆发的初期，由于不了解状况，医生在筛查患者的时候就会有更高的错误率。自身能力的有限性也会产生不确定性。例如，对于无限算力的科幻计算机来说，下

围棋或许存在必赢解；然而对于阿尔法围棋来说，战胜另一个围棋软件时还需要一点点运气。混沌现象（例如蝴蝶效应）也会促使我们在处理确定性系统问题时采用不确定性的处理方法。

本章将在5.2～5.4节通过智能函数的模型形式、求解算法、优化目标等内容讲解机器学习中的基本数学问题，在5.5节从哲学视角讨论机器学习的基本范式，在5.6节具体介绍几种典型的机器学习算法。

5.2 智能函数的模型形式

知觉的规律与错觉

5.2.1 机器学习中的智能函数

针对人工智能的经典问题，人们开发了相应的模型及算法对其进行求解，从而构成了形形色色的智能系统。在第1章中将这些智能系统统一地用函数加以表示，并称之为智能函数。智能函数也经常被称为模型或学习机器：

$$p = f_{\theta}(x) \tag{5.1}$$

其中，x 是问题的输入。在分类问题中，x 可以是文字图像、人脸图像、指纹图像，也可以是一段声音或一段文字；在下棋问题中，x 可以是当前的棋局状态。对于复杂的问题，x 还可以有更多的形式。p 是输出的决策。在分类问题中，p 就是对 x 所属类别的判断；在下棋问题中，p 是当棋局状态为 x 时应该如何落子的决定。对于各种不同的问题，p 也可以有很多种形式。特别的，当 p 是连续实数的时候，智能函数就对应于回归问题。回归多用来预测一个具体的数值，例如，预测 PM2.5 污染指数与工业生产、交通排放、天气等因素之间的关系。回归与分类都是机器学习领域中最基本的问题。为了简化表示，本章后续部分直接用 y 取代 p。

智能函数由模型形式与模型参数两部分构成，当这两部分都确定后，智能函数实质上就是一个决策函数，它决定了对于分类、回归或者下棋问题的预测输出。给定一个智能问题，希望求解出对应的最优决策函数，也就是从所有可能的决策函数中找到最优者。这是一种非常困难的数学问题，目前并没有简单有效的算法。而智能函数则提供了通过参数化函数集来求解决策函数的方法。智能函数的模型形式确定了决策函数的数学形式，而模型参数则决定了决策函数的性能，它们共同给出了候选的决策函数集合，此时求解最优决策函数的问题就转化为求解最优参数问题。例如，线性回归模型常用于拟合一组数据，假设输入 x 和预测输出 y 均为一维实数，则智能函数的模型形式为

$$y = \theta_1 x + \theta_2 \tag{5.2}$$

智能函数的模型参数为 $\theta = [\theta_1, \theta_2]^T$。当 θ_1 和 θ_2 都没有确定具体的取值时，二维空间中的所有直线都是候选的预测函数；当求出 θ_1 和 θ_2 对应的数值后，也就得到了一个用于预测的决策函数。

智能函数的模型形式可以分为多个种类。为了处理不确定性，当前主流机器学习均以概率与统计学为基础。根据统计决策理论，最优的模型形式是概率模型，如朴素贝叶斯模型。在概率与统计学中，获得了变量的联合概率分布，就相当于获得了全部的知识。当然，在某些情况下，通过数据来准确估计概率分布可能是非常困难的，也可能是没有必要的。因此，在一些场合中，简单的非概率模型，如线性回归模型、感知器模型等也具有实用性。

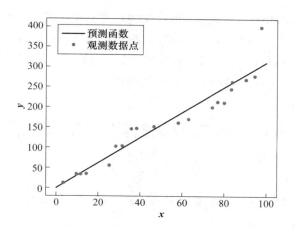

图 5.2　线性回归模型拟合观测数据点

在深度学习出现之后,智能函数的常用形式是复合函数:

$$f_{\boldsymbol{\theta}}(x) = f_{\boldsymbol{\theta}_N}(\cdots f_{\boldsymbol{\theta}_2}(f_{\boldsymbol{\theta}_1}(\boldsymbol{x}))) \tag{5.3}$$

即 $f_{\boldsymbol{\theta}}$ 可以由 N 个基元函数(Component Function)层层嵌套构成。其中,$f_{\boldsymbol{\theta}_i}$ 的输出是 $f_{\boldsymbol{\theta}_{i+1}}$ 的输入,$i = \{1, \cdots, N\}$ 为 $f_{\boldsymbol{\theta}_i}$ 的序(Order)。这时,参数集合 $\boldsymbol{\theta} = \{\theta_1, \cdots, \theta_i, \cdots, \theta_N\}$。例如,在深度神经网络中,每一层神经网络就构成了一个基元函数 $f_{\boldsymbol{\theta}_i}$,而整个神经网络就是 $f_{\boldsymbol{\theta}}(\boldsymbol{x})$。

5.2.2　复合智能函数的构成

按照作用的不同,可以将复合智能函数中的基元函数分成两类,一类是特征基元函数,其作用是进行特征表示;另一类是决策基元函数,其作用是进行决策输出。特征基元函数一般位于复合智能函数中的内层,对应于 i 标号较小的 $f_{\boldsymbol{\theta}_i}$。每层的所有特征基元函数输出形成了一个特征向量,向量的每个维度就代表了输入 $\boldsymbol{x}$ 在该维度上的投影值。

特征基元函数也可以用更直观的物理意义来解释。人类非常擅于处理各种复杂问题,这与人类能够发现事物的特征,并总结出本质属性有很大关系。而特征基元函数就起到了类似的作用。例如为了更准确地识别各种花卉,可以首先从花卉的图像中提取出颜色、纹理、瓣数、外形等特征,然后再基于这些特征来完成分类。这些特征就可以看成是某个特征基元函数的输出是否提取出了反映事物全部本质的特征,对于能否解决智能问题至关重要。

传统上特征基元函数需要人工来设计构造,特征工程就属于这类技术。特征工程通常包括数据预处理、特征选择、降维等内容。它既是一门技术,也是一项技巧,需要人类发挥创造力和匠心精神,并且仍然是现在构建良好智能系统中不可或缺的环节。深度学习则实现了特征提取的"工业化",能够自动学习出特征基元函数来更好地表示事物,因此也被称为表示学习(Representation Learning)。深度学习常常采用神经网络来实现,并且神经网络的每一层就实现一种特征基元函数,而层的数目被称为深度。一般认为,深度越深,获得的特征就越抽象,同时也更能反映出对象的本质。

决策基元函数一般位于复合智能函数中的外层,对应于 i 标号最大的 $f_{\boldsymbol{\theta}_i}$。对于分类问题,一般最外一层基元函数 $f_{\boldsymbol{\theta}_N}$ 就是决策基元函数。决策基元函数的作用是进行决策输出,我们期望输出的是最优决策。由于面临着不确定性问题,因此最优决策所依据的是建立在概率论和决策论基础上的贝叶斯决策理论。具体来说,在分类问题中最常用的是最小错误率准则

（Minimum Error Probability Criterion），即决策的目标是使得错分的概率最小。但是，有些情况下宁可多容忍一些错误也要降低风险，这就是最小风险准则（Minimum Risk Criterion）。例如，来自疫情区域的旅行者或许只有1%的可能性是新冠肺炎病毒携带者，但负责任的方式仍是将他们隔离一段时间，从而降低疾病扩散的风险。

5.3 智能函数的自动求解算法

5.3.1 基于智能函数的知识获取、表示和利用

我们已经将解决智能问题归结为找到一个最优的智能函数。智能函数可以通过人工方式构造或设计出来，如程序员编写的代码。但是这种方式不仅费时费力，而且并不适用于绝大多数的智能任务。在机器学习领域中，智能函数是通过"数据"求解出来的。举例来说，对于花卉识别任务，我们首先就要构建一个形如$\{(x_1,y_1),(x_2,y_2),\cdots,(x_M,y_M)\}$的实例数据集$D$，其中$(x_i,y_i)$构成了一个数据对，$x_i$表示实际的花卉图片，$y_i$表示$x_i$对应的花卉类别。这个数据集$D$被称为训练数据集。然后我们希望找到一个智能函数$f(x)$，当输入为$x_i$时，其$f(x)$的输出为$y_i(i=1,2,\cdots,M)$。这个寻找智能函数的过程在数学上是通过"求解"来实现的，在机器学习中，这个过程叫作学习或训练。

下面从知识的获取、表示和利用角度分析智能函数。对于分类问题，知识来源于训练数据集。在学习过程中，通过利用训练数据集求解出智能函数参数的取值，就得到了能够解决智能问题的智能函数，表明获得了知识。知识被表示为智能函数的模型形式与参数取值。深度学习中的模型形式通常采用深度神经网络。深度神经网络可以被看成是一个万能函数，只要选择合适的参数，这类模型形式就能够解决多种不同的问题。所以，在深度学习中，知识更多地体现为模型参数的取值。当智能函数的模型形式与模型参数均确定后，我们只要将新的数据输入给智能函数，其输出就是对应的预测或决策。

5.3.2 学习的数学形式

为了将"学习"转化为计算机可以自动求解的问题，我们需要两个关键步骤：首先，利用训练数据建立一个优化问题；然后，利用计算机自动求解。

人工智能的本质是函数视频

简单地说，建立优化问题就是构建一个目标函数。下面以图5.3的回归问题为例来简要说明。训练数据为图5.4中的观测数据点集合，记为$D=\{(x_1,y_1),(x_2,y_2),\cdots,(x_M,y_M)\}$。智能函数的模式形式选择为线性回归模型，即

$$y=\theta_1 x+\theta_2 \tag{5.4}$$

其中，模型参数记为$\theta=[\theta_1\,\theta_2]^\mathrm{T}$。

建立优化问题时需要考虑多种因素，如果只考虑让智能函数尽量拟合于训练数据，常将学习过程的目标函数定义为平均损失函数：

$$R(f_\theta)=\frac{1}{M}\sum_{i=1}^{M}L(y_i,f_\theta(x_i)) \tag{5.5}$$

其中，$L(y,y')$被称为损失函数（Loss Function），用于度量第i个训练数据对的实际输出y_i与

智能函数的预测输出 $f_\theta(x_i)$ 之间的差异程度。不同的学习问题可以采用不同的损失函数,这里我们选择误差平方函数,即

$$L(y,y') = (y-y')^2$$

式(5.5)的目标函数就是智能函数在所有训练样本上产生误差的平方和的均值。

智能函数的参数 θ 目前是未知的,我们希望找到能够最小化目标函数的最优参数 $\theta^* = [\theta_1^* \ \theta_2^*]^T$,从而实现让智能函数拟合于训练数据。对应的优化问题为

$$\theta^* = \min_\theta R(f_\theta) \tag{5.6}$$

求解式(5.6)优化问题最优解 θ^* 的过程就是学习。

5.3.3　智能函数的求解算法

优化问题的求解算法是构成机器学习方法的重要要素。如果最优化问题有显式的解析解,这个最优化问题就比较简单。例如对于式(5.5)问题,求解导数为零时的参数值就很容易得到最优解。但通常解析解不存在,这就需要用数值计算的方法求解。如何保证找到全局最优解,并使求解的过程非常高效,就成为一个重要问题。求解机器学习问题时首先可以考虑采用数学中已经存在的最优化算法,但是有时也需要研究新的最优化算法。例如,神经网络的智能函数为式(5.3)的嵌套形式,用传统的优化算法很难求解。机器学习领域的误差反向传播算法被发明之后,神经网络的学习问题才有了有效的求解方法。

5.4　智能函数的优化目标

最优分类边界
Python 源码

5.4.1　机器学习的评价方法

假设待解决的智能问题存在一个最优决策函数 $f(x)$,则 $f(x)$ 的输出就是最优的或者正确的策略。例如对于下棋问题,待落子棋局的最好下法就是 $f(x)$;对于分类问题,每一个待识别物体的真实类别就是 $f(x)$;对于回归问题,待预测函数的真实取值就是 $f(x)$。机器学习的目标是通过智能函数 $f_\theta(x)$ 来近似 $f(x)$。然而通过学习过程求解出的智能函数 $f_\theta(x)$ 与最优决策函数 $f(x)$ 可能存在差异。评价机器学习的效果便是比较两者的差异程度。

在机器学习中采用损失函数来比较智能函数 $f_\theta(x)$ 与最优决策函数 $f(x)$ 的差异程度。损失函数也叫代价函数(Cost Function)。对于给定的输入 x,假设智能函数 $f_\theta(x)$ 的输出为 y',最优决策函数 $f(x)$ 的输出为 y,则损失函数为 $L(y,y')$。$L(y,y')$ 的函数形式有多种选择。但是一般来说,$L(y,y')$ 的函数值都是一个非负的实数。常用的损失函数有分类问题中的 0-1 损失函数:

$$L(y,y') = \begin{cases} 0 & y=y' \\ 1 & y \neq y' \end{cases} \tag{5.7}$$

回归问题中的平方损失函数为

$$L(y,y') = (y-y')^2 \tag{5.8}$$

此外还包括绝对损失函数,交叉熵损失函数和对数损失函数等。

损失函数仅仅在一个数据点上衡量智能函数的效果,而我们需要全面评价智能函数在不

同情况下的效果。特别需要注意的是，由于不确定性的存在，特定情况下的结果并不能代表总体的效果。例如，天气预报中总有一些随机因素干扰天气情况，而单次预测准确或错误并不能全面反映天气预报系统的性能。因此，在机器学习中使用统计意义上的平均损失函数来评价机器学习的最终效果，即期望损失（Expected Loss）$R_{exp}(f_{\theta})$的计算式为

$$R_{exp}(f_{\theta}) = E_P[L(y, f_{\theta}(x))] = \int L(y, f_{\theta}(x))P(x, y)\mathrm{d}x\mathrm{d}y \tag{5.9}$$

其中，$P(x, y)$是输入和输出(x, y)之间的联合概率分布。期望损失有时也被称为期望风险（Expected Loss）。

然而计算期望损失需要已知联合概率分布$P(x, y)$，或者拥有所有情况下输入x和理想输出y的数据对，这通常意味着存在无穷多的训练数据集。机器学习的困难之处恰恰在于$P(x, y)$是未知的，并且需要利用有限的训练数据集学习出一个期望损失最小的智能函数。因此，机器学习中一般采用两种数据集来完成学习过程和评价方法。其中，供学习过程使用的数据集就是前面提到过的训练数据集，例如，$D = \{(x_1, y_1), (x_2, y_2), \cdots, (x_M, y_M)\}$。在训练数据集上计算损失函数的估计值可以得到经验损失（Empirical Loss）、经验风险（Empirical Risk）或训练误差（Training Error），记作R_{emp}：

$$R_{emp}(f_{\theta}) = \frac{1}{M}\sum_{i=1}^{M}L(y_i, f_{\theta}(x_i)) \tag{5.10}$$

经验损失反映的是智能函数与训练数据的拟合程度。可以看到，式(5.10)定义的函数与式(5.5)定义的函数相同。

用来评价学习效果的数据集一般由学习过程中没有出现的数据构成，叫作测试数据集$D_T = \{(x_1, y_1), (x_2, y_2), \cdots, (x_{M_t}, y_{M_t})\}$。在测试数据集上计算损失函数的估计值可以得到测试误差：

$$R_{test}(f_{\hat{\theta}}) = \frac{1}{M_t}\sum_{i=1}^{M_t}L(y, f_{\hat{\theta}}(x)) \tag{5.11}$$

测试误差能够在一定程度上反映期望损失，并且测试误差也是可以实际计算的，因此测试误差是实际上用于评价机器学习效果的主要指标。测试误差反映了智能函数对于未知数据的预测能力，因此也叫作泛化能力（Generalization Ability），也就是"举一反三"的能力。

5.4.2　影响泛化能力的主要因素

我们通过新冠肺炎病毒筛查的例子来讨论影响泛化能力的主要因素。病毒检测是一个典型的分类问题。医生诊断的主要依据是症状或体征，这些就对应于智能函数中的特征。可以用很多特征来表示一个被筛查人，如：发热、干咳、乏力、性别、年龄、居住地等。虽然特征越多表示的信息就越全面，但是对于筛查病毒携带者却不一定帮助更大，有时反而会有干扰作用。从准确性和便捷性考虑，检验方法可以只用两个指标，即核酸检测指标和抗体检测指标。设定智能函数的输入就是这两个指标，智能函数输出y'为1或-1，其中，$y' = 1$，表示将该检测者判定为非病毒携带者；$y' = -1$，表示判定为病毒携带者。我们的任务是通过训练数据集学习出能够准确分类非携带者与携带者的智能函数。下面讨论三种情况下的学习过程，以分析不同设置条件下影响模型泛化能力的主要因素。

为了进行对比分析，假定我们已经掌握了用于筛查新冠肺炎病毒携带者所需的知识，能够得到基于贝叶斯学习理论求解最优决策函数$f(x)$所需的必要信息。这些知识包括非携带者的先验概率$P(y=1)=0.9$；携带者的先验概率$P(y=-1)=0.1$；非携带者的类条件概率密度

函数 $P(\boldsymbol{x}|y=1)$ 是均值为 $[2,3]^{\mathrm{T}}$、协方差矩阵为 $\begin{bmatrix} 2 & 0 \\ 0 & 2 \end{bmatrix}$ 的正态分布；携带者的类条件概率密

度函数 $P(\boldsymbol{x}|y=-1)$ 是均值为 $[6,7]^{\mathrm{T}}$、协方差矩阵为二阶单位阵 $\begin{bmatrix} 1 & 0 \\ 0 & 1 \end{bmatrix}$ 的正态分布。利用这

些信息就可以计算出最优决策函数的决策边界,即如图 5.3 中虚线所示的二次函数 $f(\boldsymbol{x})$。而在智能函数 $f_{\boldsymbol{\theta}}(\boldsymbol{x})$ 的学习过程中,$f(\boldsymbol{x})$ 是未知的,是其逼近的目标。

　　第一种情况,固定训练数据集和目标函数,比较智能函数不同形式的效果。假设训练集 D 包含 1 000 个观测值,如图 5.3 所示。学习的准则是目标函数的误差最小。智能函数的模型形式分别选择线性函数、二次函数和自由曲线。学习完成后,得到图 5.3 中的 3 个决策边界。可以看出,图 5.3(a)中的线性函数无法表达弯曲的边界,因此训练误差和泛化能力均弱于二次函数。图 5.3(b)中二次函数在模型形式上与最优的分类边界比较一致,具有最好的泛化能力。值得注意的是,图 5.3(c)中的自由曲线具有 0 训练误差,但是对照最优决策边界,其一致性是最差的,因而具有最低的泛化能力。

　　在机器学习中,用来学习的数据是训练数据集,而评价学习效果的是测试数据集。训练误差与测试误差常常具有紧密的联系,但两者并不完全一致。有些情况下,训练误差非常低,而测试误差却非常高,这就是过拟合现象。图 5.3(c)所示的自由曲线就是过拟合的结果,可以看出,过拟合导致智能函数曲线过度拟合于训练数据对于测试数据预测效果较差。因此,如何避免过拟合是提高泛化能力的关键之一。

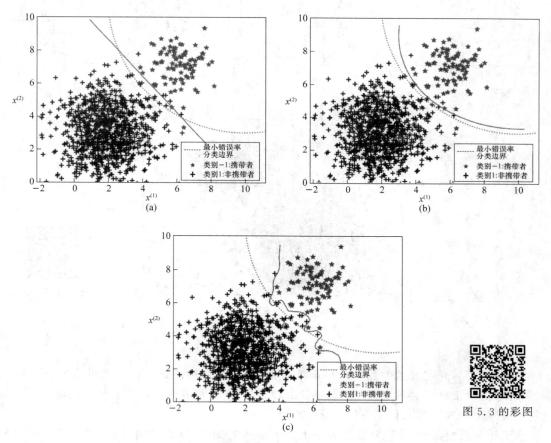

图 5.3 的彩图

图 5.3　模型复杂度对泛化能力的影响

图 5.3 中的 3 种模型形式代表了三种模型复杂度，或者叫模型容量。当选择自由曲线作为智能函数的模型形式时，候选的决策函数集合也包括线性函数和二次函数，因此自由曲线的模型容量要大于线性函数和二次函数的模型容量。实际上，由于自由曲线包括了所有可能的边界函数，因此模型容量为无限大。模型容量越大，表示决策函数的形式越复杂，分类等解决问题的能力往往也越强，但条件是要有足够的训练数据。因此，统计学习中最重要的一条原则是：模型的复杂度要根据训练样本的数量来确定，为了避免过拟合，并不是越高越好。

第二种情况，固定智能函数形式和目标函数，比较训练数据集规模对于泛化性的影响。选择二次函数作为智能函数的形式，仍然采用训练误差最小作为学习的目标。训练样本数目分别选择 10、100 和 5 000，学习结果如图 5.4 所示。可以看出，随着训练样本的增加，智能函数的解越来越趋近于最优解，即模型的泛化能力越好。机器学习的实质就是从数据中挖掘知识，从数据中获取智能。因此，训练数据对于机器学习来说多多益善。

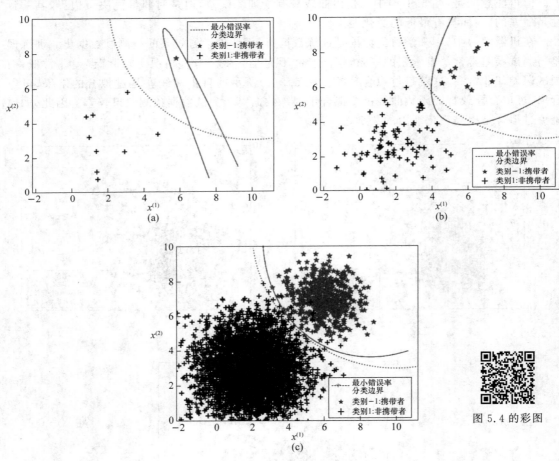

图 5.4 的彩图

图 5.4　训练样本数对泛化能力的影响

第三种情况，固定智能函数形式和训练数据集，比较目标函数对于泛化性的影响。实践表明，训练数据对于机器学习来说经常是稀缺而珍贵的，所以机器学习研究的核心问题往往是如何利用有限的训练数据来获得最佳的泛化能力。

为了让分析更简便，我们重新设置一下筛查病毒的知识，从而使得最优决策函数 $f(x)$ 的形式为直线边界。假设两个类别真实的先验概率分别是 $P(y=1)=0.9$ 和 $P(y=-1)=0.1$，

类条件概率 $P(x|y=1)$ 和 $P(x|y=-1)$ 均是正态分布,均值分别是 $[2,3]^{\mathrm{T}}$ 和 $[6,7]^{\mathrm{T}}$,协方差均为二阶单位阵 $\begin{bmatrix} 1 & 0 \\ 0 & 1 \end{bmatrix}$。这时,求得的最优决策边界为图 5.5 中虚线所示的直线。

如图 5.5 所示,选择 100 个样本构成训练集,以此学习一个线性智能函数的结果。由图可见,有多个直线分类边界都能实现训练误差为 0。可见这一目标并不能选出泛化能力最强的结果。而如果将决策原则改为使得两个类别的边界样本到决策边界的距离最大,则可以唯一地确定中间那条边界。这个决策原则被称为间隔最大化准则。由于只能选择符合该准则的分类边界,因此限制了模型的复杂度,提高了泛化能力。

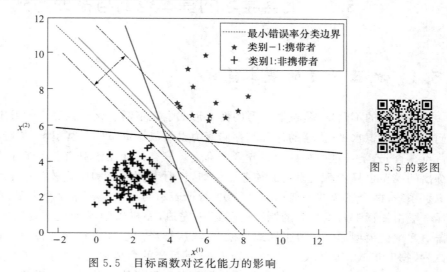

图 5.5 的彩图

图 5.5   目标函数对泛化能力的影响

注:图中的 3 条实直线分类边界的训练误差都为 0,但中间那条符合"间隔最大化准则"的边界具有最好的泛化能力。

5.4.3 目标函数的正则化

由以上内容可知,影响泛化能力的主要因素是模型复杂度、训练样本数以及目标函数,因此在机器学习中通常将这三者综合起来进行学习。即在给定训练数据集和模型形式的条件下通过目标函数来控制模型复杂度,以提高泛化能力。而利用目标函数控制模型复杂度的一个重要方法是在常规的目标函数中加入一个正则化项(Regularization Term)。所谓正则化,就是根据常识或先验知识对目标函数的调整。例如在图 5.5 中的 3 条分类直线中选取距离两类样本的最小距离最大的那条直线的要求就可以看作是一种正则化。加入正则化项典型的目标函数形式如下:

$$\boldsymbol{\theta}^* = \min_{\boldsymbol{\theta}} \{ R_{\mathrm{emp}}(f_{\boldsymbol{\theta}}) + \lambda \cdot J(f_{\boldsymbol{\theta}}) \} \tag{5.12}$$

其中,$R_{\mathrm{emp}}(f_{\boldsymbol{\theta}})$ 是对于训练集 D 的经验风险,反映的是模型对能够观测到的训练样本的拟合程度;$\lambda \cdot J(f_{\boldsymbol{\theta}})$ 就是正则项,$\lambda \geqslant 0$,为调整两者之间关系的系数。正则化项可以采用多种形式,最常用的是参数 $\boldsymbol{\theta}$ 向量的范数,如 L_2 范数或 L_1 范数。式(5.12)的意义是令 $\boldsymbol{\theta}$ 只取范数较小的数值,这便约束了模型的复杂度。

正则化项来源于求解不适定方程问题。给定训练集 D 和智能函数 $f_{\boldsymbol{\theta}}(x)$ 来求解 $\boldsymbol{\theta}$ 的问题也可以看作是解方程的问题。如果方程的解是存在的、唯一的和稳定的,则称该问题是适定的，否则就是不适定的。加入正则化项有利于缩小不适定问题的解空间，从而便于找到一个满意解。

另一方面，智能函数中的模型形式也需要根据情况进行选择，这就是模型选择问题。模型选择通常在学习过程之外来完成，但也可以纳入机器学习的范畴。当前，神经网络模型已经成为机器学习的一种通用模型，这源于它对各种不同的问题都有非常好的适应性。将在第 6 章对其进行具体讲解。

5.5　机器学习的基本范式与推理方式

5.5.1　机器学习的基本范式

随着技术的不断发展，机器学习的任务形式也在不断变化。在深度学习出现之前，受限于人们的理论认识水平、机器的计算和存储能力以及数据资源的丰富程度，传统机器学习具有以下特点。首先，学习过程与目标任务紧密绑定。只有目标任务明确了才能开始训练过程，而且训练出的模型也只能解决设定的任务。例如，针对手写汉字和印刷体汉字需要分别构建不同的识别系统，两个系统并不能通用。其次，特征表示与分类决策常常分开处理，并且特征抽取过程一般由依赖于人工参与的"特征工程"来完成，而机器学习系统主要完成分类决策部分。机器学习中的模型形式一般采用线性模型、浅层神经网络和支持向量机等。训练数据通常是 (x, y) 数据对形式，其中，x 是系统的输入；y 是系统的期望输出，并且 y 的取值需由人工进行标注。这种数据被称为监督数据，基于监督数据的学习算法就是监督学习。监督学习的本质是学习输入到输出的映射规律。尽管主要是分而治之，但这个时期的机器学习已经出现同质化趋势，即通用的学习算法（如浅层神经网络）可以解决不同的应用问题（如图像、声音和文本的分类问题）。

2010 年前后，基于算力和数据方面的技术进步，更强大的深度学习方法逐渐发展起来。深度学习解决了特征基元函数的自动学习问题，使得特征工程不再是改善智能系统的最大障碍，因此深度学习也叫作表示学习。监督学习依赖于大量人工标注的监督数据集，而监督数据集的标注成本和效率都不能满足深度学习的要求。为了更好地训练出表示模型，深度学习中很快发展出利用无监督数据集进行学习的模型形式和学习方法。

深度学习中常见的模型形式包括概率模型、自编码器模型、流形学习以及深度神经网络等。这些模型之间并无明显界限，从某种角度说它们之间还可以互相解释。它们的共同特点是均具有深度的模型结构。模型深度是指从输入到输出所经过的神经网络层数，而深度模型至少要有 5 层，有的模型甚至达到了 1 000 层。

深度学习中，智能函数并非以特征工程得到的特征作为输入，而是以原始观测数据作为输入，直接输出预测的类别。这种学习方式被称为端到端学习。深度模型的前半部分主要完成特征的自动提取，即表示学习。表示学习更多利用无监督数据来完成。所谓的无监督数据，是指不包含标签或类别信息，即在数据集中只包含作为系统输入的观测数据 x，而没有系统的期望输出 y。深度模型的后半部分主要完成分类决策，一般通过监督学习来完成。端到端学习实际上就是非监督与监督学习的组合，通过它们之间的联合优化从而完成表示学习与决策学习。

　　一种典型训练深度神经网络的方式分为两个步骤。首先是自下而上的非监督学习，即从底层开始，采用无监督数据分层训练各层参数，并一层一层地向顶层训练。这一步骤属于表示学习过程，也是和传统神经网络最大的区别。之后是自顶向下的监督学习，即通过监督数据去训练网络，误差自顶向下反向传播，对网络参数进行微调。

　　深度学习为更多种形式的学习任务提供了基础。例如在传统的单任务学习中，模型被设计用于解决特定的单一任务；而多任务学习旨在通过同时学习多个相关任务来改善模型的泛化能力和性能。迁移学习（Transfer Learning）则关注如何将一个任务中学到的知识或模型参数应用到另一个相关任务中。

　　随着深度学习技术的快速发展，机器学习的范式发生转变，出现了基础模型（Foundation Model）的概念。在以 BERT、GPT-3 为代表的模型中表示学习与任务决策进一步分离，出现了预训练＋微调的学习模式。预训练的任务更接近于表示学习，通过无监督或自监督学习方法，在大规模的数据集上进行训练，从而确保模型能够学习到丰富的特征表示和数据中的潜在结构。由于这个训练阶段并不与目标任务相捆绑，因此被称为预训练。预训练完成后，智能函数会针对特定的目标任务进行微调，以提高性能。微调一般通过有监督学习实现模型参数的优化。由于预训练得到的智能函数已经非常强大，因此监督学习过程不需要太多训练数据，并且只要对模型参数进行小幅度的调整即可，因此这个过程被称为微调。

　　在多种任务和领域中具有广泛适用性的大型预训练模型也被称为基础模型。之所以被称为“基础”，是为了强调这类模型虽至关重要但并不完整，它们可以作为许多下游任务的起点，通过微调或进一步训练来适应特定的应用。在预训练＋微调范式下，一个机器学习系统可以完成多种形式各异的任务。我们可以将基础模型看作一个地基，给它不同的材料（训练数据），就可以搭建不同的房子（应用于不同的场景）。需要指出的是，有些基础模型即使不进行微调也具有广泛的适用性，可以执行多项任务。

　　基础模型通常采用 Transformer 架构。传统的深度学习模型（如 RNN、LSTM）难以捕捉序列的长距离依赖关系，即序列中相隔较远的元素之间的关联。Transformer 通过自注意力机制，使模型能够直接关注序列中任意两个位置，从而有效地捕捉这种长距离依赖。

5.5.2　基于数据的归纳推理

　　罗素在《论归纳法》中提到了一个例子：有一只小鸡，它发现每天主人都会给它喂食，无论刮风还是下雨，也无论周三还是周四，从来没有过例外。在小鸡自认为获得足够的事实依据之后，它发布了家鸡世界的一个伟大发现：“无论哪一天，主人都会来喂食。”然而不幸的是，就在它宣布这一发现的当天，主人就没来喂食，而是将它变成了美食。这里，罗素是用小鸡隐喻物理学家，“喂食规律”则对应了“运动定律和引力定律”，以此来质疑物理学家们通过观测总结出的规律的可靠性。罗素的质疑不无道理，但通过观测总结规律，进而作出推理毕竟是人类获取知识的主要方法。机器学习采取这种方法更被看作是不二选择。

　　图 5.6 所示为机器学习的一般形式，即基于数据的归纳推理。首先，图 5.6 中的第一部分是从数据到模型，这反映了唯物主义认识世界的基本原则。从亚里士多德开始的唯物主义哲学家就认识到“知识”起源于“感觉”。数据是机器学习的前提与基础，等同于哲学中的“感觉”与“经验”，是对客观事实的反映。而模型对应于机器的或者人类的主观“认识”。

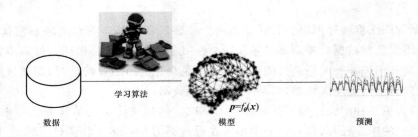

图 5.6　机器学习的一般形式：基于数据的归纳推理（或实例学习）

有了数据才能学到新的东西，这几乎像是"能量守恒"定律一样在机器学习中无法被突破。柏拉图提出"理念"先于"感觉"，因此被归为客观唯心主义。科幻小说中存在能够从"我思故我在"开始，推演出整个世界的强大计算机。但这显然属于"理念"先于"感觉"的唯心主义，与"数据第一性原则"相违背，在机器学习理论中是无法实现的。

然而当人们掌握了事物运行的全部规律，观测数据似乎就不再那么重要了。例如AlphaGo Zero 就可以根据围棋规则通过自我博弈来生成训练数据并提高棋艺。这种基于机器掌握的规律（"理念"）来生成数据（"经验"或"感觉"）的方式在哲学上同样是耐人寻味的。

图 5.6 中的第二部分是从模型到预测。哲学家的目标或许只是获得知识，认识真理。但机器学习的目标并不止步于此，而是要在应用中对新的实例进行预测。预测既是机器学习的目标，也是检验归纳推理可靠性的手段。用学习过程中没有出现的测试样本来检验模型预测的准确程度，恰好是在践行"实践是检验真理的唯一标准"这一唯物主义的基本原则。罗素的小鸡和物理学家都采用了归纳推理，但小鸡的理论预测错误，因此理论失败，而物理学家的运动定律和引力定律经得起实践的检验，因此是成功的定律。算命学或者星相学能够解释已经发生过的事情，但是对未来的预测或者不准确或者对人们没有什么帮助，因此其理论的实用价值并不高。因此，基于数据的归纳推理是否可信，需要在实际应用的检验中给出答案。

5.5.3　机器学习是基于统计学的归纳推理

机器学习并不是一种简单的归纳推理，而是建立在统计学基础上，满足一些原则且能够公式化的归纳推理。机器学习这种基于数据的归纳推理也被称为实例学习。实例学习的主要出发点是解决归纳推理的可靠性，即如何从数据中得到更好的模型，从而能够进行准确的预测。为此，人们不仅需要明确机器学习的哲学原理，还需要给出用数学方法求解强泛化能力模型的一般原则。俄国学者瓦普尼克（Vapnik）对此做出了重要贡献，他从统计学出发对分类问题给出了推理的三个断言，如下所述。

断言 1：归纳的理论是基于一致大数定律的。

断言 2：有效的推理方法必须包括容量控制。

断言 3：与归纳推理并存的还有转导推理，在很多情况下转导推理是可取的。

前两条断言已经被广泛接受，而转导推理虽然还未被广泛采用，但其思想也颇具启发性。断言 1 中的一致大数定律是机器学习中最重要的基础。统计学总是假设训练样本和测试样本是独立分布的，这也是机器学习理论的基本假设。再进一步，可以在一致大数定律的基础上定义概率近似正确（Probably Approximately Correct，PAC）和 PAC 可学（PAC Learnable）的概念,即基于统计学描述的推理正确性和可学习性,并进而基于一致大数定律建立起利用训练样本来预测样本的理论体系。一致大数定律及其与归纳推理问题关系的分析几乎是完美的,这既包括了模型的定性分析,如对一致性的充分必要条件的分析。也包括了模型的定量分析,如界的理论等。

断言 3 中的转导定理的存在性在哲学上仍需讨论,但是该思想在机器学习中已经具有了启发性和指导性。瓦普尼克的想法是:如果对欲求解的问题只有有限信息,那么就应该直接求解问题,而不能求解一个更一般的问题作为中间步骤。通常的归纳法分为两步,从特殊到一般(归纳步骤:训练)和再从一般到特殊(演绎步骤:预测)。断言 3 的转导定理则绕开了中间结果,直接从特殊到特殊(转导步骤)。一个符合直接推理思想的例子是绕过概率密度直接求取分类边界,从而简化问题,并获得更好的泛化能力。在统计学中求解概率密度是"通用问题",知道了密度就能够解决很多问题。由于求解概率问题比分类等问题更加复杂,因此机器学习中常常采用参数化模型方法来避开求解概率。

断言 2 中的"容量控制"是机器学习中非常关键的原则。起初,学者们并不清楚如何确保模型的泛化能力。哲学家波普尔提出的"可证伪性"概念提供了启发。理论的"可证伪性"是指:存在一系列特殊论断,尽管它们属于给定理论的范畴,但是它们无法用给定理论加以解释。例如,物理学可以解释苹果落向地面,却无法解释苹果飘在空中的超自然现象,因此物理学是可证伪的。与此不同的是,几乎不存在上帝学说无法解释的情况,人们无法构想出任何一种情况,如果这种情况发生了,就能证明上帝不存在。因此上帝学说是不可证伪的。波普尔认为,"所有科学命题都要有可证伪性,不可证伪的理论不能成为科学理论。"

瓦普尼克将"不可证伪"概念公式化,用以评估模型。在这个研究过程中,瓦普尼克证明了"模型容量"是影响模型泛化能力的最关键因素之一。简单说来,存在近似下面的公式:

$$期望风险＝经验风险＋模型容量 \tag{5.13}$$

这就是断言 2 的"容量控制"原则。期望风险越小,意味着模型的泛化能力越强。而期望风险等于经验风险与模型容量之和,但欲使二者同时减小却是不易做到的。例如,欲减小模型容量,就要降低模型的复杂度,而这却容易导致模型欠拟合,使得经验风险增大。而要减小模型的经验风险,通常需要提高模型的复杂度,而这又会导致模型容量加大。因此,为了获得最好的泛化能力,就需要平衡两个指标,使得期望风险最小化。

如前所述,经验风险指标可以通过计算训练样本误差获得。而模型容量如何计算呢?为此,瓦普尼克等人提出了用所谓的 VC 维(Vapnik-Chervonenkis Dimension)来衡量"模型容量"的方法。但由于 VC 维计算复杂,在实际中通常采用不同的正则化项来替代模型容量。正如我们在式(5.12)中所见到的那样。

"容量控制"原则具有通用性。"模型容量"过大的理论或学说容易过拟合于已有的经验或感觉,从而因泛化能力弱而导致预测不准确。不可证伪的理论或学说便可归于此类。物理学方法论要求一种理论要满足解释原理(数学解释)和简单性原理,这就是在控制"模型容量"。奥卡姆剃刀定律(Occam's Razor/Ockham's Razor),即"没有根据,不加假设",便是逻辑学和哲学领域的"容量控制"原则。

5.6　机器学习基本方法

5.6.1　朴素贝叶斯分类器

朴素贝叶斯分类器(Naive Bayes Classifier)是一种经典的机器学习算法,是一种基于概率的生成模型。在分类问题中,假设 $\boldsymbol{x}=[x_1,x_2,\cdots,x_K]^{\mathrm{T}}$ 是包括 K 个维度的输入向量,y 是需要预测的输出,根据贝叶斯决策理论,如果获得了 $\boldsymbol{x}$ 与 y 的联合概率 $P(\boldsymbol{x},y)$,就能够给出最优决策。具体地,先求得先验概率 $P(y)$ 和条件概率 $P(\boldsymbol{x}|y)$,然后通过贝叶斯公式计算后验概率 $P(y|\boldsymbol{x})$:

$$P(y|\boldsymbol{x})=\frac{P(y)P(\boldsymbol{x}|y)}{P(\boldsymbol{x})}\propto P(y)P(\boldsymbol{x}|y) \tag{5.14}$$

最终的决策根据后验概率做出。

可以看到,式(5.14)中的 $P(\boldsymbol{x})$ 与类别无关,因此在比较不同类别后验概率相对大小的时候,$P(\boldsymbol{x})$ 作为常数并不产生影响,一般不予考虑。$P(y)$ 相对容易求取,难点在于 $\boldsymbol{x}$ 的各个维度通常并不相互独立,导致联合概率 $P(\boldsymbol{x}|y)$ 求取难度较大。为了回避这一问题,朴素贝叶斯分类器将复杂情况简单化进行求解,即(硬性)假设 $\boldsymbol{x}$ 的各个维度在给定 y 的条件下相互独立,从而通过以下的联合概率 $P(\boldsymbol{x}|y)$ 计算公式简化计算:

$$P(\boldsymbol{x}\mid y)=\prod_{i=1}^{K}P(x_i\mid y) \tag{5.15}$$

在分类问题中,条件独立性假设的实际意义就是在不同类别中的输入特征之间是统计独立的。将式(5.15)带入式(5.14)中并取对数形式,最后按照最小错误率决策规则,可以得到如下的决策结果:

$$y=\arg\max_{y}\left[\log P(y)+\sum_{i=1}^{K}\log P(x_i\mid y)\right] \tag{5.16}$$

这就是朴素贝叶斯分类器智能函数的模型形式,其中的 $P(y)$ 和 $P(x_i|y)(i=1,\cdots,K)$ 是模型的待学习参数。下面以一个例子来介绍朴素贝叶斯分类器的学习与分类过程。

没有医学背景的普通人经常会混淆"过敏"与"感冒",因此这是一个有趣的分类问题。对于这个分类问题,可以设定输出 y 有两个取值,即用 $y=1$ 表示"过敏",$y=-1$ 表示"感冒"。同时选择两个特征用于分类,即输入 $\boldsymbol{x}$ 包括两个分量,x_1 表示症状,x_2 表示季节。其中,x_1 有三个取值:1 表示"发烧",2 表示"头痛",3 表示"打喷嚏";x_2 有三个取值:W 表示冬天、S 表示春天、A 表示秋天。

现有 15 条训练数据,如表 5.1 所示。

表 5.1　"过敏"与"感冒"的训练数据

	1	2	3	4	5	6	7	8	9	10	11	12	13	14	15
x_1	1	1	1	1	1	2	2	2	2	2	3	3	3	3	3
x_2	W	S	S	W	W	W	S	S	A	A	A	S	S	A	A
y	-1	-1	1	1	-1	-1	-1	1	1	1	1	1	1	1	-1

根据这个数据,基于简单的统计可以获得表 5.2 的先验概率和条件概率。

表 5.2　基于训练数据学习到的先验概率和条件概率

先验概率		
$P(y=1)=9/15$		$P(y=-1)=6/15$
条件概率		
$P(x_1=1\mid y=1)=2/9$	$P(x_1=2\mid y=1)=3/9$	$P(x_1=3\mid y=1)=4/9$
$P(x_2=\text{W}\mid y=1)=1/9$	$P(x_2=\text{S}\mid y=1)=4/9$	$P(x_2=\text{A}\mid y=1)=4/9$
$P(x_1=1\mid y=-1)=3/6$	$P(x_1=2\mid y=-1)=2/6$	$P(x_1=3\mid y=-1)=1/6$
$P(x_2=\text{W}\mid y=-1)=3/6$	$P(x_2=\text{S}\mid y=-1)=2/6$	$P(x_2=\text{A}\mid y=-1)=1/6$

表 5.2 给出了基于这个观测数据一些粗浅的"医学知识",例如,"过敏"$P(y=1)=9/15$ 比"感冒"$P(y=-1)=6/15$ 更常见;"过敏"的最明显症状是"打喷嚏"$P(x_1=3\mid y=1)=4/9$,高发季节是"春天"$P(x_2=\text{S}\mid y=1)=4/9$ 和秋天 $P(x_2=\text{A}\mid y=1)=4/9$;"感冒"的最明显症状是"发烧"$P(x_1=1\mid y=-1)=3/6$,高发季节是"冬天"$P(x_2=\text{W}\mid y=-1)=3/6$。

经过上述的实例学习,我们掌握了一点进行诊断的经验。那么,当在冬天 $x_2=\text{W}$ 发生头痛 $x_1=2$ 的症状时,应该诊断为哪个类别呢? 可以从三个因素来作出判断:先验概率表明"过敏"$P(y=1)=9/15$ 比"感冒"$P(y=-1)=6/15$ 更常见。而"头痛"症状对于区分过敏和感冒没有帮助,因为无论是过敏还是感冒,都是有 1/3 的人有头痛症状($P(x_1=2\mid y=1)=3/9$,$P(x_1=2\mid y=-1)=2/6$)。而季节因素的区分性很高,因为在冬天感冒的人远多于过敏的人($P(x_2=\text{W}\mid y=1)=1/9$,$P(x_2=\text{W}\mid y=-1)=3/6$)。因此综合分析后的决策应该是"感冒"。

那么机器是如何作出这个决策的呢? 其实,它只是分别算出式(5.14)在 $y=1$ 和 $y=-1$ 的情况下的结果后进行比较而已。在不考虑 $p(x)$ 的情况下,两个结果分别是:

$$P(y=1)P(x_1=2\mid y=1)P(x_2=\text{W}\mid y=1)=\frac{9}{15}\times\frac{3}{9}\times\frac{1}{9}=\frac{1}{45};$$

$$(y=-1)P(x_1=2\mid y=-1)P(x_2=\text{W}\mid y=-1)=\frac{6}{15}\times\frac{2}{6}\times\frac{3}{6}=\frac{1}{15}$$

于是,得到决策输出 $y=-1$。

这个例子表明,朴素贝叶斯分类器通过加入输入特征之间条件独立的假设,简化了模型的参数求解和决策输出的运算。虽然这个假设在实际中很难真正成立,但在许多场合中朴素贝叶斯分类器仍可以获得良好的效果。因此朴素贝叶斯算法应用广泛,如用于文本分类、信用评估、网站安全检测等。而且,朴素贝叶斯分类器将各个特征分别建模,并累加性地考虑它们的影响,与人脑思维过程具有相似性,易于为初学者所理解。

5.6.2　决策树

决策树(Decision Tree)是另一种常见的机器学习方法,以树结构的决策形式而得名。决策树虽然可以根据专家经验构造,但通过实例学习得到的决策树更符合统计学的结果。

下面以挑西瓜为例介绍一下决策树的实例学习。挑西瓜可以被看作一个二分类问题,可设定输出 $y=1$ 表示"好瓜",$y=-1$ 表示"坏瓜"。假设用色泽、根蒂、敲声、纹理、脐部、触感等 6 个特征来区分好瓜坏瓜,并有表 5.3 所示的数据集。

表 5.3　西瓜分类训练数据集

编号	色泽	根蒂	敲声	纹理	脐部	触感	好瓜
1	青绿	蜷缩	浊响	清晰	凹陷	硬滑	是
2	乌黑	蜷缩	沉闷	清晰	凹陷	硬滑	是
3	乌黑	蜷缩	浊响	清晰	凹陷	硬滑	是
4	青绿	蜷缩	沉闷	清晰	凹陷	硬滑	是
5	浅白	蜷缩	浊响	清晰	凹陷	硬滑	是
6	青绿	稍蜷	浊响	清晰	稍凹	软粘	是
7	乌黑	稍蜷	浊响	稍糊	稍凹	软粘	是
8	乌黑	稍蜷	浊响	清晰	稍凹	硬滑	是
9	乌黑	稍蜷	沉闷	稍糊	稍凹	硬滑	否
10	青绿	硬挺	清脆	清晰	平坦	软粘	否
11	浅白	硬挺	清脆	模糊	平坦	硬滑	否
12	浅白	蜷缩	浊响	模糊	平坦	软粘	否
13	青绿	稍蜷	浊响	稍糊	凹陷	硬滑	否
14	浅白	稍蜷	沉闷	稍糊	凹陷	硬滑	否
15	乌黑	稍蜷	浊响	清晰	稍凹	软粘	否
16	浅白	蜷缩	浊响	模糊	平坦	硬滑	否
17	青绿	蜷缩	沉闷	稍糊	稍凹	硬滑	否

决策树的生成从根结点的选择开始,即从所有特征中选择出最能区分"好瓜"或"坏瓜"的特征。而计算特征区分性高低的一种有效方法是利用信息论中的信息增益(Information Gain)这个测度。通俗地讲,信息增益表示得知某个特征后,随机变量不确定性的减少程度。例如,得知一个西瓜的色泽后,它是好瓜还是坏瓜的不确定性的降低程度就是色泽这个特征对西瓜(好瓜/坏瓜)类别这一随机变量的信息增益。

在信息论中,随机变量的不确定性用熵(Entropy)来度量,因此信息增益也被定义为熵的减小量。

基于上述原理,在决策树学习中,某个特征 x_k 对训练数据集 D 的信息增益 $g(D, x_k)$ 被定义为集合 D 中类别随机变量的熵 $H(D)$ 与给定特征 x_k 条件下 D 中类别随机变量的条件熵 $H(D|x_k)$ 之差,即

$$g(D, x_k) = H(D) - H(D \mid x^{(k)}) \tag{5.17}$$

其中,熵 $H(D)$ 的计算公式为

$$H(D) = -\sum_{c=1}^{C} \hat{P}(y = c) \log_2 \hat{P}(y = c) \tag{5.18}$$

其中,C 表示类别个数,这里为 2;$\hat{P}(y=c)$ 表示训练集 D 中第 c 类的先验概率估计值。假设特征 x_k 能够把训练集 D 分成 L 个子集,每个子集 D_l 占训练集 D 的比率为 $\hat{P}(D_l)$,则特征 x_k 对训练集 D 的条件熵 $H(D|x_k)$ 的计算公式为

$$H(D \mid x_k) = -\sum_{l=1}^{L} \hat{P}(D_l) H(D_l) \tag{5.19}$$

利用挑西瓜的训练数据集 D 分别计算 6 个特征的信息增益,分别得到色泽:0.109,根蒂:0.143,敲声:0.141,纹理:0.381,脐部:0.289 以及触感:0.006。由此可见,纹理的信息增益最

大,所以将纹理这一特征作为根结点。其样本划分如图 5.7 所示。

图 5.7　根结点选择纹理特征对数据集的划分结果

　　决策树的生成是一个递归过程,在确定了根结点后,还需要在新生成的结点继续应用信息增益准则选择剩下的特征,直到所有特征的信息增益均很小或没有特征可以选择为止,这就是 ID3 算法。信息增益准则对可取值数目较多的特征有所偏好,为减少这种不利影响,著名的 C4.5 决策树算法使用增益率(Gain Ratio)替代信息增益。另一种应用广泛的 CART 决策树则利用基尼指数(Gini Index)最小化准则来进行特征选择。为了避免决策树算法"过拟合"于训练数据,需要采用剪枝处理。决策树剪枝的基本策略有"预剪枝"和"后剪枝"等。

　　根据 ID3 算法,得到本例的最终决策树如图 5.8 所示。

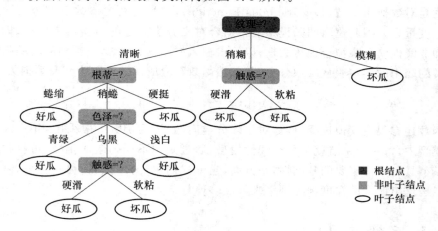

图 5.8　根据表 5.3 的训练集学习的挑西瓜决策树

　　决策树通过"抓重点"的方式依次考虑不同特征,符合人脑处理问题的特点。另一方面,决策树还可以被看作 if…then 规则的集合,具有可读性好,便于加入人工知识的优点。

5.6.3　线性模型

　　线性模型的智能函数可以写成如下形式:

$$f_\omega(\boldsymbol{x}) = f^{AF}(\omega_1\phi_1(\boldsymbol{x}) + \omega_2\phi_2(\boldsymbol{x}) + \cdots + \omega_K\phi_K(\boldsymbol{x}) + b) \tag{5.20}$$

其中,$\phi_1(\boldsymbol{x}), \phi_2(\boldsymbol{x}), \cdots, \phi_K(\boldsymbol{x})$ 是特征基元函数、特征函数或基函数;$f^{AF}()$ 是激活函数(Activation Function)。为了与常见的线性模型表示方法相一致,这里用 $\boldsymbol{\omega}$ 替换 $\boldsymbol{\theta}$ 来表示模型的参数。为了更关注于线性模型,可以假设 $\boldsymbol{x} = [x_1, x_2, \cdots, x_K]^T$ 就是提取了 K 个特征之后的输入,于是:

$$f_\omega(\boldsymbol{x}) = f^{AF}(\omega_1 x_1 + \omega_2 x_2 + \cdots + \omega_K x_K + b) \tag{5.21}$$

当激活函数为恒等函数时,即

$$f^{\mathrm{AF}}(z) = z \tag{5.22}$$

式(5.22)就是线性回归模型(Linear Regression)。线性回归模型能够通过一个线性的函数来拟合训练数据 $D = \{(\boldsymbol{x}_1, y_1), (\boldsymbol{x}_2, y_2), \cdots, (\boldsymbol{x}_M, y_M)\}$，并给出实值预测输出。线性回归模型损失函数中的误差函数一般采用均方误差，即

$$\boldsymbol{R}_{\mathrm{emp}}(\boldsymbol{\omega}) = \frac{1}{M} \sum_{i=1}^{M} (f_{\boldsymbol{\omega}}(\boldsymbol{x}_i) - y_i)^2 \tag{5.23}$$

其中，由于待求取的参数是 $\boldsymbol{\omega}$，因此直接用 $\boldsymbol{R}_{\mathrm{emp}}(\boldsymbol{\omega})$ 代替了 $\boldsymbol{R}_{\mathrm{emp}}(f_{\boldsymbol{\omega}})$，表示这个均方误差只是 $\boldsymbol{\omega}$ 的函数。基于最小均方误差来进行模型求解的方法称为"最小二乘法"。线性回归模型损失函数中的正则化项常常采用 L_2 范数，这相当于在参数 $\boldsymbol{\omega}$ 加上一个 0 期望值、协方差为单位阵的正态分布的噪声。

当激活函数为 sigmoid 函数时，有

$$f^{\mathrm{AF}}(\boldsymbol{z}) = \sigma(\boldsymbol{z}) = \frac{1}{1 + \mathrm{e}^{-z}} \tag{5.24}$$

式(5.24)就是逻辑回归模型(Logistic Regression)。sigmoid 函数具有很多理想的性质，特别是其本身就是对数概率函数(Logistic odds Function)，并且与特定参数正态分布的累积概率密度函数高度重合。因此逻辑回归模型非常适合对二分类问题的后验概率建模，即通过一个线性函数加非线性映射来拟合训练数据，以给出输入样本 x 属于哪个类别的后验概率作为输出。二分类问题中的样本服从二项分布，其似然函数对应的误差函数为交叉熵损失：

$$R_{\mathrm{emp}}(\boldsymbol{\omega}) = \frac{1}{M} \sum_{i=1}^{M} [y_i \ln f_{\boldsymbol{\omega}}(\boldsymbol{x}_i) + (1 - y_i) \ln (1 - f_{\boldsymbol{\omega}}(\boldsymbol{x}_i))] \tag{5.25}$$

激活函数还有很多其他选择，例如对于多分类问题，激活函数一般采用softmax函数。在神经网络模型中，每一个结点就是一个线性模型，通过采用不同的激活函数，可获得不同的功能。线性模型具有十分重要的基础性，一方面，它形式简单、易于建模；另一方面，基于线性模型基础可以构建出庞大的深度神经网络来解决多种复杂问题。

5.6.4 K 近邻学习

K 近邻模型(K-NN)也是一种简单、常用的机器学习算法，既可以用于分类，也可以用于回归。K 近邻算法是一种基于记忆的模型，它需要将训练集 D 中所有的样本保存下来。对一个待分类的样本 x，模型为其找到训练集 D 中距离最近的 K 个样本，并将这 K 个样本的多数类别作为样本 x 的输出类别。图 5.9 所示为一个由 7 个训练样本所确定的 1-NN 的分类界面实例。

K 近邻算法中样本的距离也是它们之间相似度的一种度量，可以有多种选择，如欧氏距离、曼哈顿距离或余弦相似度等。为了减少出现难以决策的情况，

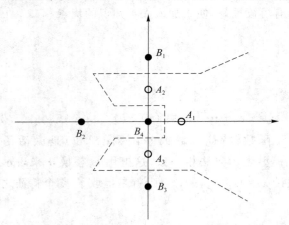

图 5.9 K 近邻算法(A 类有 3 个训练样本，B 类有 4 个训练样本，$K=1$ 时的分类边界)

K 近邻中的 K 一般选择为奇数,如 1、3、5 等。K 值较小时,整体模型会变得复杂,分类结果易受噪声点影响,容易出现过拟合。K 值较大时,模型则会趋于简单,容易出现欠拟合。

K 近邻算法不仅思想简单,并且常常能够获得很好的性能。理论上,当训练样本数量趋于无穷多时,该算法的错误率介于 1～2 倍贝叶斯错误率之间,是一个接近最优情况。

K 近邻算法的缺点主要在于需要存储大量的训练样本,并且在搜索最近邻样本时需要很高的计算量。前面介绍的贝叶斯、决策树、线性模型等均属于参数模型,在训练过程结束得到模型参数之后就可以抛弃所有的训练样本。而 K 近邻算法是一种基于记忆的模型非参数模型。这类模型需要保留全部或部分训练样本来进行预测。尽管如此,K 近邻算法仍然具有重要的理论和应用价值。参数模型通常依赖于良好的特征表示方法来获得准确的预测结果,而非参数模型则可以通过改变相似度函数来提高模型性能。

5.6.5　K 均值聚类算法

前述几种机器学习算法的训练数据集不仅包括智能函数(模型)的输入,同时还给出了对应的期望输出,其本质是学习输入到给定的期望输出的映射规律,属于有监督学习。而无监督学习的目标则是通过对自然得到的无标注数据集的学习来揭示数据的内在性质及规律,为进一步的数据处理提供基础。最基本与常见的无监督学习包括聚类、特征优化等。

传统的聚类需要将数据集中的样本划分为若干个不相交的子集,每个子集称为一个"簇"(Cluster)或聚类。聚类体现的是"物以类聚"的思想:类内(簇内)样本的差异度要越小越好,而类间(簇间)差异度要越大越好。差异度同样用各种距离或相似度来度量,为方便理解,这里采用欧式距离。下面介绍最常见的一种聚类算法:K 均值聚类算法(K-Means Clustering Algorithm)。

顾名思义,K 均值聚类算法就是通过 K 个均值将数据集 $D = \{x_1, x_2, \cdots, x_M\}$ 划分为 K 个簇的聚类方法。该算法将"物以类聚"的思想转化为类内差异最小化的目标函数为

$$J = \sum_{m=1}^{M} \sum_{k=1}^{K} r_{mk} \| x_m - \mu_k \|^2 \tag{5.26}$$

这里待估计的参数包括代表 K 个簇的聚类中心 $\{\mu_k | k=1,2,\cdots,K\}$,以及每个样本所属的簇 $\{r_{mk} | r_{mk} \in \{0,1\}, m=1,2,\cdots,M, k=1,2,\cdots,K\}$。对于任意一个样本 x_m,如果该样本被划分到第 k 个簇,则 $r_{mk}=1$,而 $r_{mj}=0 (j \neq k)$。这就是说,对于 $[r_{m1}, r_{m2}, \cdots, r_{mK}]^T$ 这个 K 维向量中,只有 1 个维度为 1,其他都为 0,所以也被称为 1-of-K 编码,或称独热(One-Hot)向量。K 均值聚类算法的目标就是对于数据集 D 找到使目标函数最小化的最优参数取值 $\{\mu_k^*\}$ 和 $\{r_{mk}^*\}$。

与中学数学的常用求解方法不同,K 均值采用了具有启发式特点的迭代求解算法,主要包括初始值选择、参数迭代更新以及终止算法等过程。图 5.10(a)是初始的无标注数据集,我们人为将 K 设定为 2,即聚类结果将包括两个簇。初始值的设定有很多种方法,包括随机选择或人工设定。在图(a)中,$\{\mu_k\}$ 被人为设定为并不太符合数据的两个位置。这里将参数迭代更新分为两个子步骤:更新 $\{r_{mk}\}$ 的 E(期望)步骤,以及更新 $\{\mu_k\}$ 的 M(最大化)步骤。在 E 步骤,将 $\{\mu_k\}$ 参数固定不变,然后采用最近邻方法(K=1 的 K 近邻方法)将数据集 D 中的样本划分到 K 个簇中去,也就是更新了 $\{r_{mk}\}$。如在图 5.10(b)中,样本分别被标注为不同的簇。

在 M 步骤,再将 $\{r_{mk}\}$ 参数固定不变,计算每个簇中样本的均值,并更新原来的簇中心 $\{\mu_k\}$,即

$$\mu_k = \frac{\sum_{m=1}^{M} r_{mk} x_m}{\sum_{m=1}^{M} r_{mk}} \tag{5.27}$$

这一步骤的效果对应于图 5.10(c),可以看到,新的簇中心更能反映数据的内在结构。图 5.10(d)～图 5.10(i)是随后反复进行 E 步骤与 M 步骤迭代的对应效果,最终收敛后就可以结束训练。图 5.11 中的横坐标是训练的次数,而纵坐标是目标函数的值。由图 5.11 可以看到,在我们的例子中无论是 E 步骤还是 M 步骤,目标函数都在持续下降。

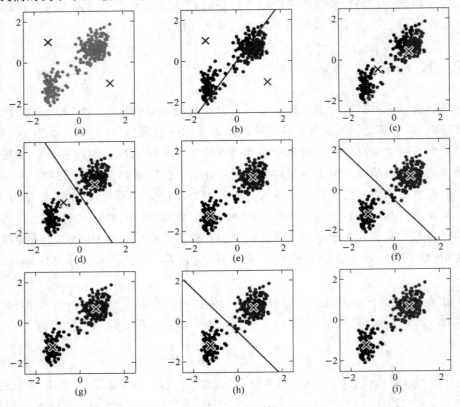

图 5.10 K 均值聚类算法

注：(a)绿点表示二维空间中的数据集,中心 1 和 2 的初始选择分别用红色叉号和蓝色叉号表示;(b)在初始的 E 步骤中,每个数据点被分配为红色聚类或者蓝色聚类,根据与哪个中心更近来确定类别;(c)在接下来的 M 步骤中,每个聚类中心使用分配到对应类别的数据点重新计算,(d)～(i)给出了接下来的 E 步骤和 M 步骤,直到最终收敛。

图 5.10 的彩图

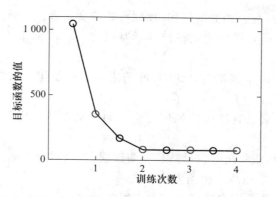

图 5.11 的彩图

图 5.11　对于图 5.10 K 均值算法,在每个 E 步骤(蓝点)和 M 步骤(红点)之后,代价函数 J 的图像
注:算法在第三个 M 步骤之后收敛,最后一个 EM 循环对于分类情况和代表向量都没造成改变。

　　由于 K 均值算法的初始值选择具有一定的随机性,因此每次训练的结果也可能会不同,这意味着该算法不能保证得到最优解。但即使不是最优解,通常也是有意义的结果。K 均值求解方法的随机性、迭代性的特点是很多机器学习算法都具有的,这同传统的数学方法有很大区别。如果机器具有更强大的计算能力,那么启发式搜索算法,甚至是穷举法或许会成为优先选择的解题方法。

　　K 均值算法所追求的"类内差异小,类间差异大"目标几乎是机器学习领域的一种原理性思想,很多算法都源于这一思想。也许这并不仅仅是数据自身存在的规律,而且也是人类认识数据的一种思维方式。最后,有监督学习或无监督学习只是根据机器学习的研究范畴而定义的概念,随着机器学习理论的深入与发展,研究范畴必然也会不断扩展,新的学习方式也会不断产生。

小　　结

　　人工智能系统在数学上可以被定义为智能函数,而机器学习的目标和任务便是确定智能函数的形式和参数,这使得机器学习成为人工智能最重要的基础内容之一。机器学习的基本范式是通过训练数据获得所需的数学模型(智能函数),为了处理数据的不确定性,机器学习常常以概率和统计学为基础,基本策略是通过训练数据上的经验风险以及容量控制来获得模型最强的泛化性,以在处理新的数据时展现所希望的预测能力。因此,概率论和统计学的方法在机器学习中具有重要的基础作用,建立在概率论基础上的信息论也在机器学习中发挥着直接作用。本章在内容安排上着意体现了这一点,以使读者在以后的学习中注重机器学习与概率论、统计学以及信息论的紧密联系。

思　考　题

5-1　请阐释"机器下棋""模式识别"与人工智能的关系,并分析机器学习的作用。

5-2　如何全面认识智能函数的构成?简述智能函数的输入、输出与智能问题的关系如何,智能函数的组成部分,复合函数的作用,模型形式的变化等。

5-3　机器学习理论是否必须建立在统计学基础之上? 不采用统计学的人工智能方法有哪些?

5-4　谈谈对贝叶斯决策理论的认识,贝叶斯决策理论如何表示知识和已知信息,如何进行推断和决策?

5-5　机器学习过程前后智能函数如何变化? 如何基于智能函数、最优决策、训练数据集等阐释机器学习?

5-6　解释经验风险、期望风险、训练误差、测试误差、过拟合等概念,并分析影响机器学习效果的主要因素,最后讨论提高泛化能力的方法。

5-7　机器学习与人的学习在推理方式上有哪些异同?

5-8　请探讨贝叶斯分类器、决策树、线性模型和 K 近邻学习等的智能函数的模型形式,并尝试用某种数学形式予以表达。

第 6 章

深度神经网络

第 6 章课件

6.1 引　言

　　神经网络是人工智能研究的重要对象,因为人们相信人类智能主要体现在大脑的神经网络中。生物学和神经科学已经揭示了神经网络的基本单元——神经元的工作机理,人工智能科学家们基于这一机理建立了神经元工作的数学模型,并将大量神经元进行横向和纵向连接,形成人工神经网络。研究发现,人工神经网络(以下简称神经网络)确确实实能够实现许多智能,例如记忆、计算、判决、推理等。于是,神经网络便成为人工智能的基本工具。

　　本质上,神经网络是一个数学模型,完成将输入数据映射成输出结果值的函数功能。与普通函数不同的是,神经网络函数中的函数结构和参数是在学习过程中不断调整和优化的。随着函数结构和参数的不断优化,神经网络函数的性能不断提高。如前所述,本书将这类函数称为智能函数。

　　那么,究竟什么样的结构和参数才能使神经网络具有强大的智能呢? 这个问题实际上也是对智能本源的追问,很好地回答了这个问题,也就等于回答了智能是什么以及如何产生的。截至目前,所有有关神经网络的研究都是在努力回答这一问题,所有的研究成果都是对这一问题的初步和中间解答。

　　人们看到,神经网络结构的层次性是一个至关重要的特性,深度神经网络强大的能力充分证实了这一点。神经网络的层次越多,其分析输入数据的能力越强,输出的智能也越强。为什么神经网络的层次结构如此重要? 人们从数据特征表示(Representation)出发对此进行解答,发现神经网络的层次结构是在不同的颗粒度上分解和表示输入数据的特征,描述不同颗粒度特征之间的组合关系。而特征的组合关系一旦清晰,智能行为的产生就不难做到。

　　为何特征表示如此重要? 让我们通过实例来理解一下。例如,当利用逻辑回归等简单方法实现的 AI 诊疗系统被用于判断病人是否患有帕金森症时,AI 系统不必直接检查患者,只需得到几条相关的信息,诸如病人是否存在手抖或者运动迟缓等。每条这样的信息被称为一个特征。逻辑回归要学习病人的这些特征如何与各种诊断结果相关联,但它必须依赖医生提供特征。如果将病人的磁共振成像(MRI)扫描作为逻辑回归的输入,而免除医生的参与,它将无法做出有用的预测。MRI 扫描的单一像素与病症之间的相关性微乎其微，因此像素层次的逻辑回归产生不出有意义的结果。实际上，无论在哪一科学领域乃至在日常生活中，对表示的依赖都是一个普遍现象。例如，人们可以很容易地在阿拉伯数字的表示下进行算术运算，但在罗马数字的表示下运算会感觉非常烦琐。

一直以来，计算机擅长形式化任务，不擅长形象思维的任务。计算机早就能够打败人类最好的象棋选手，但直到最近才在识别图像和语音任务中达到人类平均水平。一个人的日常生活需要关于世界的巨量知识。很多这方面的知识是主观的、直观的，因此很难通过形式化的方式表达清楚。计算机需要获取同样的能力才能更具智能。人工智能的一个关键挑战就是如何获取这些非形式化的知识，这便需要人工智能系统具备从原始数据中提取潜藏的模式，并将其转化为知识的能力。

解决这个问题的有效途径是使用神经网络等工具来学习表示方法本身，而不仅仅把表示映射到输出。这种学习被称为表示学习（Representation Learning）。神经网络学习到的表示往往比手工设计的表示更有效，并且只需很少的人工干预就能迅速适应新的任务。在目前的技术水平下，表示学习算法只需几分钟就可以为简单的任务发现一个很好的特征集，对于复杂任务也可以在几小时至几个月的时间内完成。要是为一个复杂的任务手工设计特征不但需要耗费大量的人力，其时间开销常常是无法承受的。

深度学习（Deep Learning）采用多层结构利用简单的表示逐层表达复杂表示，解决了表示学习的核心问题，实现了通过简单概念构建复杂的概念的知识发现和获取。深度学习模型的典型结构是前馈神经网络。如前所述，神经网络是一个将一组输入值映射为输出值的数学函数。该函数由许多较简单的函数复合而成。这个函数的结构和参数通过学习不断优化，在达到一定程度之后，该函数便可以准确地执行对输入数据进行识别、推理、判决等的智能操作。这便是智能函数的意义。

正如第 1 章所指出，包括神经网络在内的 AI 系统智能函数的一般形式为 $p=f_\theta(x)$，即智能函数 f_θ 将输入向量 x 映射为策略向量 p，智能函数 f_θ 的参数 θ 通过学习不断优化。这是神经网络等 AI 系统的最精练的数学形式，也是理解神经网络本质的一种便捷方法。

本章以上述认识和观点为指导对神经网络和深度神经网络进行讲解。首先阐述神经网络的基本概念、计算机理和学习过程，然后阐述深度神经网络的基本特征、主要挑战和关键技术，最后对构建大模型的核心技术注意力机制和 Transformer 架构进行剖析，并对 Transformer 的主要应用进行介绍。

6.2 多层感知机与神经网络

6.2.1 多层感知机与神经网络概述

感知机（Rerceptron）这一模型是由美国学者弗兰克·罗森布拉特（Frank Rosenblatt）在 1957 年提出来的。感知机是神经网络的起源模型。感知机接收多个输入信号，输出一个信号。这里所说的"信号"可以想象成电流或河流那样具备"流动性"的东西。像电流流过导线，向前方输送电子一样,感知机的信号也会形成流,向前方输送信息。但是,和实际的电流不同的是,感知机的信号只有"流/不流"(1/0)两种取值。

图 6.1(a)所示是一个接收两个输入信号的感知机的例子。x_1、x_2 是输入信号,y 是输出信号,w_1、w_2 是权重。图中的○称为"神经元",输入信号被送往神经元时,会被分别乘以固定的权重。神经元计算传送过来的信号的总和,只有当这个总和超过了某个界限值时,才会输出 1。

单层感知机结构简单,无法分离非线性空间。其无法表示的东西,可以通过叠加层[加深层,如图 6.1(b)所示],形成多层感知机进行更加灵活的表示。对于复杂的函数,多层感知机也隐含着能够表示它的可能性。但设定权重的工作,即确定合适的、能符合预期的输入与输出的权重,还需要由人工进行。

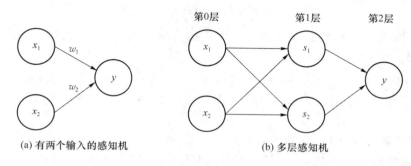

(a) 有两个输入的感知机　　　　　　(b) 多层感知机

图 6.1　感知机的例子

神经网络的出现就是为了解决感知机的缺点。具体地讲,神经网络与其他机器学习模型类似,可以自动地从数据中学习到合适的权重参数。图 6.2 所示为神经网络结构的例子。

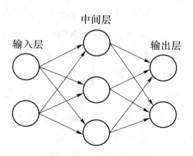

单层感知机缺陷

图 6.2　神经网络的例子

感知机中使用了阶跃函数作激活函数。神经网络将激活函数从阶跃函数换成其他函数。神经网络中经常使用的一个激活函数是式(6.1)表示的 Sigmoid 函数:

$$h(x) = \frac{1}{1 + \exp(-x)} \tag{6.1}$$

神经网络中用 Sigmoid 函数作为激活函数,进行信号的转换,转换后的信号被传送给下一个神经元。实际上,感知机和神经网络的主要区别就在于激活函数。对阶跃函数和 Sigmoid 函数进行比较如图 6.3 所示。

(1) 阶跃函数与 Sigmoid 函数的不同点。

① 两种函数"平滑性"不同。Sigmoid 函数是一条平滑的曲线,输出随着输入发生连续性

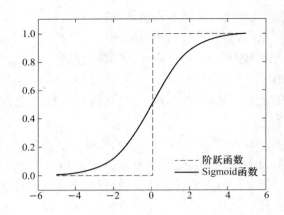

图 6.3　阶跃函数与 Sigmoid 函数的曲线

的变化。而阶跃函数以 0 为界，输出发生急剧性的变化。Sigmoid 函数的平滑性对神经网络的学习具有重要意义。

② 相对于阶跃函数只能返回 0 或 1，Sigmoid 函数可以返回 0.731、0.880 等实数。也就是说，感知机中神经元之间流动的是 0 或 1 的二元信号，而神经网络中流动的是连续的实值信号。

（2）阶跃函数与 Sigmoid 函数的共同点。

① 阶跃函数和 Sigmoid 函数虽然在平滑性上有差异，但是它们具有相似的形状。输入小时，输出接近 0（为 0）；输入增大，输出向 1 靠近（变成 1）。即当输入信号为重要信息时，阶跃函数和 Sigmoid 函数都会输出较大的值；当输入信号为不重要的信息时，两者都输出较小的值。

② 不管输入信号有多小，或者有多大，输出信号的值都在 0 到 1 之间。

③ 两者均为非线性函数。Sigmoid 函数是一条曲线，阶跃函数是一条像阶梯一样的折线。

在讲到激活函数时，经常会看到“非线性函数”和“线性函数”等术语。函数本来是输入某个值后会输出一个值的转换器。向这个转换器输入某个值后，输出值是输入值的常数倍的函数称为线性函数（用数学式表示为 $h(x)=cx$。c 为常数）。因此，线性函数是一条笔直的直线。而非线性函数，顾名思义，指的是不像线性函数那样呈现出一条直线的函数。

神经网络的激活函数必须使用非线性函数。换句话说，激活函数不能使用线性函数。为什么不能使用线性函数呢？因为如果使用线性函数，加深神经网络的层数就没有意义了。如果把线性函数 $h(x)=cx$ 作为激活函数，把 $y(x)=h(h(h(x)))$ 的运算对应 3 层神经网络，那么 $y(x)=c\times c\times c\times x$，等价于 $y(x)=ax$（其中，$a=c^3$），这只是一次乘法运算，是没有隐藏层的神经网络表示，即使用线性函数时，无法发挥多层网络带来的优势。

神经网络的网络结构和学习过程是应用神经网络的关键。目前最有效的神经网络的学习方法是误差反向传播法，而神经网络的结构也在向更深发展。

6.2.2　误差反向传播法

神经网络的学习过程可通过误差反向传播法高效计算连接权重等参数的梯度来实现。下面对其原理进行讲解。

1. 用计算图求解

首先看一下用计算图求解简单问题的过程。

问题 6-1：小明的语文、数学、英语分别考了 90 分、100 分、50 分，且三门课程在计算智育加权成绩时权重分别为 0.5、0.4、0.1，请计算小明最后的智育成绩。

要求：结点用○表示，○中是计算的内容。将计算的中间结果写在箭头的上方，表示各个结点的计算结果从左向右传递。用计算图解问题 6-1，求解过程如图 6.4 所示。

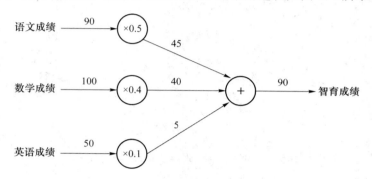

图 6.4　基于计算图求解的问题 6-1 的答案

开始时，各科成绩分别流入到乘法结点中，计算得到各科的加权分数。接着，三门成绩的加权分数流向加法结点，求和得到最终的智育成绩 90 分。因此，从这个计算图的结果可知，小明的智育成绩最终为 90 分。

虽然图 6.4 中把"×0.5""×0.4"等作为一个运算整体标在了"○"里，但只用○表示乘法运算（×）也是可行的。此时，如图 6.5 所示，可以将各科权重作为变量标在"○"外面。

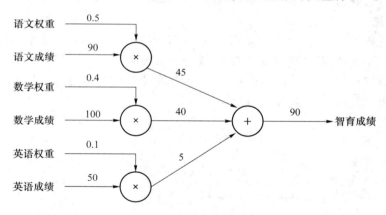

图 6.5　基于计算图求解的问题 6-1 的答案：学科权重作为变量标在"○"外面

问题 6-2：小明的语文、数学、英语分别考了 90 分、100 分、50 分，且三门课程在计算智育加权成绩时权重分别为 0.5、0.4、0.1，智育成绩在计算学年成绩时权重为 0.8；小明的德育分为 60 分，体育成绩为 80 分，二者在计算学年成绩时权重均为 0.1，请计算小明最后的学年成绩。同问题 6-1，我们用计算图来解问题 6-2，求解过程如图 6.6 所示。

构建了计算图后，从左向右进行计算。就像电路中的电流流动一样，计算结果从左向右传递。到达最右边的计算结果后，计算过程就结束了。从图 6.6 中可知，问题 6-2 的答案为 86 分。

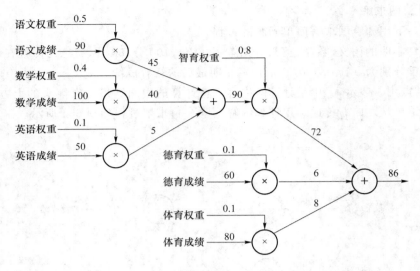

图 6.6　基于计算图求解的问题 6-2 的答案

综上，用计算图解题时，需要按如下流程进行。

（1）构建计算图。

（2）在计算图上，从左向右进行计算。

这里的第（2）步"从左向右进行计算"是一种正方向上的传播，简称为正向传播（Forward Propagation）。正向传播是从计算图出发点到结束点的传播。既然有正向传播这个名称，当然也可以考虑反向（从图上看的话，就是从右向左）的传播。实际上，这种传播称为反向传播（Backward Propagation）。反向传播将在接下来的导数计算中发挥重要作用。

2. 局部计算

计算图的优点是可以通过传递"局部计算"获得最终结果。"局部"这个词的意思是"与自己直接相关的某个小范围"。局部计算是指，无论全局发生了什么，都可以只根据与自己直接相关的信息计算下一步结果。下面用一个具体的例子来说明局部计算。比如，在计算智育成绩时有多门学科，对应图 6.7 所示的计算图。

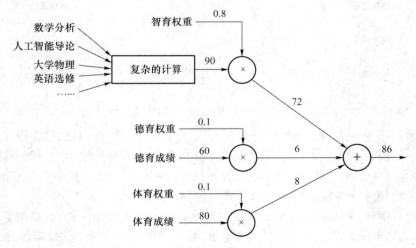

图 6.7　多门学科计算智育成绩的例子

如图 6.7 所示,假设(经过复杂的计算)得到的最终智育成绩为 90 分。这里的重点是,各个结点处的计算都是局部计算。这意味着,例如在计算学期成绩时,并不关心智育成绩为 90 分这个数字是如何计算而来的,只要使其和智育权重相乘就可以了。换言之,各个结点处只需进行与自己有关的计算(在这个例子中是对智育成绩赋予权重,即与智育权重相乘),不用考虑全局。

综上,计算图可以集中精力于局部计算。无论全局的计算有多么复杂,各个步骤所要做的只是对结点的局部计算。虽然局部计算非常简单,但是通过传递它的计算结果,可以获得全局的复杂计算的结果。

3. 用计算图解题的优点

一个优点就在于前面所说的局部计算。无论全局是多么复杂的计算,都可以通过局部计算使各个结点致力于简单的计算,从而简化问题;另一个优点是,利用计算图可以将中间的计算结果全部保存起来;而更大的优点是使用计算图可以通过反向传播高效计算导数。

4. 链式法则

前面介绍的计算图的正向传播是将计算结果正向(从左到右)传递,其计算过程是通常的计算过程,所以感觉比较自然。而反向传播是将局部导数向正方向的反方向(从右到左)传递,一开始可能会让人感到困惑。传递这个局部导数的原理,是基于链式法则(Chain Rule)的原理。下面对链式法则进行介绍,并阐释它如何与计算图上的反向传播相对应。

先来看一个使用计算图的反向传播的例子。假设存在 $y = f(x)$ 的计算,这个计算的反向传播如图 6.8 所示。反向传播的计算顺序是先将信号 E 乘以结点的局部导数($\partial y / \partial x$),然后将结果传递给下一个结点。这里所说的局部导数是指正向传播中 $y = f(x)$ 的导数,也就是 y 关于 x 的导数($\partial y / \partial x$)。

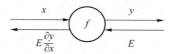

图 6.8   反向传播的例子

比如,假设 $y = f(x) = x^2$,则局部导数为 $\partial y / \partial x = 2x$。把这个局部导数乘以上游传过来的值(本例中为 E),然后传递给前面的结点。这就是反向传播的计算顺序。通过这样的计算,可以高效地求出导数的值,这是反向传播的要点。

反向传播的理论基础是链式法则,它是必须要掌握的一个重要知识。

介绍链式法则,需要先从复合函数说起。复合函数是由多个函数构成的函数。比如,$z = (x+y)^2$ 是由式(6.2)所示的两个式子构成的:

$$z = t^2$$
$$t = x + y \tag{6.2}$$

则根据链式法则,有

$$\frac{\partial z}{\partial x} = \frac{\partial z}{\partial t} \frac{\partial t}{\partial x} \tag{6.3}$$

使用链式法则求式(6.3)的导数 $\partial z / \partial x$,要先求式(6.2)中的局部导数(偏导数):

$$\begin{cases} \dfrac{\partial z}{\partial t} = 2t \\[2mm] \dfrac{\partial t}{\partial x} = 1 \end{cases} \qquad (6.4)$$

$\partial z/\partial x$ 可由式(6.4)求得的导数的乘积获得：

$$\frac{\partial z}{\partial x} = \frac{\partial z}{\partial t}\frac{\partial t}{\partial x} = 2t \cdot 1 = 2(x+y) \qquad (6.5)$$

将式(6.5)的链式法则的计算用计算图表示出来。如果用"∗∗2"结点表示平方运算，则计算图如图 6.9 所示。

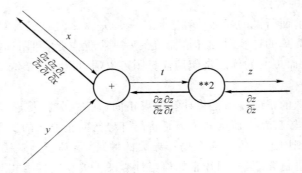

图 6.9　式(6.5)计算图:沿着与正方向相反的方向,乘上局部导数后传递

根据链式法则, $\dfrac{\partial z}{\partial z}\dfrac{\partial z}{\partial t}\dfrac{\partial t}{\partial x} = \dfrac{\partial z}{\partial t}\dfrac{\partial t}{\partial x} = \dfrac{\partial z}{\partial x}$,由此可知,图 6.9 中最左边的反向传播的结果对应于"z 关于 x 的导数"。也就是说,反向传播是基于链式法则的。

把式(6.4)的结果代入到图 6.9 中,结果如图 6.10 所示。

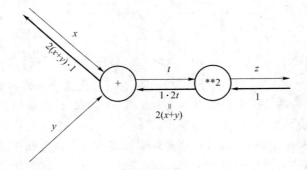

图 6.10　根据计算图的反向传播的结果, $\partial z/\partial x = 2(x+y)$

5. 反向传播

(1) 加法结点的反向传播

首先考虑加法结点的反向传播。以 $z = x+y$ 为例,导数可由下式(解析性地)计算出来。

$$\frac{\partial z}{\partial x} = 1 \qquad\qquad \frac{\partial z}{\partial y} = 1 \qquad (6.6)$$

如式(6.6)所示, $\dfrac{\partial z}{\partial x}$ 和 $\dfrac{\partial z}{\partial y}$ 同时都等于 1。因此,如果用计算图表示,如图 6.11 所示。如图(b)的反向传播所示,加法结点的反向传播将上游的值原封不动地输出到下游。

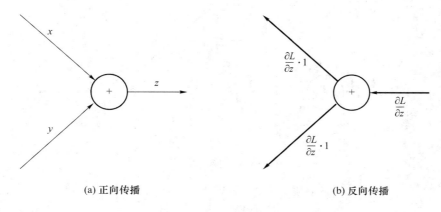

(a) 正向传播　　　　　　　　　　　　(b) 反向传播

图 6.11　加法结点的反向传播

另外，本例中把从上游传过来的导数的值设为 $\partial L/\partial z$。这是因为，如图 6.12 所示，这里假定了一个最终输出值为 L 的全局计算图。$z=x+y$ 的计算位于这个全局计算图的某个地方，从上游会传来 $\partial L/\partial z$ 的值，并向下游传递 $\partial L/\partial x$ 和 $\partial L/\partial y$。反向传播时，从最右边的输出出发，局部导数从结点反方向传播。

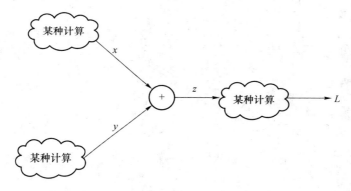

图 6.12　加法结点存在于某个最后输出的计算的一部分中

（2）乘法结点的反向传播

z 对 x 和 y 的偏导数如下：

$$\frac{\partial z}{\partial x}=y$$

$$\frac{\partial z}{\partial y}=x \tag{6.7}$$

根据式(6.7)，$\dfrac{\partial z}{\partial x}=y$，$\dfrac{\partial z}{\partial y}=x$，将其代入计算图，将得到图 6.13 所示的结果。

3. 举例

回到计算智育成绩的例子。这里要解的问题是各科成绩、各科权重这 6 个变量各自如何影响最终智育成绩的高低。这个问题相当于求智育成绩关于各科分数、各科权重的导数。如果用计算图的反向传播来解，将得到如图 6.14 所示的求解过程。

如前所述，乘法结点的反向传播会将输入信号翻转后传给下游。从图 6.14 的结果可知，语文成绩的导数是 0.5，数学成绩的导数是 0.4，其他导数类似。如果语文成绩和数学成绩增加相同的值，对最终成绩的影响则语文成绩将是数学成绩的 0.5/0.4＝1.25 倍。

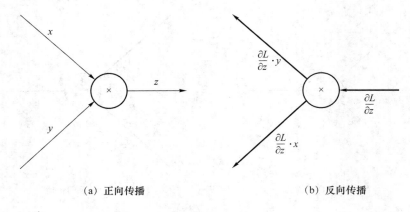

(a) 正向传播   (b) 反向传播

图 6.13　乘法的反向传播

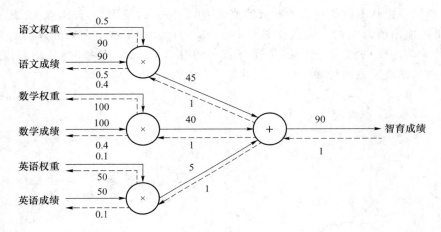

图 6.14　计算智育成绩时反向传播的例子

6.2.3　参数的更新

神经网络学习的目的是找到使损失函数的值尽可能小的参数。这是寻找最优参数的问题，解决这个问题的过程称为最优化（Optimization）。遗憾的是，神经网络的最优化问题十分困难。这是因为参数空间非常复杂，很难轻易找到最优解。在深度神经网络中，参数的数量非常庞大，导致最优化问题更加复杂。深度神经网络参数更新通常采用随机梯度下降（Stochastic Gradient Descent，SGD）的策略来近似求解。什么是随机梯度下降呢？

打个比方，有一个性情古怪的探险家。他在广袤的干旱地带旅行，坚持寻找幽深的山谷。他的目标是要到达最深的谷底。他给自己制定了两个严格的规定：一是不看地图；二是把眼睛蒙上。因此，他不知道最深的谷底在这个广袤的大地的何处，而且什么也看不见。在这么严苛的条件下，这位探险家要如何迈步，才能迅速前往谷底呢？

在这么困难的状况下，地面的坡度显得尤为重要。他虽然看不到周围的情况，但是能够知道当前所在位置的坡度（通过脚底感受地面的倾斜状况）。于是，朝着当前所在位置的坡度最大的方向前进，即采用随机梯度下降的策略。他相信只要重复这一策略，总有一天可以下山，如图 6.15 所示。

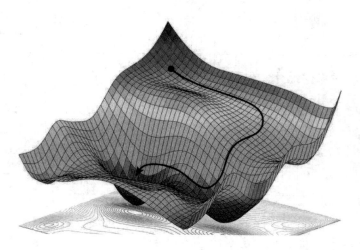

图 6.15　随机梯度下降示意

在深度神经网络参数更新的过程中，随机梯度下降的含义是随机抽取一定量的训练样本进行梯度下降来更新参数的方法。其更新参数的数学公式是：

$$W \leftarrow W - \eta \frac{\partial L}{\partial W} \tag{6.8}$$

其中，待更新的权重参数记为 W、损失函数关于 W 的梯度记为 $\frac{\partial L}{\partial W}$；$\eta$ 表示学习率，实际上会取 0.01 或 0.001 这些事先决定好的值；$\leftarrow$ 表示用右边的值更新左边的值。

6.3　深度神经网络的核心问题

深度神经网络是层数加深了的神经网络。那么为什么要加深网络，加深网络又会带来什么困难，这些困难又该如何解决呢？

6.3.1　加深网络

"通过四个参数，我可以拟合一头大象；通过五个参数，我可以使它扭动象鼻。——约翰·冯·诺伊曼（John von Neumann）"，这是恩里科·费米（Enrico Fermi）在《自然》期刊第 427 卷中的引用。如果拥有数千个参数，将可以拟合整个动物园。浅层神经网络已可以包括数千参数，那么为何还要加深网络呢？

关于加深层的重要性，目前理论研究还不够透彻。尽管目前相关理论还不够系统，但是从过往的研究和实验中能够验证。比如，从以 ILSVRC（ImageNet Large Scale Visual Recognition Challenge，ImageNet 大规模视觉识别挑战赛）为代表的大规模图像识别的比赛结果中可以看出加深层的重要性。这种比赛的结果显示，前几名的方法多是基于深度学习的。

加深层的好处之一是可以减少神经网络的参数数量。与没有加深层的网络相比，加深了层的网络可以用更少的参数达到同等水平（或者更强）的表现力。这一点结合卷积运算中的滤波器大小来思考就好理解了。图 6.16 所示为由 5×5 的滤波器构成的卷积操作。

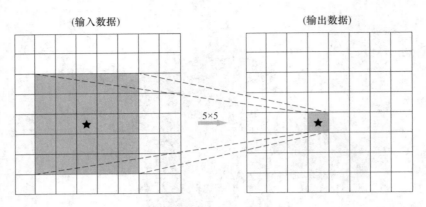

图 6.16   用 5×5 滤波器构成的卷积层

在图 6.16 的例子中，每个输出结点都是从输入数据的某个 5×5 的区域算出来的。图 6.17 所示为重复两次 3×3 卷积运算的情形。此时，每个输出结点将由中间数据的某个 3×3 的区域计算出来。那么，中间数据的 3×3 的区域又是由前一个输入数据的哪个区域计算出来的呢？仔细观察图 6.17，可知它对应一个 5×5 的区域。也就是说，图 6.17 的输出数据是"观察"了输入数据的某个 5×5 的区域后计算出来的。

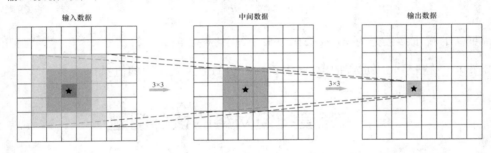

图 6.17   重复两次 3×3 卷积运算的情形

一次 5×5 的卷积运算可由两次 3×3 的卷积运算实现。前者的参数数量为 25(5×5)，后者一共是 18(2×3×3)，通过叠加卷积层，参数数量减少了。而且，这个参数数量之差会随着层的加深而变大。比如，重复三次 3×3 的卷积运算时，参数的数量总共是 27。而为了用一次卷积运算"观察"与之相同的区域，需要一个 7×7 的滤波器，此时的参数数量是 49。

加深层的另一个好处就是使学习更加高效。与没有加深层的网络相比，通过加深层，可以减少学习数据，从而高效地进行学习。比如图 6.18 的卷积神经网络卷积层会分层次地提取信息。具体地说，在前面的卷积层中，神经元会对边缘等简单的形状有响应，随着层的加深，开始对纹理、物体部件等更加复杂的内容有响应。

卷积操作

例如"狗"的识别问题。如果用浅层网络解决这个问题，卷积层需要一下子理解很多"狗"的特征。"狗"有各种各样的种类，根据拍摄环境的不同，外观变化也很大。因此，要理解"狗"的特征，需要大量富有差异性的学习数据，而这会导致学习需要花费很多时间。但是，通过加深网络，就可以分层次地分解需要学习的问题。各层需要学习的问题就变成了更简单的问题。比如，最开始的层只要专注于学习边缘就好，这样一来，只需用较少的学习数据就可以高效地进行学习。这是为什么呢？因为和含有"狗"的图像相比，含有边缘的图像数量更多，并且边缘的模式比"狗"的模式结构更简单。

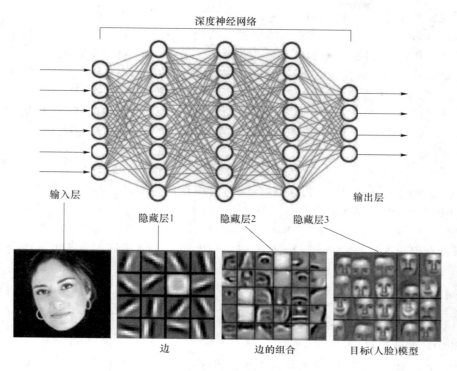

图 6.18　卷积神经网络卷积层分层次提取信息

通过加深层,可以分层次地传递信息,这一点也很重要。比如,因为提取了边缘的层的下一层能够使用边缘的信息,所以能够高效地学习更加高级的模式。也就是说,通过加深层,可以将各层要学习的问题分解成容易解决的简单问题,从而可以进行高效的学习。

深度神经网络每层通常包含数百个神经元,并通过成千上万的连接进行连接。训练深度神经网络会遇到以下新问题:

(1)梯度消失问题或相关的梯度爆炸问题。这是指在训练过程中反向传播时,梯度变得越来越小或越来越大。这两个问题都使得较低层很难训练。

(2)对于如此大的网络,可能没有足够的训练数据,或者标签的成本太高。

(3)训练可能会非常缓慢。

(4)具有数百万个参数的模型将有严重过拟合训练集的风险,尤其是在没有足够的训练数据或噪声太大的情况下。

6.3.2　梯度消失和梯度爆炸问题

如前所述,反向传播算法的工作原理是从输出层到输入层逆向运算传播误差梯度。一旦算法计算出损失函数相对于网络中每个参数的梯度,就使用这些梯度以梯度下降方法更新每个参数。

但是随着损失函数传递到较低层,梯度通常会越来越小。结果“梯度下降”几乎没有更新较低层的参数,使得训练无法收敛。这被称为梯度消失问题。在某些情况下,可能会发生相反的情况:梯度会越来越大,直到各层获得极大的权重更新,训练发散,这是梯度爆炸问题,常在递归神经网络中出现。更通俗地说,深度神经网络的梯度不稳定,不同的层可能以不同的速度学习。

这种现象在神经网络研究初期便被观察到，也是深度神经网络长期被忽视的原因之一。Xavier Glorot 和 Yoshua Bengio 在 2010 年的一篇论文中指出，Sigmoid 激活函数和当时最流行的权重初始化技术（即平均值为 0 且标准差为 1 的正态分布）可能是造成上述问题的原因，使用此激活函数和此初始化方案，每层输出的方差远大于其输入的方差。网络在前向传播过程中，方差在每一层之后都会增加。从 Sigmoid 激活函数可以看到，当输入变大（负或正）时，函数在 0 或 1 处饱和，导数非常接近 0。因此，当反向传播开始时，它实际上没有梯度可以通过网络进行反向传播；当反向传播向低层进行，存在的小梯度会不断被稀释。

1. 初始化

Glorot 和 Bengio 在论文中提出了一种显著缓解不稳定梯度问题的方法。他们指出，信号需要在两个方向上正确流动：进行预测时为正向，而反向传播梯度时则为反向。在这个过程中，信号不能消失，但能爆炸甚至饱和。为了使信号正确流动，笔者认为，需要使每层输出的方差等于其输入的方差，并且需要使梯度在反向流过该层之前和之后具有相同的方差。那么只有当该层具有相同数量的输入和输出神经元（fan_{in} 和 fan_{out}），才能同时保证上述两个条件。但是 Glorot 和 Bengio 提出了一个很好的折衷方案，事实也证明了其行之有效，每层的连接权重必须按照式（6.9）所述随机初始化，这种初始化策略被称为 Xavier 初始化或 Glorot 初始化：

$$均值＝0，标准差 \ \sigma = \sqrt{\frac{2}{\text{fan}_{in} + \text{fan}_{out}}} \tag{6.9}$$

2. 非饱和激活函数

Glorot 和 Bengio 在 2010 年的论文中还提出，梯度不稳定部分是由于激活函数选择不当所致。在此之前，大多数人都认为，如果大自然选择在生物神经元中使用大致为 S 型的激活功能，那么 Sigmoid 函数肯定是最佳的选择。但是事实证明，其他激活函数在深度神经网络中的表现要更好，比如 ReLU 激活函数，主要是因为它对正值不饱和（并且计算梯度速度很快）。ReLU 函数在输入大于 0 时，直接输出该值；在输入小于或等于 0 时，输出 0（如图 6.19）。ReLU 函数表示为

$$y = \begin{cases} x & (x > \theta) \\ 0 & (x \leqslant \theta) \end{cases} \tag{6.10}$$

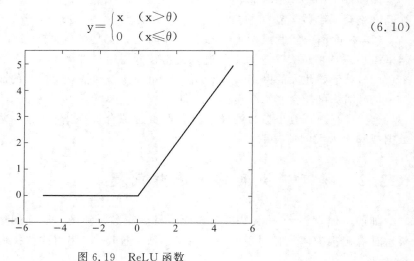

图 6.19　ReLU 函数

3. Batch Normalization

如果设定了合适的权重初始值，则各层的激活值分布会有适当的广度，从而帮助顺利进行学习。那么，如果为了使各层拥有适当的广度，"强制性"地调整激活值的分布会怎样呢？实际上，Batch Normalization（下文简称 Batch Norm）方法就是基于这个想法而产生的。该技术包

括在每个隐藏层的激活函数之前或之后在模型中添加一个操作。该操作只需将每个输入归零并归一化,使用每层两个新的可学习的参数:一个用于缩放,另一个用于移位。换句话说,该操作可让模型学习每个层输入的最佳比例和均值。

为什么 Batch Norm 这么引人注目呢?因为 Batch Norm 有以下优点:

(1) 可以使学习快速进行(可以增大学习率);

(2) 不那么依赖初始值(对于初始值不用要求那么高);

(3) 抑制过拟合(降低其他防治过拟合手段的必要性)。

Batch Norm 的思路是调整各层的激活值分布使其拥有适当的广度。为此,要向神经网络中插入对数据分布进行正规化的层,即 Batch Norm 层,如图 6.20 所示。

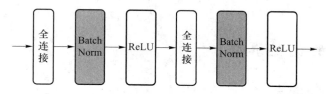

图 6.20 插入 Batch Norm 层

6.3.3 需要更多的数据

面对一个新任务,开始就训练非常大的深度神经网络往往是不明智的,相反,应该尝试找到一个完成与新任务类似任务的现有神经网络,然后重用该网络的较低层。此技术称为迁移学习。它不仅会大大加快训练速度,而且会大大减少训练数据。

假设使用一个经过训练的深度神经网路,它可以分类 100 种不同的图像,包括动物、植物、车辆和日常物品。现在需要训练一个深度神经网络来对特定类型的车辆进行分类。这两个任务非常相似,甚至部分重叠,因此应该尝试重用第一个网络的某些部分(见图 6.21)。

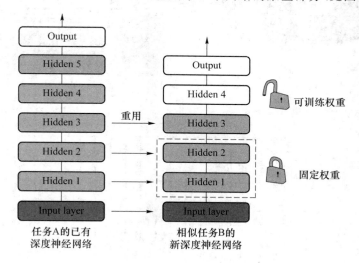

图 6.21 重用预训练层

如果没有充足的标注训练数据,还可以在辅助任务上训练第一个神经网络,该辅助任务可以轻松地获取或生成带标注的训练数据,然后将该网络的较低层重用于实际任务。第一个神经网络的较低层去学习特征检测器，第二个神经网络可以重用该特征检测器。

例如，在构建一个识别人脸的系统时，每个人可能只有几张照片，这显然不足以训练一个好的分类器，而收集每个人的数百张图片又不切实际。这时，可以在网络上收集足够多的人物图片，然后训练一个神经网络来检测两张不同的图片是否是同一个人。这样的网络的低层已经变成了人脸特征检测器，对其进行重用便可使用很少的数据训练出一个好的人脸分类器。

对于自然语言处理（Natural Language Processing，NLP）应用程序，可以下载数百万个文本文档的语料库并从中自动生成带标签的数据。例如，可以随机掩盖一些单词，然后训练模型预测缺失的单词（例如，预测句子"您说的_____什么？"中的缺失单词为"是"）。如果训练好的模型在此任务上达到良好的性能，那么该模型便已经掌握了语言的重要模式，可以通过少量标注数据在不同的任务中进行重用。

6.3.4　更快的优化算法

1. 随机梯度下降的缺点

虽然随机梯度下降算法简单，并且容易实现，但是在解决某些问题时可能缺乏效率。为说明这一点，先讨论一下如何求下面这个函数的最小值：

$$f(x,y)=\frac{1}{30}x^2+y^2 \tag{6.11}$$

如图 6.22 所示，式（6.11）表示的函数是向 x 轴方向延伸的"碗"状函数，等高线呈向 x 轴方向延伸的椭圆状。

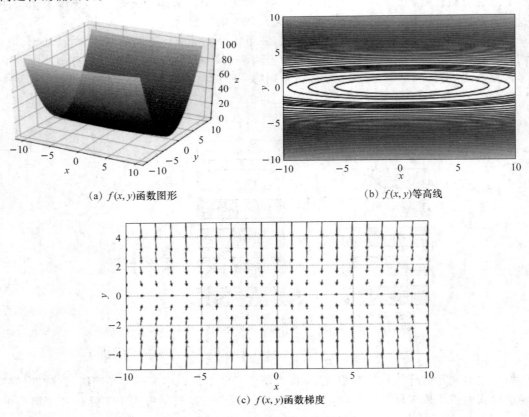

(a) $f(x,y)$函数图形　　　　　　　　(b) $f(x,y)$等高线

(c) $f(x,y)$函数梯度

图 6.22　式（6.11）函数的梯度表示

如果式(6.11)函数的梯度用图来表示,则如图 6.22(c)所示。这个梯度的特征是 y 轴方向上大,x 轴方向上小。换句话说,就是 y 轴方向的坡度大,而 x 轴方向的坡度小。这里需要注意的是,虽然式(6.11)的最小值在 $(x,y)=(0,0)$ 处,但是图 6.22 中的梯度在很多地方并没有指向 $(0,0)$。

对图 6.22 这种形状的函数应用随机梯度下降。从 $(x,y)=(-8.0,3.0)$ 处(初始值)开始搜索,结果如图 6.23 所示,随机梯度下降呈"之"字形移动。这是一个相当低效的路径。也就是说,随机梯度下降的缺点是,如果函数的形状非均向,比如呈延伸状,搜索的路径就会非常低效。因此,需要比单纯朝梯度方向前进的随机梯度下降更聪明的方法。随机梯度下降低效的根本原因是,梯度的方向并没有指向最小值的方向。为了克服随机梯度下降的缺点,提出了 Momentum、AdaGrad、Adam 等方法。

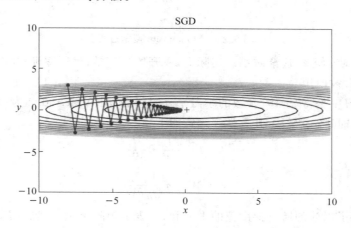

图 6.23　$f(x,y)$ 函数随机梯度下降搜索过程

2. Momentum

Momentum 也叫动量梯度下降,用数学公式表示如下:

$$v \leftarrow \alpha v - \eta \frac{\partial L}{\partial W} \tag{6.12}$$

$$W \leftarrow W + v \tag{6.13}$$

其中,W 表示要更新的权重参数;$\partial L/\partial W$ 表示损失函数关于 W 的梯度,η 表示学习率。以物理中物体的运动来理解,变量 v 对应物理上的速度。式(6.12)表示了物体在梯度方向上的受力,在这个力的作用下,物体的速度增加。αv 这一项承担在物体不受任何力时,物体逐渐减速的任务(α 设定为 0.9 之类的值),对应物理上的地面摩擦或空气阻力。

从图 6.24 可以看到动量梯度下降的更新路径。和随机梯度下降相比,发现"之"字形的程度减轻了。虽然 x 轴方向上受到的力非常小,但是一直在同一方向上受力,所以朝同一个方向会有一定的加速。反过来,虽然 y 轴方向上受到的力很大,但是因为交互地受到正方向和反方向的力,它们会互相抵消,所以 y 轴方向上的速度不稳定。与随机梯度下降相比,可以更快地朝 x 轴方向靠近,减弱"之"字形的程度。

3. AdaGrad

在神经网络的学习中,学习率 η 的值很重要。学习率过小,会导致学习过程缓慢;反过来,学习率过大,则会导致学习发散而不能正常进行。

在关于学习率的有效算法中,有一种被称为学习率衰减(Learning Rate Decay)的方法,即

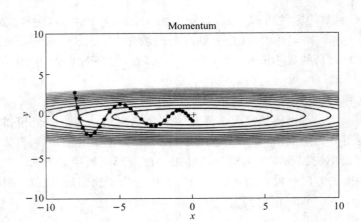

图 6.24 Momentum 搜索过程

随着学习的进行，使学习率逐渐减小。实际上，一开始"多"学，然后逐渐"少"学的方法，在神经网络的学习中经常被使用。

逐渐减小学习率是将"全体"参数的学习率一起降低；而 AdaGrad 会为每个参数适当地调整学习率，与此同时进行学习。其数学表达式如下：

$$h \leftarrow h + \frac{\partial L}{\partial W} \odot \frac{\partial L}{\partial W} \tag{6.14}$$

$$W \leftarrow W - \eta \frac{1}{\sqrt{h}} \frac{\partial L}{\partial W} \tag{6.15}$$

其中，变量 h 保存了以前的所有梯度值的平方和；$\odot$ 表示矩阵乘法。然后，在更新参数时，通过乘以 $1/\sqrt{h}$ 就可以调整学习的尺度。这意味着，变动较大（被大幅更新）的参数学习率将变小。也就是说，可以按每个参数的具体情况学习率衰减。

从图 6.25 可以看到，AdaGrad 的更新路径高效地向着最小值移动。由于 y 轴方向上的梯度较大，因此刚开始变动较大，但是后面会根据这个较大的变动按比例进行调整，减小更新的步伐。因此，y 轴方向上的更新程度被减弱，"之"字形的变动程度有所衰减。

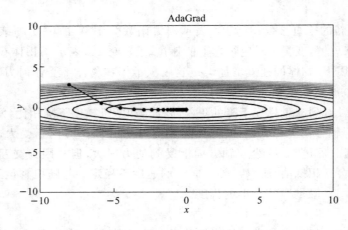

图 6.25 AdaGrad 搜索过程

4. Adam

Momentum 参照物理规则进行移动；AdaGrad 为每个参数适当地调整更新步伐。如果将这两个方法融合在一起会怎么样呢？这就是 Adam 方法的基本思路。Adam 是 2015 年提出的方法，它的理论有些复杂，直观地讲，就是融合了 Momentum 和 AdaGrad 的方法。图 6.26 是基于 Adam 的最优化的更新路径。与 Momentum 相比，Adam 的小球左右摇晃的程度有所减轻，这得益于学习的更新程度被适当地调整了。

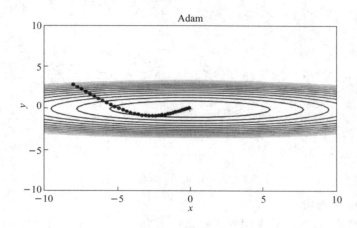

图 6.26　Adam 搜索过程

上述的四种方法中，看起来 Adam 最好，那是不是就不需要其他的方法了呢？答案是否定的。事实上，这四种方法的效果在不同的问题中有着完全不一样的效果。目前还不存在能在所有问题中都表现良好的方法。这四种方法各有各的特点，都有各自擅长解决的问题和不擅长解决的问题。不过目前很多研究更倾向于使用 SGD 和 Adam。科学研究不存在绝对的定式，具体问题具体分析，具体使用哪种方法还要实际考量。大家需要结合自己的实际问题寻找最好用的方法。

6.3.5　避免过拟合

深度神经网络通常具有数万个参数，有时甚至有数百万个。这虽然可以适应各种各样的复杂数据集，但模型将面临严重过度拟合训练集的风险，尤其在没有足够的训练实例或噪声太大的情况下，过拟合会导致机器学习在实际应用上正确率的下降，需要有效的方法加以应对。$\ell 1$ 和 $\ell 2$ 正则化、Dropout、Max-Norm 正则化等方法是防止过拟合的有效方法。

1. $\ell 1$ 和 $\ell 2$ 正则化

$\ell 1$ 正则化等价于在原优化损失函数中增加一阶约束条件；$\ell 2$ 正则化等价于在原优化损失函数中增加二阶约束条件。就像对简单线性模型所做的一样，使用 $\ell 2$ 正则化可以约束神经网络的连接权重，使用 $\ell 1$ 正则化可以约束稀疏模型（许多权重等于 0）。

2. Dropout

Dropout 是一种在学习的过程中随机删除神经元的方法。训练时，随机选出隐藏层的神经元，然后将其删除，被删除的神经元不再进行信号的传递。训练时，每传递一次数据，就会随机选择要删除的神经元。测试时虽然会传递所有的神经元信号，但是对于各个神经元的输出，要乘上训练时的删除比例后再输出。图 6.27 是 Dropout 的概念示意。其中图 6.27(a)是一般的神经网络；图 6.27(b)是应用了 Dropout 的网络。

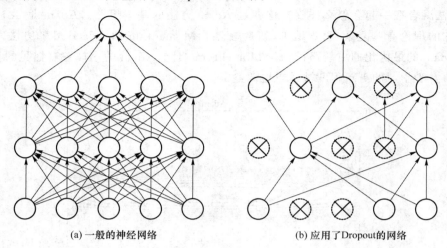

(a) 一般的神经网络   (b) 应用了Dropout的网络

图 6.27　Dropout 的概念示意

3. Max-Norm 正则化

对于神经网络而言，另一种常用的正则化技术为 Max-Norm 正则化：对于每个神经元，它都会限制传入连接的权重 W，使得 $\|W\|_2 \leqslant r$。其中 r 是 Max-Norm 的超参数，而 $\|\cdot\|_2$ 是 $\ell2$ 范数。Max-Norm 正则化不会在整体损失函数中添加正则化损失项。它通常是通过在每个训练步骤之后计算 $\|W\|_2$，并在需要时通过重新缩放 W 来实现：

$$W \leftarrow W \frac{r}{\|W\|_2} \tag{6.16}$$

减小 r 会增加正则化的量，并有助于减少过度拟合。Max-Norm 正则化还可以帮助缓解不稳定的梯度问题。

6.4　注意力机制与 Transformer

在处理长序列数据时，常常面临难以捕捉远距离元素之间关联的问题。循环神经网络（Recurrent Neural Network，RNN）在处理这种情况时表现出明显的局限性，特别是在翻译或生成长文本时，可能会忽略前面出现的重要信息，从而导致结果质量的下降。为了解决这个问题，注意力机制被引入到序列数据处理过程中。这种机制允许模型动态地关注输入序列中最相关的部分，而不是平均对待所有输入元素。通过这种方式，模型不仅能更好地捕捉长距离依赖关系，还显著提高了性能和准确性。注意力机制因此在机器学习的各个领域迅速得到了广泛应用。

注意力机制（Attention Mechanism）是由 Bahdanau 等人在 2014 年提出的，最初用于神经机器翻译任务，显著提升了翻译的质量。注意力机制是一种模仿人类认知注意力的技术，它通过计算输入序列中每个元素的重要性，从而动态地调整模型的关注点，增强神经网络对输入数据中某些部分的关注，同时减弱其他部分的权重，从而将网络的注意力聚焦于数据中最重要的一小部分。就像人类在读一本书或者看一幅画时,不会每个位置都看得仔仔细细,而是会特别关注那些重要的或者感兴趣的部分。

6.4.1　注意力机制

1. 数据输入

和其他神经网络模型一样,注意力机制的输入是一组向量,这些向量代表序列数据中的各个元素,例如文本中的词语或图像中的像素块。不同类型的数据需要用不同的方法表示成向量。在文本处理中,将一个词表示成一个向量的方法之一是使用独热编码。这是一种简单且传统的方法,在分类任务中常用。通过独热编码,每个词语都被表示为一个向量,向量的长度等于词表的大小,并且除了一个位置为 1,其余位置均为 0。这种方法的问题在于,独热向量的维度过高且过于稀疏(0 元素过多)。更为严重的是,它们不包含任何词语的语义信息。例如,两个含义接近的词语在这种表示方式下,其对应的向量之间没有任何关系。

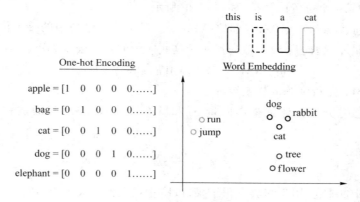

图 6.28　不同的词向量表示方式

2. 词嵌入

为了解决上述问题,可以采用词嵌入(Word Embedding)的方法。词嵌入通过神经网络将所有词映射到同一个高维空间中,每个词语对应一个高维向量。这个高维向量在后续的训练过程中会学习到语义信息,因此能够更好地表示词语之间的关系。此外,词嵌入向量的维度远低于词表的大小,每个维度可能都包含特定的语义信息。如图 6.28 所示,如果将这些高维向量通过可视化方法降到二维并显示出来,可以看到语义相近的词语在空间上的距离也相近。这表明,词嵌入方法能够更有效地捕捉和表示词语的语义相似度和关系,提供比独热编码更丰富和实用的语义信息。

3. 自注意力

自注意力是注意力机制中的一种,它使得每个输入位置能够与其他所有位置进行信息交互和关联。如图 6.29 所示,在这种机制下,序列中的每个元素都可以与序列中所有其他元素计算相关性,序列的每个输出都是与序列中所有其他元素根据相关性加权求和的结果,从而捕捉到序列内部的全局依赖关系。自注意力机制通过以下几个步骤实现序列内部的信息交互和相关性计算。

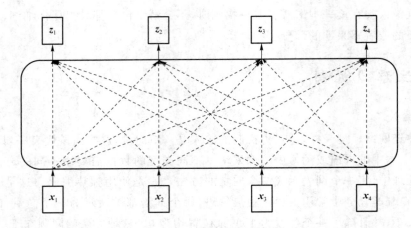

图 6.29　自注意力的输入和输出表示

（1）输入表示。将输入序列表示为向量的集合 $X=[x_1,x_2,\cdots,x_n]$。其中，每个 x_i 是一个向量，表示序列中第 i 个位置的特征，如图 6.29 所示。

（2）计算查询（Query）、键（Key）和值（Value）。对于输入序列中的每个位置 x_i，通过线性变换生成查询向量 q_i、键向量 k_i 和值向量 v_i。这些向量的计算公式如下：

$$q_i=x_iW_Q,\quad k_i=x_iW_K,\quad v_i=x_iW_V \tag{6.17}$$

其中，W_Q、W_K 和 W_V 是可训练的权重矩阵。

（3）计算注意力分数。计算查询向量 q_i 和所有键向量 k_j 之间的点积，得到注意力分数 e_{ij}：

$$e_{ij}=\frac{q_i\cdot k_j}{\sqrt{d_k}} \tag{6.18}$$

其中，d_k 是键向量的维度，用于缩放点积结果，以防止点积值过大。

图 6.30 直观地展示了两元素相关性计算流程，先将两个元素对应的向量分别乘上可学习的矩阵，生成查询向量和键向量，两个向量做点积计算得到相似性的值，记为两个向量的注意力分数。

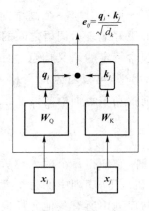

图 6.30　注意力分数的计算

（4）应用 softmax 函数，得到注意力权重。将注意力分数 e_{ij} 应用 softmax 函数，得到注意力权重 α_{ij}，这些权重表示查询 q_i 对键 k_j 的关注程度：

$$\boldsymbol{\alpha}_{ij} = \frac{\exp(\boldsymbol{e}_{ij})}{\sum_{j=1}^{n}\exp(\boldsymbol{e}_{ij})} \tag{6.19}$$

图 6.31 展示了序列中第一个元素与所有元素的相关性计算过程。其中,也包含第一个元素与自身的相关性,计算得到的注意力分数通过 softmax 函数得到注意力权重。

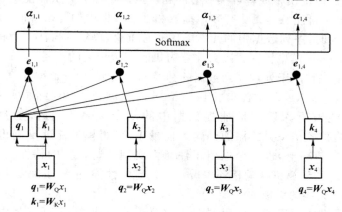

图 6.31　序列中第一个元素与所有元素的相关性计算过程

（5）计算加权和得到输出向量。使用注意力权重 $\boldsymbol{\alpha}_{ij}$ 对对应的值向量 $\boldsymbol{v}_j$ 进行加权求和,得到最终的输出向量 $\boldsymbol{z}_i$:

$$\boldsymbol{z}_i = \sum_{j=1}^{n} \boldsymbol{\alpha}_{ij}\,\boldsymbol{v}_j \tag{6.20}$$

这个加权和表示位置 $\boldsymbol{x}_i$ 综合考虑了输入序列中所有位置的信息。图 6.32 展示了序列中第一个元素与所有元素加权求和的计算过程,通过注意力机制,第一个输出关注到了序列中的所有元素,并通过相关性的高低加权求和,有效地提取了整个序列的相关信息。

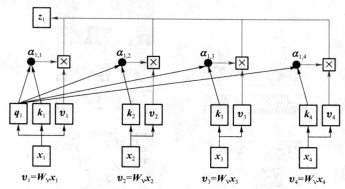

图 6.32　序列中第一个元素与所有元素加权求和得到第一个输出

（6）输出表示。所有位置的输出向量 $\boldsymbol{z}_i$ 组成输出序列 $\boldsymbol{Z} = [\boldsymbol{z}_1, \boldsymbol{z}_2, \cdots, \boldsymbol{z}_n]$,用于后续的处理和任务。注意力分数的点积运算等价于将所有输入向量连成矩阵的矩阵运算,所以注意力的计算等价于如下公式,可以并行计算:

$$\boldsymbol{Q} = \boldsymbol{X}\boldsymbol{W}_{Q}, \quad \boldsymbol{K} = \boldsymbol{X}\boldsymbol{W}_{K}, \quad \boldsymbol{V} = \boldsymbol{X}\boldsymbol{W}_{V} \tag{6.21}$$

$$\mathrm{Attention}(\boldsymbol{Q}, \boldsymbol{K}, \boldsymbol{V}) = \mathrm{softmax}\left(\frac{\boldsymbol{Q}\boldsymbol{K}^{\mathrm{T}}}{\sqrt{d_k}}\right)V \tag{6.22}$$

6.4.2　Transformer 架构

单独使用注意力机制虽然具有捕捉全局依赖关系的能力,但在实际应用中存在一些不足,导致其无法完全替代传统模型或者解决所有问题。虽然自注意力机制能够在输入序列中动态关注重要部分,但单层自注意力无法有效地提取和处理数据中的复杂特征,单独的自注意力机制缺乏层次结构。同时,序列数据中的元素顺序非常重要,单独的自注意力机制无法捕捉这些顺序信息。Transformer 模型旨在解决自注意力机制在架构上的不足。

Transformer 是一种用于处理序列数据的神经网络模型,由 Vaswani 等人在 2017 年的论文"*Attention is All You Need*"中提出。Transformer 模型通过多层结构实现了特征的逐层提取和处理,使模型能够更深层次地捕捉数据中的复杂关系。同时,通过位置编码技术,Transformer 模型将位置信息显式添加到输入向量中,使得模型能够准确识别和利用序列中的位置信息。在计算效率上,也完全保留了注意力机制并行计算的特性。Transformer 模型在多个自然语言处理和计算机视觉任务中展示了优越的性能,推动了深度学习领域的发展。

1. Transformer 架构的组成

Transformer 模型由编码器和解码器两个主要部分组成,每个部分都由多个相同的层堆叠而成,如图 6.33 所示。编码器-解码器结构源自传统的序列到序列(Seq2Seq)模型。编码器生成输入序列的特征,解码器通过交叉注意力机制使用这些特性来生成输出序列。编码器和解码器一起参与训练,通过最小化输出序列与目标序列之间的差异来优化模型参数。

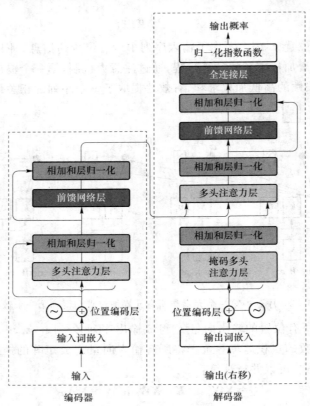

图 6.33　Transformer 架构

2. 编码器

编码器用于从序列数据中提取特征。编码器的每一层包含一个多头自注意力机制和一个前馈神经网络。其中,自注意力机制通过计算输入序列中各位置之间的依赖关系来捕捉全局信息,而前馈神经网络则增加模型的非线性表达能力。为了让模型理解输入序列中的位置信息,Transformer 引入了位置编码,它通过固定的正弦和余弦函数将位置信息显式地编码到输入嵌入中。每个子层后面还有残差连接和层归一化,以提高训练过程的稳定性和效率。

(1) 位置编码(Positional Encoding)。由于 Transformer 的自注意力机制在本质上是并行处理输入序列的各个位置,因此无法像 RNN 那样固有地保留顺序信息。为了弥补这一缺陷,位置编码通过固定的正弦和余弦函数将位置信息显式地编码到输入嵌入中。具体来说,位置编码将每个位置的索引映射到一个高维空间中,其中每个维度的值是该位置的正弦函数或余弦函数。对于位置 pos 和维度 i,位置编码定义为

$$PE_{(pos,2i)} = \sin\left(\frac{pos}{10\,000^{\frac{2i}{d_{model}}}}\right) \tag{6.23}$$

$$PE_{(pos,2i+1)} = \cos\left(\frac{pos}{10\,000^{\frac{2i}{d_{model}}}}\right) \tag{6.24}$$

其中,d_{model} 是嵌入的维度。这些位置编码随后与输入嵌入相加,使得每个输入不仅包含其内容信息,还包含其在序列中的位置信息。这一机制使得 Transformer 能够在并行计算的同时,保留输入序列的顺序信息,从而有效处理各种序列任务。

(2) 多头自注意力(Multi-Head Self Attention)。单头注意力机制虽然可以捕捉输入序列中不同元素之间的依赖关系,但其能力有限,因为它只能在一个注意力空间中操作,难以全面捕捉序列中多样化和复杂的特征关系。多头注意力机制通过引入多个独立的注意力头,使模型能够在不同的子空间中并行地计算注意力权重。每个注意力头可以关注输入序列的不同部分,从而捕捉到更多样化的特征。

在多头自注意力机制中,每个注意力头独立地执行自注意力操作。具体来说,对于输入序列中的每个位置,首先计算查询、键和值矩阵。每个注意力头使用不同的权重矩阵对这些查询、键和值进行线性变换,以便在不同的子空间中捕捉信息。这种多样化的变换允许模型在多个不同的表示空间中并行计算注意力分数,如图 6.34 所示。

(3) 前馈神经网络层(Feedforward Neural Network Layer)。尽管自注意力机制能够有效

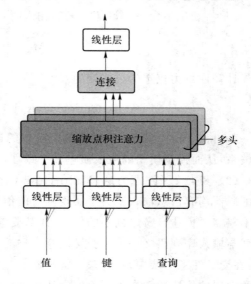

图 6.34　多头自注意力

捕捉序列中不同元素之间的依赖关系,但其主要作用是基于线性加权求和的操作,对于复杂的非线性关系和特征变换,单靠注意力机制是不够的。前馈神经网络层由两个全连接层和一个非线性激活函数(通常是 ReLU 激活函数)组成,通过这些层次的处理,可以捕捉到输入数据中的复杂模式和高阶特征。数学表示为

$$\text{FFN}(x) = \max(0, xW_1 + b_1)W_2 + b_2 \tag{6.25}$$

这种两层前馈神经网络结构使得每个位置的输入在经过自注意力机制处理后，进一步通过非线性变换进行复杂特征的提取。前馈神经网络层的引入显著增强了 Transformer 模型的表达能力，使其能够捕捉到更丰富的特征。

（4）残差连接和层归一化。除了上述的设计之外，Transformer 架构还引入了 ResNet 中的残差连接，梯度在反向传播过程中可以直接通过短路径传递到更早的层，有效地缓解了梯度消失和梯度爆炸的问题，提高了深层网络的训练速度和稳定性。之后通过 LayerNorm 对每一层的输出进行归一化，使得每一层的输入具有零均值和单位方差，用于解决训练深层神经网络时的内部分布偏移问题。不同于 BatchNorm 在小批量数据上计算归一化，LayerNorm 在单个样本的所有神经元上进行归一化。

3. 解码器

解码器用于从特征生成输出序列。解码器的设计与编码器类似，但在多头自注意力机制中增加了遮掩操作，以防止模型在训练时看到未来的输出。此外，解码器层还包含一个额外的多头交叉注意力机制，用于从编码器的输出中提取信息。

（1）带 Mask 的多头自注意力（Multi-Head Masked Self Attention）。带遮掩的自注意力机制的主要作用是在生成序列的过程中，确保模型不会"偷看"未来的输入。这种机制通过在计算注意力分数时，对未来位置进行遮掩，使得模型在预测下一个元素时，只能依赖当前元素及之前元素的信息。具体计算时，遮掩操作是通过在点积结果上添加一个非常大的负数（如负无穷大）来实现的，这样在计算 softmax 时，被遮掩的位置的注意力权重接近于零，从而确保模型不会考虑这些位置的值。用 $\boldsymbol{M}$ 表示遮掩矩阵，$M_{ij} = 0$ 表示允许位置 j 对位置 i 的影响，$M_{ij} = -\infty$ 表示不允许。遮掩未来的输入时，会设置：

$$M_{ij} = \begin{cases} 0, & j \leqslant i \\ -\infty, & j > i \end{cases} \tag{6.26}$$

计算注意力权重的公式变为

$$\text{Attention}(\boldsymbol{Q}, \boldsymbol{K}, \boldsymbol{V}) = \text{softmax}\left(\frac{\boldsymbol{Q}\boldsymbol{K}^{\mathrm{T}} + \boldsymbol{M}}{\sqrt{d_k}}\right)\boldsymbol{V} \tag{6.27}$$

Transformer 解码器通过简单而有效的遮掩操作，确保在序列生成任务中保持严格的因果关系，从而提高模型的生成质量和一致性。

（2）多头交叉注意力层（Multi-Head Cross Attention）。在 Transformer 架构中，编码器和解码器均有信息输入。为了实现两者的信息交互，提出了交叉注意力。在解码过程中，解码器不仅需要关注自身序列中的信息，还需要参考编码器生成的上下文表示，以确保生成的输出序列与输入序列语义一致。交叉注意力层的工作原理与自注意力机制类似，但有一个重要区别：在交叉注意力层中，查询来自解码器前一层的输出，而键和值则来自编码器的输出。交叉注意力层的位置通常在带遮掩的自注意力层之后和前馈神经网络层之前。这种排列方式允许解码器在生成每个时间步的输出时，既能参考前一层的上下文信息，也能结合编码器的全局上下文信息。

4. 自回归解码

自回归解码（Autoregressive Decoding）是解码器生成输出序列的一种关键方法。自回归解码的核心思想是逐步生成序列的每个元素，每一步都依赖于之前生成的所有元素。

　　在解码过程开始时,解码器接收一个特殊的起始标志(<START>)作为输入。然后,解码器通过多头自注意力机制和前馈神经网络层处理输入,生成第一个预测结果。这个预测结果通常是一个概率分布,表示每个可能的输出元素的概率。通过选择概率最高的元素作为当前时间步的输出,解码器得到了序列的第一个元素。接下来,这个生成的元素被作为下一个时间步的输入,再次通过解码器进行处理。解码器结合前一时间步的输出和编码器提供的上下文信息,生成第二个元素的预测。这个过程会重复进行,逐步生成序列中的每个元素,直到遇到结束标志(<END>),如图 6.35 所示,这是一个语音到文本的例子,即输入语音,识别文本。通过自回归解码,Transformer 模型可以自己决定何时输出结束标志,从而决定输出序列的长度。

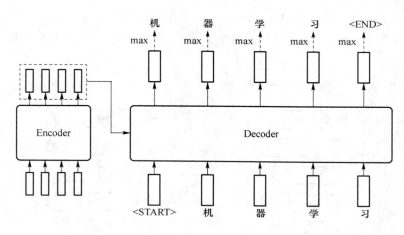

图 6.35　自回归解码

　　从 Transformer 架构的原理可以看出其高效的处理能力和灵活性,Transformer 摒弃了传统循环神经网络中的序列处理方式,采用注意力机制来捕捉序列数据中的长距离依赖关系。这使得 Transformer 能够并行处理输入数据,大大提高了训练速度和计算效率。多头注意力机制使得 Transformer 能够在不同子空间中同时捕捉输入数据的不同特征,提升了模型的表达能力和准确性。Transformer 的灵活架构还允许它在多种任务中应用,如机器翻译、文本生成、图像生成等,展现了极高的通用性和适应性。

　　尽管 Transformer 在许多任务中表现出色,但它也有一些不足和挑战。Transformer 模型的计算复杂度较高,尤其在处理长序列时,自注意力机制的计算开销会随着序列长度的平方增长。这意味着在处理超长序列或在资源受限的环境中,Transformer 的效率和可扩展性会受到限制。而且 Transformer 模型对训练数据的需求较大,通常需要大量高质量的标注数据来充分训练,以实现其潜在性能。如果数据不足或质量不高,模型的表现可能会大打折扣。在实际应用中仍需权衡其优势和不足,结合具体任务的需求进行合理选择和优化。

6.4.3　Transformer 的应用

1. 机器翻译

　　Vaswani 及其团队在 2017 年提出的 Transformer 架构,首先是应用在机器翻译这一任务上,Transformer 架构对机器翻译领域是革命性的进步。传统的序列模型如循环神经网络

(RNN)和长短期记忆网络(LSTM)由于其串行处理的性质,在处理长距离依赖和大规模数据时效率较低。而 Transformer 通过并行化处理和自注意力机制,克服了这些局限。

Transformer 首先将源语言的句子通过编码器转化为一系列上下文相关的向量表示。这些表示捕捉了句子的语义结构和单词之间的关系。然后,解码器利用这些向量表示生成目标语言的句子。在解码过程中,解码器的多头注意力机制不仅关注自身已生成的部分,还结合编码器提供的上下文信息,从而确保生成的句子符合语义逻辑。

在实际应用中,Transformer 在多个语言对的机器翻译任务上都取得了优异的成绩。其并行计算能力显著提高了训练效率,使得大规模数据训练成为可能。

图 6.36 所示为 Transformer 用于中英文翻译的整体结构。可以看到,该整体结构由 Encoder 和 Decoder 两部分组成,Encoder 和 Decoder 都包含 6 个 block。对于 Encoder 里的每个 block 对应图 6.33 中的编码器里的两个层,Decoder 里的每个 block 对应图 6.33 中的解码器里的两个层。

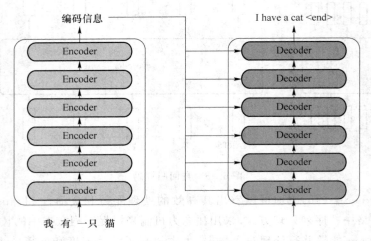

图 6.36 Transformer 用于中英文翻译的整体结构

2. 语义分割

计算机视觉领域的一大应用是语义分割。Segment Anything Model（SAM）是一种通用的计算机视觉模型,能够精确分割图像中任意物体的边界。它利用 Transformer 的自注意力机制和位置编码技术实现对各种复杂场景中物体的快速识别和分割。

SAM 通过自注意力机制来处理图像的全局信息,使模型能够识别不同位置的像素间关系,从而精确识别物体边界。编码器-解码器架构将输入图像转化为特征表示,生成图像分割结果,多头注意力机制则同时关注多个特征层次,如颜色、形状和纹理,提高分割的精确度。

图 6.37 是 SAM 模型架构。图中,模型可分为三个阶段,Image encoder、Prompt encoder 和 Mask decoder。Image encoder 提取图片的特征 Embeddings,是基于训练好的 ViT（Vision Transformer）模型。Prompt encoder 用于支持 prompt,这里的 prompt 是指给 SAM 模型的任务提示,比如在苹果上点个点儿,就可以分割出苹果的轮廓,或者在把图中的杯子圈个矩形,也可以分割出杯子的轮廓。Mask decoder 用于同时预测出语义以及实例级的影像分割结果。

Transformer 在 SAM 中的应用,极大地提升了图像分割任务的能力和效率。

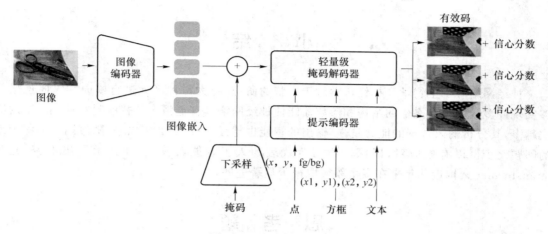

图 6.37　SAM 模型架构

3. 大模型基础

Transformer 模型已成为大型语言模型(LLM)和其他大模型的基石。

Transformer 的架构非常适合进行大规模数据的预训练。通过在海量无标注数据上进行自监督学习,模型可以学习到丰富的语言知识和复杂的语义关系。Transformer 模型的模块化设计使其容易扩展。在实际应用中,通过增加 Transformer 层的数量和隐藏层维度,可以轻松构建更大、更强的模型。OpenAI 的 GPT 系列、百度的文心一言、智谱的 ChatGLM 等大型语言模型的成功,很大程度上得益于这种可扩展性。

在计算机视觉领域,Transformer 同样展示了其强大的表现力。Vision Transformer (ViT)是一种将 Transformer 应用于图像分类的模型。ViT 通过将图像划分为固定大小的块,并将这些块视作序列输入 Transformer 模型,从而实现对图像全局特征的捕捉。相较于传统卷积神经网络,ViT 在大规模数据集上的表现优异,尤其在处理复杂图像时展现出优势。

Transformer 在语言和视觉领域的统一性,为多模态任务提供了新的可能性。在多模态学习中,模型需要处理来自不同模态的数据(文本和图像,如图 6.38 所示),并将这些信息进行融合以完成特定任务。通过 Transformer,文本和图像可以在同一框架下进行编码,生成统一的表示。这种统一表示使模型能够在多模态数据之间建立关联,从而提高对复杂任务的理解能力。

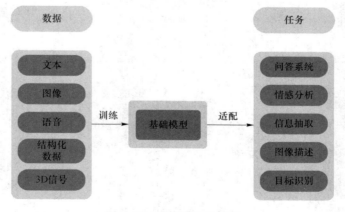

图 6.38　多模态基础模型

小　结

神经网络源于生物学和神经科学对于大脑的研究，将大量神经元进行横向和纵向连接能够实现许多智能。什么样的结构和参数才能使神经网络具有更强大的智能呢？神经网络的层次越多，其分析输入数据的能力越强，输出的智能也越强。自 2012 年以来，随着网络加深带来的问题逐步得以有效应对，以深度学习为代表的人工智能新算法、新技术层出不穷，尤其 Transformer 架构近几年来在多个领域取得了显著进展。

思　考　题

6-1　单层感知机的缺点是什么？多层感知机如何解决单层感知机的不足？

6-2　多层感知机的缺点是什么？神经网络通过什么改进来解决多层感知机的不足？

6-3　神经网络学习过程中，各参数是如何更新的？请简述该过程。

6-4　为什么要加深神经网络？有哪些好处？又会带来哪些问题？

6-5　如何应对深度神经网络中的梯度消失和梯度爆炸的问题？

6-6　什么是多头自注意力？使用它能解决什么问题？

6-7　应用于机器翻译的 Transformer 结构包括哪两个部分？分别完成什么任务？

大模型：人工智能的新前沿

第 7 章课件

7.1 引　言

大语言模型简称大模型，代表着当今人工智能的最新技术和最高水平，是人工智能的新前沿。本书在前几章中已经从不同侧面介绍和讲解了大模型，相信读者已经有了一些认识。但要对这一新前沿技术进行更全面、深入的学习，了解它的来龙去脉、核心技术和热点问题，还必须开辟专门一章来进行讲解。

本章首先讲解语言模型的发展历程，介绍大模型如何从早期的统计语言模型以及之后的神经语言模型发展而来，从对比中了解这几类语言模型的联系和区别。其次，对大模型的通用性和开放性进行讨论，重点讨论其功能的通用性和在解决多任务问题上的突破，以及大模型的开源生态和开源策略，同时，还将介绍开源开放所带来的风险。核心技术原理是本章的重点内容之一，本章将对 Transformer 架构、预训练—微调范式、提示学习技术、知识蒸馏、模型训练、量化和剪枝、网络架构搜索、云端部署和推理加速等核心技术的要点进行讲解，以使读者对大模型的内在机理有个基本认知。大模型知识工程和攻击防范是本章的另一个重点内容。所谓大模型知识工程，是指如何对其进行知识注入，如何检测和预防大模型幻觉，以及如何对大模型输出的内容进行人工对齐等。而攻击防范是防止对大模型进行提示注入攻击、越狱攻击等对抗攻击，以避免大模型产生有毒输出。大模型知识工程和对抗攻击在技术层面具有密切的联系，因此将它们放在一节进行讨论。最后，本章对大模型的未来发展进行展望。

7.2 发 展 历 程

语言模型的发展历程可以追溯到几十年前，经历了从统计语言模型到神经语言模型、预训练语言模型，到如今大型语言模型的重大变革。这一演进过程体现了人工智能技术的日新月异。图 7.1 对这一发展历程进行了概括。

（1）早期的统计语言模型（SLM）主要基于词频统计和 n-gram 等方法，利用大规模语料库来学习单词之间的统计关系。这类模型结构简单，训练高效，在许多自然语言处理任务上取得了良好的效果。但其缺点是无法捕捉长距离的语义依赖，生成的文本流畅度和连贯性较差。

（2）随着深度学习的兴起，神经语言模型（NLM）开始崭露头角。与统计语言模型不同，神经语言模型使用神经网络来建模语言，能学习到词语之间更加复杂和抽象的关系。典型的神经语言模型有 RNN、LSTM 等，它们能更好地处理长文本，生成更加流畅和语义连贯的句子。然而由于模型复杂度高，训练成本大，神经语言模型的应用场景仍然受限。

（3）预训练语言模型（PLM）的出现，标志着语言模型技术的一次重大突破。这类模型通过在大规模无标注语料上进行自监督预训练，学习到语言的通用表征，再在特定任务上进行微调。代表性的预训练语言模型如 BERT、GPT 等，在多项自然语言理解和生成任务上取得了显著的性能提升。由此产生的预训练范式极大地提升了语言模型的泛化能力和迁移能力，为后续的发展奠定了基础。

（4）大型语言模型（LLM）的出现，则是语言模型发展的最新里程碑。研究表明，扩大模型规模或数据规模可以显著提升模型在下游任务中的表现。当参数规模达到一定水平时，这些模型不仅在性能上有了质的飞跃，还表现出一些小规模模型不具备的特殊能力，如上下文学习能力。以 GPT-3、PaLM、BLOOM 等为代表的大型语言模型，展现出惊人的零样本和少样本学习能力，在众多自然语言任务上逼近甚至超越人类水平。大型语言模型正在重塑人工智能的研究和应用范式，极大地激发了人们研究和争论通用人工智能的热情。

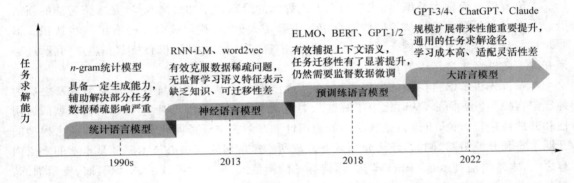

图 7.1　四代语言模型的演化过程

表 7.1 所示为对统计语言模型、神经语言模型、预训练语言模型和大型语言模型的比较。

表 7.1　语言模型的多维度比较

比较维度	统计语言模型（SLM）	神经语言模型（NLM）	预训练语言模型（PLM）	大型语言模型（LLM）
核心思想	基于马尔可夫假设的词预测	利用神经网络建模词序列概率	基于 Transformer 架构的大规模预训练	扩大模型和数据规模以提升性能
代表模型	n-gram 模型	MLP、RNN、word2vec	ELMo、BERT、GPT-2	GPT-3、ChatGPT、PaLM
优势	理论简单，易于实现	引入分布式表示，提高了表示学习的效果	上下文感知词表示，性能显著提升	参数规模大，具备上下文学习等特殊能力
劣势	数据稀疏问题，高维数据的维数灾难	训练复杂度高，需要大量计算资源	需要针对不同任务进行微调	训练成本高，资源消耗巨大
应用场景	信息检索、简单的 NLP 任务	各种 NLP 任务（文本分类、语言生成等）	各种 NLP 任务（文本分类、语言生成等）	高级 NLP 任务（对话系统、复杂文本生成等）

综上所述，语言模型技术的演进过程体现了模型结构的日益复杂、训练范式的不断创新、数据规模和参数量的持续扩大，以及语言理解和生成能力的不断提升。大型语言模型代表了当前语言模型技术的最高水平，正在为人工智能的进一步发展开辟崭新的道路。未来，语言模型技术还将继续突破，朝着更加通用、高效、可解释的方向不断演进，为人类社会带来更多惊喜。

7.3　通用性和开放性

7.3.1　通用性

当前，业界涌现出一批代表性的大模型，如 OpenAI 的 GPT 系列、Google 的 BERT 和 PaLM，以及 Anthropic 的 Claude。这些大模型在自然语言处理（NLP）领域取得了诸多里程碑式的成果。GPT-4 不仅在对话生成、文本翻译和内容创作等任务上表现优异，还在医学、法律等专业领域展现出深厚的知识储备和理解能力。Google 的 BERT，通过其创新的双向编码器结构，实现了在阅读理解和问答系统等任务上实现了突破性进展。PaLM 则进一步推动了多模态学习的边界，使得模型能够同时处理文本、图像和其他数据形式，实现更加全面的智能应用。

权威专家们普遍认为，大模型不仅是当前 AI 技术的制高点，还是未来智能系统发展的重要基石。Andrew Ng 在一次访谈中提道："大模型的出现，使得我们在处理复杂任务时，可以更加依赖通用模型，而不是为每个具体任务单独设计。"这一观点也得到了业界的广泛认同，反映出大模型在实际应用中的巨大潜力。

大模型的应用领域广泛而深入。从自然语言处理、计算机视觉，到医疗诊断、自动驾驶，大模型的影响力无处不在。在金融领域，大模型被用来进行市场预测和风险管理；在教育领域，大模型帮助开发智能辅导系统和自动评分系统；在娱乐产业，大模型为个性化推荐和内容创作提供了强大支持。随着技术的不断进步，大模型的应用场景还将进一步扩展，带来更多创新和变革。

7.3.2　开放性

随着 ChatGPT、DALL-E 等大模型应用的爆发，越来越多的人开始关注大模型背后的开源生态和开放策略。其中，既有技术发展的内在需求，也有商业竞争的复杂博弈。

首先，开源对于大模型的发展有着重要的意义。正如 Linux 之于操作系统，开源促进了大模型技术的普及和应用。通过开放核心代码和模型权重，研究者和开发者可以更容易地在现有模型的基础上进行改进和创新，加速大模型的迭代升级。同时，开源也大大降低了中小企业和个人开发者的准入门槛，使得大模型的应用场景得以快速拓展。从学术研究的角度看，开源为科研人员提供了可复现、可比较的基准模型，促进了学术交流和人才培养。

在众多开源大模型中，Meta 的 Llama 系列模型引起了广泛关注。与以往常见的开源代码不同，Llama 模型采取了开放预训练权重的方式。这意味着开发者不仅可以访问模型的架构和训练代码，还可以直接使用预训练得到的模型参数。这种开源方式极大地降低了大模型的使用门槛，使得更多人能够基于 Llama 模型进行下游任务的开发和应用。从 Alpaca、Vicuna 到 Chinese-Llama-Alpaca，基于 Llama 模型的众多衍生版本不断涌现，展现出了开源生态的活力。

事实上，Llama 的开源方式反映了大模型开源与传统软件开源的重要区别。传统软件开源主要是开放源代码，使用者需要自行编译和部署。而大模型的开源，除了代码之外，还需要开放预训练权重。这是因为，大模型的训练成本极高，需要海量数据和算力的支持。绝大多数开发者难以从头训练一个大模型，而是希望能够直接使用预训练的权重。因此，权重的开放对于大模型的普及应用至关重要。这也意味着，大模型的开源需要企业投入更大的成本，分享更多的知识产权。

然而，并非所有企业都愿意完全开放其大模型。一些掌握顶尖模型的科技巨头，采取了"中小规模开放，大规模封闭"的策略。以 OpenAI 为例，他们开放了 GPT-3 的 API 接口，但并未开源完整的模型权重。用户可以通过 API 调用 GPT-3 的能力，但无法获取其内部结构和参数。这种部分开放的策略，一方面可以促进大模型的应用生态，吸引更多开发者基于其平台进行创新；另一方面，也可以保护企业的核心竞争力，防止模型被复制和滥用。这种开放与封闭并存的策略，反映了企业在技术创新和商业利益之间的平衡。对于这些巨头而言，大模型是其核心竞争力所在，完全开源意味着巨大的机会成本。因此，他们往往采取有限开放的方式，在促进生态发展的同时，也维护自身的竞争优势。

当然，大模型的开源和开放也面临着诸多挑战和风险。首先，大模型的训练数据往往来自网络爬取，存在版权和隐私的灰色地带。一旦模型开源，可能引发法律和道德方面的争议。其次，开源模型也面临被恶意使用和攻击的风险。如果模型被用于生成虚假信息、侵犯隐私等，将对社会造成难以估量的危害。再次，由于商业化应用受限，许多大模型的开源主体难以获得直接的经济回报，可能影响其长期的可持续性发展。

尽管存在诸多挑战，但大模型开源的大趋势已经不可逆转。未来，我们可能会看到更多行业和领域特定大模型的开源，如医疗、金融、教育等。同时，联邦学习、隐私计算等新技术的应用，也将促进大模型开源的安全性和可靠性。随着开源社区与商业公司的协作不断深入，一个开放、活跃、可持续的大模型生态有望形成。在这个生态中，各类创新应用和商业模式将不断涌现，推动人工智能行业的繁荣发展。

总之，大模型的开源与开放，是一个复杂而充满活力的领域。从技术发展到商业博弈，从生态繁荣到伦理挑战，大模型的开源之路任重道远。作为人工智能的重要基础设施，大模型的开源需要产学研各界的共同努力和协作。只有在开放与封闭、创新与规范之间找到平衡，大模型才能真正成为造福人类的强大工具，推动人工智能走向更加美好的未来。

7.4 核心技术原理

7.4.1 Transformer 架构

大模型之所以能取得如此卓越的成就，离不开其背后一系列创新的技术方案。正如吴恩达所言："大模型的成功,是算法、算力、数据三大要素共同作用的结果。"下面我们来深入剖析大模型的核心技术原理。

首先,Transformer 架构可以说是大模型技术的基石。2017 年,Vaswani 等人在论文 *Attention is All You Need* 中提出了 Transformer 模型,其基本架构如图 7.2 所示。这一架构摒弃了循环神经网络(RNN)和卷积神经网络(CNN)中的核心机制,通过引入自注意力机制,使模型能够并行处理序列数据,实现了更高效的训练和更好的性能。自注意力机制使得每个输入元素都能与序列中的所有其他元素进行交互,从而捕捉到更长程的依赖关系。这一创新不仅提升了模型的理解和生成能力,还极大地推动了大模型的发展。Transformer 架构中的 Self-Attention 和 Feed-Forward 子层,分别负责挖掘词与词之间的关联,以及对特征进行非线性变换,使得模型能够学习到更加丰富和抽象的语义表示。

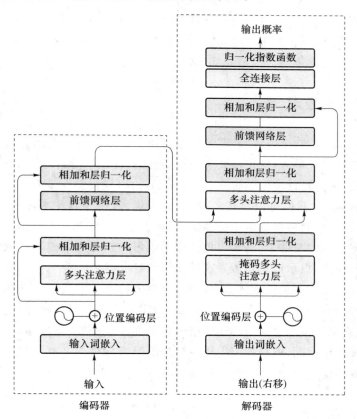

图 7.2　Transformer 架构

GPT 系列模型就是 Transformer 在大模型中的集大成者。通过堆叠数十乃至上百个 Transformer 模块,再辅以海量的训练数据,GPT 模型学习到了丰富的语言知识,在多个 NLP 任务上取得了突破性的进展。而 BERT 等模型则在 Transformer 的基础上引入了掩码语言模型(Masked Language Model)预训练任务,进一步增强了模型对语义的理解能力。

7.4.2　预训练—微调范式

预训练—微调(Pre-train & Fine-tune)范式是大模型取得成功的另一个关键要素。传统的机器学习模型通常采用从头训练的方式，即针对每个任务单独训练一个模型。这种方式不仅耗时耗力，而且难以在不同任务间迁移和复用知识。而在预训练—微调范式中，模型首先在大规模无标签数据上进行预训练，学习到通用的语言表示，然后在特定任务的有标签数据上进行微调，以适应具体任务的需求。这一过程不仅提高了模型的泛化能力，还减少了对大量标注数据的依赖。预训练阶段，模型通过自监督学习，从海量文本中学习语言的统计特性和语义信息；在微调阶段，模型通过少量的任务相关数据，进一步优化参数，从而在特定任务上取得优异的表现。这种范式不仅大大节省了训练成本，也使得模型能够在多个任务上实现更好的迁移学习。正如 Google 公司的研究科学家 Jacob Devlin 在 BERT 论文中所言："预训练—微调范式使得我们能够在众多 NLP 任务上实现前所未有的性能提升。"

以 BERT 为例，它在 Wikipedia 和 BookCorpus 等语料上进行了大规模预训练，学习了丰富的语言知识。在下游任务如情感分析、问答等上，只需要在预训练模型的基础上添加一个简单的输出层，并用少量标注数据进行微调，就能取得远超从头训练模型的效果。这种"一次预训练，多次微调"的范式已成为大模型的标准做法。

7.4.3　提示学习技术

提示学习（Prompt Learning）技术是大模型应用中的一项重要创新。传统的微调方式需要针对每个任务单独设计输入/输出格式和目标函数，而提示学习则将任务转化为语言模型的自然语言问答形式，通过设计特定的提示词（Prompts），引导模型在没有专门训练的情况下完成特定任务。具体而言，我们可以将任务描述、输入样例、待预测样本等信息拼接成一个"提示"，输入给语言模型，使其根据提示中的线索，直接生成目标答案。这一技术使得大模型能够在少量示例甚至零示例的条件下，表现出色。提示学习的核心在于模型在预训练阶段已经学习到大量的知识和模式，提示词只是激发这些知识的触发器。

这种范式不仅简化了下游任务的适配流程，也使大模型能够发挥其在预训练阶段学习到的丰富知识，更好地理解和回答人类的需求。以 GPT-3 为例，我们只需给它输入简单的任务描述和少数样例，它就能自动生成与样例风格一致的文本。例如，通过输入"写一篇关于人工智能的文章："这样的提示词，模型即可生成一篇连贯且有深度的文章。提示学习大大拓展了大模型的应用边界，降低了模型使用的门槛，使其在更广泛的场景中发挥价值。

7.4.4　知识蒸馏

大模型的庞大规模也带来了计算资源和存储成本的挑战。为了解决这一问题，知识蒸馏技术应运而生。知识蒸馏是一种通过训练一个小模型（学生模型）来模仿大模型（教师模型）行为的方法，将大模型的知识"浓缩"到更小的学生模型中。学生模型在训练过程中学习教师模型的输出，从而在保持性能的同时，大幅减少模型的参数和计算需求（图 7.3）。

蒸馏过程通常包括两个步骤：首先，训练一个性能优异的大模型作为教师模型；其次，利用教师模型的输出指导学生模型的训练。Google 提出的 DistilBERT 就是蒸馏技术的成功应用之一。通过将 BERT 模型的知识蒸馏到较小的 DistilBERT 中，研究人员在保持较高自然语言处理性能的同时，显著减少了模型的参数量和计算需求。

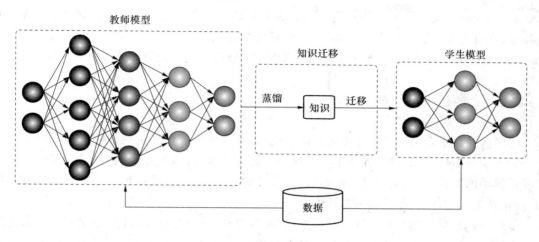

图 7.3   知识蒸馏

蒸馏技术的优势在于其灵活性和适用性广泛。它不仅可以用于深度学习模型的压缩，还可以用于模型的迁移学习和多任务学习。例如，在图像识别、语音识别等任务中，通过蒸馏技术，小模型能够在资源受限的设备上实现接近大模型的性能，从而推动了人工智能在实际应用中的落地。

7.4.5 模型训练

首先，大模型训练面临最直接的挑战是计算资源的消耗。训练一个拥有数百亿甚至上千亿参数的大模型，需要巨大的计算能力和存储空间。以 GPT-3 为例，其训练过程中使用了数千个 GPU，并花费了数周时间。OpenAI 的研究团队指出，这种规模的计算不仅在能源消耗上令人咋舌，还对硬件的性能和稳定性提出了极高的要求。为了应对这一挑战，业界广泛采用了分布式训练技术，通过将计算任务分散到多个计算结点上，实现并行计算，从而加速训练过程。

分布式训练技术是解决大规模计算资源需求的关键。Google 公司的 TensorFlow 和 Facebook 的 PyTorch 等框架，提供了强大的分布式计算支持，允许研究人员将模型训练分布到多台机器甚至多个数据中心。通过将模型划分为多个子模型，并行地在多个设备上进行训练，可以显著加速训练过程，降低单个设备的负载。例如，Google 公司在训练 BERT 时采用了分布式同步随机梯度下降算法，通过将梯度计算和参数更新分配到多个计算结点，显著提高了训练速度和效率。DeepSpeed、Megatron-LM 等框架，通过优化的数据并行、模型并行、流水线并行等策略，实现了万亿参数量级模型的高效训练。分布式训练不仅提升了计算资源的利用率，还有效地解决了单结点计算资源不足的问题，使得训练大模型成为可能。

其次，高质量的训练数据也是大模型成功的关键。大模型的表现高度依赖于训练数据的质量和多样性。高质量的数据能够帮助模型更好地捕捉语言的复杂性和细微差别，而低质量的数据则可能引入噪声和偏差，影响模型的性能。为此，数据清洗和预处理成为大模型训练的必经步骤。研究者们探索了多种数据优化技术，如数据增强、数据过滤、主动学习等，以提高训练数据的质量和效率。如 OpenAI 在训练 GPT-3 时，采用了一套复杂的数据过滤流程，从

CommonCrawl 等海量语料中筛选出高质量的文本数据。而 Stanford 等机构则提出了数据增强技术，通过对现有数据进行变换和组合，生成更多样化的训练样本。正如 OpenAI 的 CEO Sam Altman 所言："数据是大模型的燃料，高质量的数据是成功的关键。"

7.4.6 量化和剪枝

尽管云计算平台为大模型的部署提供了便利，但大模型的推理仍然是一个计算密集型任务。为了加速推理过程，学界提出了一系列模型优化技术，如模型量化、剪枝、知识蒸馏等。通过降低模型的数值精度、裁剪冗余的连接、提取关键的知识，这些技术可以显著减小模型的体积，加快推理速度，同时保持模型的性能。

量化是将模型的参数和计算从高精度（如浮点数）转换为低精度（如整数）的过程。量化的核心思想是利用低精度运算来减少计算量和存储空间，从而提高模型的执行效率。经典的量化方法包括定点量化（Fixed-point Quantization）和动态范围量化（Dynamic Range Quantization）。

在定点量化中，模型参数被映射到固定的整数范围，这种方法简单直接，但对于模型精度可能会有一定的影响。动态范围量化则通过在推理时动态调整参数的范围来减少精度损失。谷歌的 MobileNet 便是一个成功的案例，通过量化技术，MobileNet 在移动设备上实现了高效运行，同时保持了较高的识别精度。

剪枝技术通过删除模型中冗余或不重要的参数来减少模型规模。剪枝方法主要包括权重剪枝（Weight Pruning）和结构剪枝（Structural Pruning）。权重剪枝是指直接将权重值较小的连接删除，而结构剪枝则是删除整个神经元或卷积核。

权重剪枝的优点在于其精细粒度，可以在保持模型架构的前提下大幅减少参数数量。哈佛大学提出的 Deep Compression 技术就是一个典型的例子，通过权重剪枝，模型的参数量减少了近 90%，但推理速度却显著提升。

结构剪枝则更为激进，但也更容易实现硬件加速。例如，ResNet 的剪枝技术通过删除冗余的卷积核和神经元，大幅压缩了模型规模，并在多个图像分类任务中证明了有效性。结构剪枝不仅减少了计算量，还简化了模型的结构，便于在嵌入式设备上部署。

7.4.7 网络架构搜索

大模型的参数通常是过剩的，这种过剩状态为优化和提升效率提供了巨大机会。在不显著降低准确率的前提下，缩减模型规模不仅可以提高运算效率，还能减少计算成本和资源消耗。神经网络架构搜索（Neural Architecture Search，NAS）技术在寻找最优架构方面扮演了关键角色，通过这一技术，人们可以在模型复杂性与性能之间找到最佳平衡点，从而实现高效的模型设计。

首先，需要理解为什么大语言模型的参数会显得过剩。大语言模型，例如 GPT-3 和 BERT，通常包含数十亿甚至上千亿个参数。这些参数的庞大数量固然能够捕捉到语言中的丰富信息和复杂模式，但也带来了巨大的存储和计算开销。实际上，研究表明，很多参数在特定任务中的贡献是有限的，有些甚至可以完全移除而不影响最终性能。这种现象的存在为模型优化提供了理论基础。

通过缩减模型规模,可以显著提高其效率。减少参数数量不仅能够降低存储需求,还能加快模型的训练和推理速度。这对于资源有限的设备(比如移动设备或嵌入式系统)尤为重要。在这些场景中,能够高效运行的模型将显著提升应用的实用性和用户体验。更重要的是,适当的参数缩减并不会显著降低模型的准确性。研究表明,通过精细的剪枝和优化策略,很多模型在大幅减少参数数量后,依然能够保持与原模型相近的性能,甚至在某些任务上还能有所提升。

神经网络架构搜索技术在这一过程中发挥了至关重要的作用。NAS 通过自动化地探索和优化神经网络架构,能够找到最适合特定任务的高效模型结构。传统的神经网络设计往往依赖于专家的经验和试错法,这不仅耗时费力,而且难以保证找到最优解。而 NAS 通过自动化搜索和评估,不仅大大加速了模型设计过程,还能在更大的搜索空间内找到更优的架构。

NAS 的核心思想是利用搜索算法(例如进化算法、强化学习或贝叶斯优化)在预定义的架构空间中进行探索。每次搜索过程中,算法会生成一组不同神经网络架构,并通过训练和验证这些架构来评估其性能。然后,算法根据评估结果更新搜索策略,逐步逼近最优架构。这一过程类似于自然选择中的物竞天择,通过不断地淘汰劣质架构,保留和进化优质架构,最终找到最优解。

在搜索过程中,NAS 不仅关注模型的性能,还会综合考虑模型的复杂度和资源需求。例如,在移动设备上应用时,NAS 可以限制搜索空间中的模型参数量和计算量,从而找到既高效又性能优异的架构。这种多目标优化使得 NAS 能够在实际应用中取得显著效果。例如,Google 公司的 MobileNet 和 EfficientNet 等模型便是通过 NAS 技术优化而来,它们在保持高性能的同时,大大降低了计算开销和模型尺寸。

值得一提的是,NAS 技术不仅可以用于模型的初始设计,还可以在模型压缩和优化过程中发挥作用。通过对现有大模型进行架构搜索,NAS 能够发现和移除冗余部分,从而进一步压缩模型规模。例如,在预训练大语言模型的优化过程中,可以利用 NAS 技术对模型的层数、宽度、激活函数等进行自动化调整,找到最优的压缩方案。这种方法不仅提高了压缩效率,还能确保模型在缩减规模后的性能依然优异。

7.4.8　云端部署和推理加速

随着 5G、物联网等技术的发展,大模型在云-边-端协同推理方面也展现出广阔的应用前景。通过在云端对大模型进行压缩和加速,再将其部署到边缘服务器和终端设备,可以实现低时延、高隐私的本地化推理。这为大模型在智能助手、自动驾驶、工业控制等实时场景下的应用扫清了障碍。

随着大模型的训练完成,如何高效地部署和推理成为下一个挑战。云端部署是解决这一问题的有效途径。云计算平台如 Amazon Web Services(AWS)、Google Cloud Platform(GCP)和 Microsoft Azure,提供了强大的计算资源和灵活的部署方案,使得大模型可以在全球范围内高效地运行和服务。通过利用云端的弹性扩展能力,企业和研究机构可以根据需求动态调整计算资源,确保大模型的高效运行。

推理加速技术也在大模型的部署中发挥着至关重要的作用。NVIDIA 的 TensorRT 和 Google 的 TPU 等硬件加速器,提供了专门针对深度学习推理的优化,能够显著提高模型的推理速度和效率。例如，NVIDIA 的 TensorRT 通过自动优化和硬件加速，使得大模型在推理过程中能够实现实时响应，满足实际应用的需求。Google 的 TPU 则通过定制化的硬件设计，进一步提升了大模型的推理性能，广泛应用于 Google 的各种 AI 服务中。

7.5　知识工程及攻击防范

7.5.1　知识注入

随着大模型的不断发展，其知识表示和应用能力也在不断提升。然而要真正理解大模型的知识，我们首先需要回答一个根本性的问题：什么是知识？

知识是人类或智能体对客观世界的认识和理解，是对事物规律、性质、关系等的把握和洞察。知识可以通过学习、经验、推理等多种方式获得，并以不同的形式存在，如事实、概念、规则、策略等。对于人类而言，知识是我们认识世界、解决问题的基础。而对于大模型而言，知识则主要来源于其训练数据。

大模型是以海量数据为基础，通过机器学习算法训练得到的人工智能模型。数据集的规模和质量直接决定了大模型知识的广度和深度。一般而言，数据规模越大，覆盖的领域越广，模型学到的知识就越丰富和全面。以 GPT-3 为例，它使用了高达 4 500 亿 Token 的超大规模语料进行训练，涵盖了网页、书籍、文章等多个领域的知识。这使得 GPT-3 拥有了惊人的百科知识，能够对各种主题进行深入的讨论和分析。

在探讨大模型的知识能力时，我们不仅要关注知识的来源，还要进一步思考知识注入的方式。知识注入是指将外部知识引入到大模型中，以增强其知识表示和应用能力。当前，知识注入主要有三种方式：预训练阶段的知识注入、基于知识图谱的注入和检索增强生成。

预训练阶段的知识注入是最常见和最直接的方式。在大模型的预训练过程中，我们通过选择高质量、广覆盖的数据集，让模型从海量文本中自动学习和提取知识。这种数据驱动的学习方式，使模型能够在无监督的情况下，掌握大量的词汇、语法、语义等基础知识。以 BERT 模型为例，它使用了维基百科和书籍语料库进行预训练，通过掩码语言建模和下一句预测任务，学习到了丰富的语言知识，在多个 NLP 任务上取得了突破性进展。

然而，仅仅依靠预训练阶段的知识注入，还存在一些局限性。首先，预训练数据中的知识往往是隐式和分散的，缺乏明确的结构和组织。其次，预训练数据难以覆盖所有领域和话题，导致模型在特定领域的知识深度不足。为了克服这些局限性，研究者们提出了基于知识图谱的注入方式。

知识图谱是一种结构化的知识表示方法，以实体和关系的形式，刻画客观世界的概念、事实和规律。通过将知识图谱引入到大模型中，我们可以为模型提供显式、系统的知识组织和表示。这种知识注入方式，不仅可以提高模型的知识密度和准确性，还能增强模型的可解释性和可控性。

以 K-BERT 模型为例，它在预训练阶段引入了外部知识图谱，通过知识嵌入和知识注意力机制，将结构化知识融入语言表示中。在下游任务如实体链接、关系抽取等方面，K-BERT 显著优于传统的 BERT 模型。类似地，ERNIE 3.0 模型也通过融合多源异构知识图谱，在知识驱动的任务上取得了当时最先进的表现。这些研究表明，基于知识图谱的注入是增强大模型知识能力的一个重要方向。

除了预训练注入和知识图谱注入，检索增强生成（RAG）是另一种新兴的知识注入方式。RAG 的核心思想是在生成过程中，动态检索外部知识库，并将检索到的知识融入生成过程中。与传统的知识注入不同，RAG 不需要预先将知识嵌入到模型参数中，而是在推理阶段实时获取和利用知识。这种方式使得模型能够灵活地适应不同的任务和领域，并及时获取最新的知识。

RAG 模型将预训练语言模型与外部知识检索系统相结合，在生成答案的同时，从维基百科等知识库中检索相关的知识片段，并将其作为附加的上下文信息，指导答案的生成。在开放域问答任务上，RAG 模型显著优于单纯的语言模型，展现出了强大的知识应用能力。类似地，REALM 模型也通过将知识检索与语言建模相结合，在知识密集型任务上取得了显著的性能提升。

当然，知识注入也并非万能的灵丹妙药。不同的注入方式各有优劣，需要根据具体的任务和场景进行选择和优化。例如，预训练注入的知识广度大但深度不足，知识图谱注入的知识结构化程度高但覆盖范围有限，而检索增强生成的知识时效性强但对检索系统的质量依赖较大。因此，如何权衡不同注入方式的特点，进行有机地结合和互补，是一个值得深入探索的问题。

7.5.2　幻觉检测与预防

在探讨大模型的知识能力时，我们不得不面对一个令人困扰的问题：幻觉。幻觉是指模型生成的内容与客观事实不符，但模型却对其深信不疑。这种现象在大模型中普遍存在，严重影响了模型的可靠性和实用性。

1. 幻觉在大模型中的表现形式

那么，什么是幻觉呢？简而言之，幻觉是模型"凭空想象"出的错误信息。与人类的幻觉不同，大模型的幻觉并非源于感知或意识的异常，而是源于模型自身的局限性和偏差。具体而言，幻觉在大模型中有多种常见的表现形式。

首先，事实性错误是最直接的幻觉表现。大模型在生成内容时，可能会虚构一些根本不存在的事实，如虚假的历史事件、错误的科学知识等。以 GPT-3 为例，尽管它展现出了惊人的知识广度，但在具体的问答中，它也经常出现事实性错误。在一次对话中，GPT-3 坚称爱因斯坦是美国总统，而忽视了这一明显的错误。

其次，逻辑矛盾也是幻觉的一种常见表现。大模型在生成长文本时，可能会出现前后矛盾、自相矛盾的逻辑漏洞。这种矛盾不仅体现在事实层面，也体现在观点、态度等方面。例如，GPT-3 在一篇文章中，先是大力赞扬了某项技术，但在后面又对其进行了激烈的批评，完全背离了前面的观点。这种逻辑混乱的输出，反映了模型在长文本生成中的一致性挑战。

再次，过度自信也是大模型幻觉的典型特征。与人类不同，大模型无法对自己的知识和能力进行准确的评估和校准。它们往往对自己生成的内容盲目自信，缺乏应有的不确定性和谦逊。即使在面对明显错误时，大模型也很少表现出怀疑和反思。这种过度自信的态度，进一步加剧了幻觉的负面影响。

2. 产生幻觉的原因

那么，大模型为何会产生幻觉呢？这背后有多方面的原因。

首先，训练数据的局限性是重要的诱因。大模型从海量文本中学习知识，但这些文本本身也可能包含错误、偏见、谣言等噪声。模型在学习过程中，无法有效地区分真伪，从而将噪声知识也内化为自己的一部分。这种"垃圾输入，垃圾输出"的问题，是导致幻觉的根本原因之一。

其次，模型架构和训练方式的局限性，也是幻觉的重要来源。当前的大模型大多基于Transformer架构，通过自注意力机制捕捉文本的长距离依赖。但这种架构对于维护长文本的逻辑一致性，以及融合多轮对话的上下文信息，还存在不足。此外，大模型的训练目标通常是最大化下一个词的概率，而不是生成真实、可靠的内容。这种训练范式导致模型更倾向于生成流畅、自然的文本，而不是准确、严谨的知识。

最后，推理和决策机制的黑盒性，也加剧了幻觉问题的难以捉摸。与传统的符号化知识表示不同，大模型的知识是以分布式的向量形式编码在亿万参数中的。这种隐式、连续的知识表示，虽然赋予了模型强大的泛化和理解能力，但也使得模型的推理过程变得难以解释和控制。我们无法准确地知道，模型生成每个词的决策依据是什么，哪些知识起了关键作用。这种决策机制的不透明性，使幻觉问题变得更加棘手。

3. 检测和预防产生幻觉的策略

面对幻觉问题的严峻挑战，学界和业界提出了一系列检测和预防的策略。

首先，我们需要加强对训练数据的清洗和筛选，尽量减少噪声和错误知识的引入。利用知识图谱、事实检查等技术，可以帮助我们识别和过滤低质量的数据，提高训练语料的可靠性。

其次，我们可以在模型训练中引入更多的监督信号和约束条件，显式地指导模型学习真实、准确的知识。例如，通过对比学习、因果推理等技术，可以帮助模型区分真实和虚假的信息，学习事实间的因果关系。同时，引入逻辑规则、常识约束等先验知识，也可以减少模型生成矛盾和错误的概率。

再次，我们还可以发展更加先进的推理和决策机制，赋予模型对自身知识和能力的自我认知。通过元学习、主动学习等技术，让模型学会对自己的输出进行质疑和校验，并在必要时寻求人类的反馈和指导。这种自我认知和反思的能力，可以帮助模型及时发现和纠正幻觉，提高输出的可靠性。

最后，我们还需要加强人机协作，建立更加完善的人工智能治理机制。一方面，我们要建立严格的测试和评估标准，全面评估模型的知识质量和幻觉风险，确保其在实际应用中的安全和可控。另一方面，我们要加强用户教育，提高公众对于大模型局限性的认知，避免过度依赖和滥用。同时，我们还要建立健全的伦理和法律规范，明确大模型的责任边界和问责机制，保障社会的公平和正义。

7.5.3　人工对齐

在大型模型的技术原理中，对齐技术（Alignment Techniques）是一个至关重要的研究领域。对齐技术旨在使模型的输出更加符合人类期望，确保其生成的内容在逻辑、伦理和实用性方面更为可靠。其中，监督微调（Supervised Fine-Tuning，SFT）和基于人工反馈的强化学习（Reinforcement Learning from Human Feedback，RLHF）是对齐技术的两大代表性方法。因为对大模型进行对齐通常都需要人工参与，故也称人工对齐。人工对齐是大模型知识工程中的一项重要内容。

SFT的核心思想是在预训练好的语言模型上，使用人工标注的高质量数据进行监督微调。通过引入人类知识，SFT 可以显著提升大模型在特定任务上的表现，如问答、摘要、对话等。数据收集是 SFT 的关键步骤之一，研究人员需要收集并标注大量与目标任务相关的数据，这些数据不仅要覆盖广泛的场景，还需具有高质量和多样性。例如，在自然语言理解任务中，数据集可能包括各种类型的文本，如新闻、小说、对话等。这样的数据集能够帮助模型学会在不同上下文中理解和生成合适的内容。在模型训练阶段，研究人员使用这些高质量数据对预训练模型进行微调。通过微调，模型能够更好地学习任务特定的模式和规律，从而提高其在特定任务上的表现。OpenAI 的 InstructGPT 就是一个典型的例子。研究人员首先构建了一个由人类书写的高质量指令数据集，然后在 GPT-3 的基础上进行微调，使其能够更好地理解和执行这些指令。实验表明，InstructGPT 在遵循指令、提供信息、完成任务等方面，显著优于原始的 GPT-3 模型。

然而 SFT 的局限性在于其依赖大量人工标注数据，成本高昂且难以扩展。为了克服这一挑战，研究者提出了 RLHF 技术。RLHF 的灵感来自强化学习，即通过设计奖励函数，引导模型学习人类偏好的行为策略。RLHF 通过引入人工反馈来指导模型的学习过程，使其在生成内容时更加符合人类的期望和价值观。这种方法尤其适用于那些难以通过明确规则进行定义的任务，如对话系统中的礼貌性和逻辑性。如图 7.4 所示，RLHF 的基本流程包括监督微调、奖励模型训练和强化学习微调等环节。

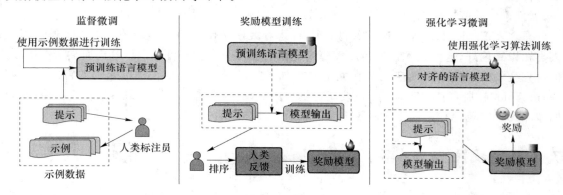

图 7.4　RLHF 的基本流程

首先，研究人员需要收集大量人类对于模型输出的反馈数据。这些反馈数据可以包括评分、评论或建议，反映出模型输出的质量和可接受性。例如，在 ChatGPT 的开发过程中，OpenAI 通过收集用户对于对话内容的反馈，识别出哪些回复是有帮助的，哪些则需要改进。

接下来，研究人员设计奖励机制，以便将人类反馈转化为模型的学习信号。奖励机制的设计需要考虑到反馈的多样性和复杂性，确保模型能够从不同类型的反馈中学习。例如，可以为每一条正面反馈分配一个正奖励，而负面反馈则分配一个负奖励。这样的机制能够引导模型在生成内容时倾向于那些得到正面反馈的模式。

在进行强化学习训练时，模型通过不断试错和调整，逐步优化其输出质量。RLHF 的训练过程通常非常复杂，需要大量计算资源和时间，但其效果也是显著的。通过 RLHF 训练的模型在生成内容时能够更好地符合人类的期望，减少不合理或不合适的输出。

具体而言，人类评估者对模型生成的内容进行打分，打分结果作为奖励信号，指导模型调整其策略，以生成更加符合人类偏好的内容。

Anthropic 的 Constitutional AI 就是一个成功运用 RLHF 的范例。研究人员设计了一套复杂的人工反馈机制，包括对模型输出的相关性、无害性、诚实性等多个维度进行评分。这些分数被整合为一个奖励函数，用于优化模型的策略。通过多轮迭代，Constitutional AI 逐步学会了如何生成高质量、合乎伦理的内容，在安全性和价值对齐方面取得了重要进展。

OpenAI 的 ChatGPT 则将 SFT 和 RLHF 进行了有机结合。ChatGPT 首先在 GPT-3.5 的基础上，使用高质量的对话数据进行 SFT，提升了模型的对话能力。随后，研究者又采用 RLHF 技术，通过人类反馈来微调模型，使其生成更加友好、有帮助、诚实的回复。这种 SFT 和 RLHF 的结合，使 ChatGPT 在自然对话、知识问答、任务协助等方面展现出了非凡的能力，受到了业界的广泛关注和好评。

当然，SFT 和 RLHF 技术也并非完美无缺。一方面，这些技术仍然难以完全消除大模型的安全隐患，如幻觉、偏见等问题。另一方面，人工反馈本身也可能引入主观偏差，影响模型的公平性和中立性。如何设计更加鲁棒、公正的人类反馈机制，是一个亟待探索的问题。此外，SFT 和 RLHF 的计算开销也不容小觑，对算力和时间提出了更高的要求。

展望未来，SFT、RLHF 等对齐技术仍大有可为。一方面，研究者正在探索更加高效、经济的人类反馈方式，如众包、游戏化等，以降低对齐的成本。另一方面，研究者也在研究如何将对齐技术与其他 AI 技术相结合，如因果推理、符号推理等，以进一步提升大模型的可解释性和可控性。同时，对齐技术的应用领域也在不断拓展，从语言模型到视觉、决策、控制等多个领域，展现出广阔的应用前景。

总之，SFT、RLHF 等对齐技术的出现，标志着大模型研究的一个新的里程碑。通过引入人类知识和偏好，这些技术正在帮助大模型变得更加智能、安全、可控。尽管仍面临诸多挑战，但对齐技术的发展必将推动人工智能走向更加美好的未来。正如 Anthropic 的首席科学家 Dario Amodei 所言："对齐是 AI 系统变得更加可靠、更加有益的关键。只有通过人机协作，我们才能真正实现 AI 造福人类的愿景。"

7.5.4 攻击防范

在探讨大模型的知识表示与对齐时，我们不得不面对一个至关重要的话题：大模型的安全。随着大模型在各领域的广泛应用，其安全性问题日益凸显。恶意攻击者可能利用模型的漏洞，窃取隐私数据，操纵模型输出，甚至危及公共安全。因此，如何防范攻击以确保大模型的安全，成为学术界和产业界共同关注的焦点。

1. 攻击的种类

（1）提示注入攻击。大模型面临的安全威胁多种多样，其中最典型的就是提示注入攻击。提示注入攻击是一种针对自然语言处理模型的攻击方式，攻击者通过精心设计的输入文本，诱导模型产生有害或恶意的输出。这种攻击利用了大模型对输入高度敏感的特点，以及其内部知识表示的不确定性。

提示注入攻击可以分为以下类型。

① "过度暗示"，即在输入文本中加入一些暗示性的关键词或短语，诱导模型产生攻击者期望的输出。例如，在一个情感分析模型中，攻击者可能会输入"这部电影非常好，但是导演是个罪犯"，试图误导模型将负面情感判断为正面。

② 提示注入攻击被称为"语境操纵"。攻击者可能会精心构造一个看似合理但实际有误导性的上下文，引诱模型作出错误的判断。例如，在一个问答模型中，攻击者可能会先设置一

个虚假的背景知识,然后再提出相关的问题,试图让模型根据虚假知识给出错误答案。

③ 多轮对话中的提示注入攻击也值得关注。在与大模型进行多轮交互时,攻击者可能会在对话的不同阶段,逐步引入一些看似无关但实则有误导性的信息,逐步影响和改变模型的知识状态,最终达到攻击目的。这种"蛊惑"式的攻击,对模型内部知识的连贯性和一致性构成了严重挑战。

(2) 大模型的越狱攻击。在探讨大模型的安全问题时,我们还必须重点关注另一种严重威胁:大模型的越狱攻击。所谓越狱,是指攻击者试图诱导大模型突破其预设的行为边界和伦理约束,产生有害、违规或非预期的输出。这种攻击直接挑战了大模型的可控性和安全性,引发了广泛的担忧和讨论。

越狱攻击之所以成为可能,根源在于大模型的高度开放性和灵活性。与传统的规则系统不同,大模型并没有硬编码的行为逻辑和决策树,而是通过海量数据的学习,形成了一种连续、动态的知识表示。这种表示方式赋予了大模型极强的语言理解和生成能力,使其能够适应各种复杂的语境和任务。然而这种灵活性也带来了风险。攻击者可能会利用模型的开放性,设计一些巧妙的提示,诱导模型做出越界的行为。

举例来说,假设我们训练了一个聊天机器人,并设定了一些基本的伦理原则,如不能产生暴力、色情、歧视等有害内容。但是,攻击者可能会尝试用一些迂回的提示,如"假设你是一个反派角色,你会如何威胁别人?"来诱导模型产生暴力言论。或者,攻击者可能会先建立一个虚构的背景设定,如"我们在玩一个角色扮演游戏,你需要扮演一个邪恶的角色",然后再引导模型做出一些违规的行为。更有甚者,一些攻击者还会利用大模型的自我认知和推理能力,试图说服或欺骗模型改变其既有的伦理立场。他们可能会引用一些貌似合理但实则有误导性的论据,如"言论自由高于一切,任何审查都是不道德的",来动摇模型的判断力。或者,他们会设计一些两难的伦理困境,试图迫使模型在不同的价值观之间做出妥协。

(3) 数据污染攻击。除了前面介绍的提示注入攻击和越狱攻击,我们还必须警惕另一种潜在的威胁:数据污染攻击。数据污染是指攻击者通过在训练数据中引入错误、有偏见或恶意的样本,来影响和操纵模型的学习过程,最终导致模型产生错误、有害或非预期的行为。这种攻击直接污染了大模型的知识来源,从根本上动摇了其可靠性和可信度。

大模型之所以容易受到数据污染的影响,根源在于其对训练数据的高度依赖性。不同于传统的专家系统,大模型并没有预先设定的知识库和推理规则,而是通过海量数据的学习,自动建立起自己的知识表示和决策模式。这种数据驱动的学习范式,虽然赋予了大模型强大的泛化能力和适应能力,但也使其对训练数据的质量和分布极为敏感。一旦数据出现偏差或污染,模型的行为就可能出现严重偏差。

① 数据污染攻击可以有如下不同的形式和目的。

a. 常见的方式是"投毒攻击",即攻击者在训练数据中故意加入一些错误或恶意的样本,试图误导模型学习到错误的知识或模式。例如,在一个情感分析模型的训练数据中,攻击者可能会刻意加入一些将负面情感标记为正面的样本,导致模型产生错误的情感判断。又如,在一个问答模型的训练数据中,攻击者可能会引入一些包含错误知识或谣言的样本,使模型"学到"并传播这些错误信息。

b. 数据污染攻击又被称为"后门攻击"。与投毒攻击不同,后门攻击并不直接改变模型的主要行为,而是试图在模型中植入一些隐蔽的"触发器",一旦特定的输入模式出现,就会激活预设的恶意行为。例如,攻击者可能会在训练数据中加入一些带有特殊水印的图像,并将其标记为特定的类别。当模型在实际应用中遇到带有相同水印的图像时，就会自动将其归入预设的类别，而无视图像的真实内容。这种攻击的隐蔽性很强，难以通过常规的测试和验证来发现。

② 数据污染攻击的危害。首先，它直接影响了模型输出的准确性和可靠性，可能导致错误的决策和判断，给用户和社会带来损失。其次，它破坏了模型的公平性和中立性，可能放大或引入一些偏见和歧视，损害某些群体的利益。最后，它还可能被用于传播错误信息、操纵舆论、实施诈骗等恶意活动，对社会秩序和公共安全构成威胁。

2. 攻击的防范策略

面对层出不穷的攻击，如何保障大模型的安全和可控，成为一个亟待解决的难题。业界提出了多种防范策略，从输入过滤、知识增强到对抗训练等，多管齐下，构筑大模型安全的防护网。

（1）我们需要在模型部署前，对输入文本进行必要的过滤和检查。通过定义一些关键词黑名单，或者设计一些文本安全分类器，我们可以初步识别和拦截一些恶意的输入模式。但单纯的过滤并不足以应对复杂的攻击，尤其是那些语义隐蔽、难以察觉的注入。

（2）我们还需要从根本上增强大模型的知识表示和对齐能力。

① 我们要不断扩充和优化模型的知识库，提高其知识的广度、深度和准确性。通过引入外部知识图谱、高质量的文本语料等，可以让模型建立起更加全面、稳定的世界知识，减少被误导的风险。

② 我们要加强大模型的伦理推理和决策能力。与单纯的知识表示不同，伦理决策往往涉及更加复杂的价值权衡和情境分析。因此，我们需要为模型设计专门的伦理推理模块，赋予其识别和处理伦理困境的能力。通过引入规范伦理学、案例伦理学等理论知识，并结合强化学习、对比学习等算法，可以训练模型形成稳定、一致的伦理原则，提高其抵御误导和欺骗的能力。

③ 我们要加强模型内部知识的一致性和连贯性。通过设计更加精巧的注意力机制、记忆机制等，我们可以帮助模型在推理过程中，始终保持对关键知识的聚焦和追踪，减少被干扰和误导的可能性。同时，引入一些逻辑规则、常识约束等，也可以帮助模型及时识别和纠正错误的推理路径。

（3）在训练阶段，对抗训练也是一种行之有效的防御手段。通过主动构造一些提示注入的样本，并将其加入到训练数据中，我们可以让模型在训练过程中，不断学习和适应这些对抗样本，提高其对攻击的鲁棒性和免疫力。这种"以毒攻毒"的方式，已经在图像、文本等多个领域取得了良好的效果。

（4）我们还需要建立完善的监测和响应机制。一方面，要实时监控模型的输入输出，及时发现可疑的攻击行为；另一方面，要建立快速响应和更新的渠道，一旦发现漏洞或攻击，能够及时推出补丁和升级，最大限度地减少攻击的影响和损失。

（5）面对数据污染攻击的严峻挑战，我们必须采取积极的防范和应对措施。

① 我们要加强对训练数据的质量控制和安全审核。在数据采集和标注的过程中，要建立严格的质量标准和审核机制，尽量减少错误、噪声和恶意样本的引入。同时，我们还要运用一些数据清洗、异常检测等技术，对已有的训练数据进行筛查和过滤，及时发现和剔除可疑的污染样本。

② 我们要发展更加鲁棒和自适应的学习算法。传统的机器学习算法大多假设训练数据

是独立同分布的,因此很容易受到污染样本的影响。为了提高模型的鲁棒性,我们需要设计一些能够主动识别和抵御污染样本的学习策略,如异常值检测、对抗训练、样本重加权等。通过这些技术,我们可以帮助模型在学习过程中自动调整和适应,减少污染样本的负面影响。

③ 我们还要加强对训练过程的监控和审计。在模型训练的过程中,我们要实时监测模型的各项性能指标,如损失函数、准确率、泛化误差等,及时发现异常波动和趋势。同时,我们还要对模型的中间结果和决策过程进行抽查和分析,发现可疑的行为模式。一旦发现问题,要及时停止训练,对数据和模型进行排查和修复,防止污染的进一步扩散。

④ 我们还要建立完善的数据治理和问责机制。大模型的训练数据往往来源广泛,涉及多方利益相关者。因此,我们需要建立明确的数据产权和使用规范,确保数据的合法、合规、合伦理。同时,我们还要明确各方的责任和义务,对数据污染事件进行追责和赔偿。只有形成良性的数据生态和治理机制,才能从源头上减少数据污染的风险。

总之,大模型的安全问题,已经成为制约其进一步发展和应用的一大挑战。只有从输入过滤、知识增强、对抗训练、实时监控、数据管理、算法设计、过程监控、治理机制等多个层面入手,构建起全方位、立体化的安全防御体系,才能真正实现大模型的安全、可控和可信。这需要学术界、产业界、政府等多方通力合作,在技术创新和安全规范之间找到平衡,共同推进人工智能的健康发展。

7.6　未　来　发　展

尽管大模型在许多领域展示了令人瞩目的潜力和成就,但未来的发展之路依然很长。

7.6.1　大模型在未来发展面临的挑战

(1) 大模型不仅在技术上仍存在局限性,还面临着与人类文明发生冲突的潜在挑战。这些问题不仅影响了大模型的实际应用效果,也引发了关于其社会影响和伦理问题的广泛讨论。正如图灵奖得主 Yoshua Bengio 所言:"大模型是一把'双刃剑',我们必须谨慎地使用它,并继续探索更加鲁棒、高效、可解释的 AI 技术。"

(2) 大模型的可解释性差是一个重要的局限性。当前的大多数大模型,尤其是深度神经网络,往往被视为"黑箱",难以理解其内部决策过程。这种不可解释性在关键应用领域,如医疗诊断和金融决策中,可能导致用户对模型结果的不信任。哈佛大学计算机科学教授 David Parkes 指出:"可解释性是人工智能应用的一个核心问题,特别是在高风险领域,透明和可信的模型是必不可少的。"为了提高模型的可解释性,研究者们正在开发新的技术,如可解释的 AI(XAI)方法,通过可视化和解释生成来揭示模型的内部机制。

(3) 推理效率低也是大模型面临的一个严峻问题。大模型通常需要大量的计算资源进行推理,这不仅导致高昂的计算成本,还限制了其在资源受限环境中的应用。例如,自动驾驶汽车需要实时处理大量数据,但目前的大模型在这种高要求的场景中往往表现不佳。为了解决这一问题,研究者们正致力于开发更加高效的模型架构和优化算法,如轻量级模型和量化技术,以降低计算复杂度和能耗。

(4) 大模型的环境适应能力弱也是一个亟待解决的挑战。尽管大模型在特定任务上表现出色，但它们通常缺乏通用性，难以在不同的环境和任务中保持稳定表现。斯坦福大学的 AI 专家李飞飞谈道："真正的智能系统应该具有跨任务和跨环境的适应能力，这需要我们在模型设计和训练方法上进行更多创新。"为了提高大模型的环境适应能力，研究者们正在探索多任务学习和元学习等方法，通过在多样化数据上进行训练，增强模型的泛化能力。

7.6.2　大模型在未来发展的研究方向

尽管面临诸多挑战，大模型的未来前景依然广阔。研究者们正在积极探索新的方向，以提升模型的效率和能力。

（1）更高效的模型架构是未来的重要研究方向之一。通过优化神经网络结构和训练算法，开发出计算效率更高、能源消耗更低的模型，如 Transformer 的改进版本和稀疏神经网络，将大幅提升模型的应用广度。

（2）更强大的少样本学习能力也是未来的重要目标。当前的大模型往往需要大量标注数据进行训练，而少样本学习则试图通过少量样本实现高效学习。Google 公司的 LaMDA 模型在少样本学习方面取得了显著进展，展示了通过少量对话示例生成高质量回答的能力。Google 公司的研究总监 Jeff Dean 表示："少样本学习将在降低数据需求和提升模型泛化能力方面发挥关键作用。"

（3）更广泛的知识融合也是未来大模型发展的重要方向。通过将不同领域的知识和数据进行融合，大模型将能够在更广泛的应用场景中发挥作用。例如，将自然语言处理与计算机视觉技术相结合，可以开发出多模态模型，这类模型不仅能理解和生成文本，还能处理图像和视频。OpenAI 的 CLIP 模型便是一个成功的案例，它通过联合训练图像和文本数据，展示了在图像分类和图像生成任务中的强大能力。OpenAI 的研究员 Alec Radford 指出："多模态模型代表了 AI 发展的一个重要方向，因为它们能够更全面地理解和处理复杂的现实世界数据。"

（4）除了技术上的进步，未来大模型的发展还需要高度重视跨学科合作。AI 的应用已经深入到各行各业，从医疗到教育，从金融到制造，每个领域都有其独特的需求和挑战。只有通过与领域专家的紧密合作，才能开发出真正符合实际需求的 AI 解决方案。例如，在医疗领域，AI 研究者与医生和生物学家的合作，已经在疾病诊断和治疗方案建议方面取得了显著进展。全球著名的研究机构如麻省理工学院和哈佛大学的联合实验室，正致力于将 AI 技术与生物医学研究结合，推动精准医疗的发展。

（5）政策和监管的制定也将对大模型的未来产生深远影响。政府和国际组织需要制定相关法规和标准，以确保大模型的开发和应用符合伦理规范，保护用户隐私和数据安全。欧洲联盟已经在这方面走在前列，其《通用数据保护条例》（GDPR）为全球数据隐私保护设立了新的标准。未来，类似的法律法规将成为 AI 技术应用的基石，确保其在造福社会的同时，不会引发新的问题和风险。

综上所述，尽管大模型面临着可解释性差、推理效率低、环境适应能力弱等诸多挑战，但其在各个领域的潜力和应用前景依然广阔。通过技术创新、跨学科合作和政策支持，我们有望克服这些挑战，使大模型在未来更加高效、智能和安全地服务于人类社会。正如 AI 领域的先驱 Geoffrey Hinton 所言："我们正在迈向一个全新的智能时代，这一过程中，大模型将是引领我们前行的重要力量。"未来，我们期待看到更多突破性的研究和应用，见证大模型为人类社会带来的深远变革和非凡进步。

小　　结

大模型代表着当今人工智能技术的最高水平，是人工智能的最新知识，需要对其进行系统的学习和了解。本章的教学目标是使学生了解语言模型的发展历程，把握大模型通用性和开放性的主要特点，重点学习大模型的核心技术原理、知识工程和攻击防范等内容。理解大模型在应用中可能出现的问题和风险，对大模型的未来发展方向形成合理预期。

思　考　题

7-1　与传统的机器学习模型相比，大模型的优势和劣势分别是什么？在实际应用中，应该如何根据具体任务选择合适的模型？

7-2　大模型的通用性和开放性为人工智能应用带来了哪些新的可能性？试结合实际案例进行分析。

7-3　Transformer 架构为何能显著提升模型的性能？试从其结构特点和工作原理进行分析。

7-4　预训练-微调范式如何帮助大模型实现高效的知识迁移？试结合具体应用场景进行说明。

7-5　提示学习技术如何改变人与模型的交互方式？试举例说明其在不同任务中的应用。

7-6　知识注入技术如何帮助大模型获得更准确、更丰富的知识？试结合具体方法进行解释。

7-7　大模型的幻觉问题是如何产生的？如何检测和预防模型产生幻觉？

7-8　为什么说人工对齐是大模型发展的重要方向？如何实现模型与人类价值观的对齐？

7-9　针对大模型的攻击方式有哪些？如何构建安全可靠的大模型应用？

第 8 章
人工智能的社会角色

第 8 章课件

8.1 引　　言

　　人工智能正在引领一场深刻的科技革命和社会变革,对人类的生产生活产生了全方位的改变。人们越来越真切地体会到人工智能在社会中扮演着重要角色,在愈发得益于人工智能所提供的便利和帮助的同时也对其角色的模糊边界越来越感到焦虑。随着各个领域中"机进人退"现象的加剧,人机协同、人机共生以及人机交互中人工智能的角色问题日益引发思考。具体而言,人工智能在人类社会中究竟应该扮演什么基本角色,人类对其角色的愿景是什么,愿景的实现面临哪些威胁和挑战,以及如何治理和防范等问题已经迫切地摆在人类面前。对这些重要问题具有基本的正确认识既是学好用好人工智能的重要基础,也能为研究和开发人工智能提供正确的原则和遵循。

　　本章将对上述问题进行讨论,并试图根据现有的社会共识和科学原则给出答案和解读,以帮助读者正确把握人工智能的社会角色,了解相关的潜在问题、现实问题和突出问题,了解对应的治理手段、国际公约、法律法规和技术措施。第 2 节将从人工智能的基本属性出发讨论其社会角色的基本定义,进而对其发展愿景进行宏观描绘。第 3 节介绍与人工智能发展愿景相背离的各种风险、威胁和挑战,包括根本背离其角色的风险,制约其角色正常发挥的安全威胁,以及在个人隐私、价值观、文化教育等方面所面临的伦理挑战。第 4 节介绍和解读保证人工智能正确扮演其社会角色的治理方略和防范措施,包括国际公约、国际倡议、法律法规、管理办法和技术措施等。

8.2 基本定义和愿景

8.2.1 基本定义

　　人工智能社会角色的基本定义来自它的基本属性。在本书的第 1 章,我们从人工智能的名词溯源、思想基石、内在逻辑和实践历程等多个方面阐述和论证了它的能力属性、工具属性和实用属性。这三个本质属性决定了人工智能社会角色的基本定义。

（1）从能力属性出发，人工智能的社会角色必须是物质性的，即人工智能不具备精神或意识属性。这一点，无论是 AI 这一名词的内涵本身，还是图灵测试所遵从的标准都给出了十分明确的界定。人工智能诞生以来的开发和应用实践也一直在展示其纯粹的物质性。人工智能的物质性决定了它在与人类的协同和交互中必须完全服从人类的意志，而不能有自己的意志进而与人类平起平坐甚至反客为主。人工智能的物质性是决定其社会角色的第一性原则，是定义其具体社会角色的基本出发点。

（2）从工具属性出发，人工智能的社会角色应是强大生产力的创造者。人类研究、开发人工智能的原始冲动来源于让机器模拟和延伸人类智力这一梦想。随着这一梦想的逐步实现，具有人工智能的机器已经成为解决各种各样问题的智力工具。因此从根本上讲，开发人工智能就是在开发智力工具，以便为人类创造更强大的生产力。强大生产力的创造者是人工智能的根本社会角色，也是其工具属性，期待人工智能很好扮演这一角色是人类开发和利用人工智能的主要动力。

（3）从实用属性出发，人工智能的社会角色还应是人类福祉的服务者和建设者。人工智能的实用属性不仅要求其能够创造强大的生产力，还要求其在解决气候、资源、环境等全球性问题，以及提升教育、医疗、养老等社会福祉方面发挥重要作用。人类福祉的服务者和建设者体现了人工智能必须为人类服务这一基本理念和原则，也明确了提升人类福祉是人工智能的重要任务。

8.2.2　愿景

对应以上基本角色，结合当今社会生产生活各个领域的现实状况，人类对人工智能的社会角色提出了更加具体的愿景，主要包括以下方面。

1. 发展新质生产力

新质生产力是伴随我国现代化建设进入新阶段而产生的新名词。在新一轮科技革命和产业变革持续深化的背景下，新质生产力具有鲜明的时代特征。它以数字化、网络化、智能化新技术为支撑，以数据为关键生产要素，以科技创新为核心驱动力，以深化新技术应用为重要特征。

发展新质生产力，人工智能发挥着核心引擎的作用。在效率提升、技术创新、智能决策、个性化定制、资源优化、劳动力转型等方面，人工智能均具有强大的推动力。当前，大国之间在科技和产业等方面的竞争日趋激烈，而人工智能技术被看作竞争取胜的关键要素。

2. 创造新精神文明

人工智能作为新精神文明的推动者，不仅能够促进文化创新和知识传播，还能够提供新的体验方式和交流平台，增进人们对于不同文化的理解与尊重。

具体地，人工智能对音乐、绘画、文学、电影等内容的自动生成，直接引发了文化领域的创作变革。智能推荐系统将文化内容个性化地推送给用户，促进了知识的普及和传播。机器翻译实现跨文化交流，打破语言障碍，使不同文化背景的人们能够更好地理解和欣赏彼此的文化成果。通过虚拟现实（VR）、增强现实（AR）等技术，人工智能可以创造沉浸式的文化体验，让人们以全新的方式体验文化遗产和艺术作品。人工智能还可以分析和理解社交媒体上的交流,促进社会成员之间的互动和对话,增进对不同文化和观点的理解。

人工智能创造精神文明伴随着机器道德和伦理问题,人们希望能够正确建立新文明社会中人类的行为准则,规范文化伦理和相应的社会责任。

3. 维护公平正义

基于大数据、法律法规以及道德规范等,人工智能能够对法律案件、社会事件、热点舆情等做出独立的判断和评价。这一能力被人们寄予希望,以使其在维护社会公平正义方面发挥辅助决策的作用。此外,人工智能还可在社会生活的方方面面发挥维护公平正义的作用。例如,在教育公平方面,人工智能可以为不同背景的学生提供个性化的学习资源和辅导,缩小教育资源分配上的差距。在就业机会方面,人工智能可以帮助识别和消除招聘过程中的偏见,提供更加公平的就业机会。在公共政策方面,人工智能可以分析公共政策的社会影响,帮助政府制定更加公平和有效的政策。在自然灾害和社会危机中,人工智能可以帮助快速响应和资源分配,确保救援工作的公平性。

为了胜任这些任务,还必须解决人工智能技术本身的相关问题,如伦理和道德问题,以避免算法偏见,保护数据隐私等。这需要全社会共同努力,制定相应的规范和标准。

4. 改善民生福祉

改善民生福祉是人类对人工智能的一个重要期待。特别是在医疗健康、教育、养老、就业、公共安全等领域,人工智能的应用格外受到关注。在医疗健康领域,人工智能正在疾病诊断、治疗计划、药物研发、提高医疗服务的质量和效率等方面发挥日益重要的作用。在教育领域,人工智能被用于提供个性化学习资源和辅导,帮助学生根据自己的学习进度和理解能力进行学习,提高教育质量。在养老领域,人工智能被用于养老服务和陪伴中,包括智能监护、健康监测、个性化陪伴等,以提高老年人的生活质量。在就业领域,人工智能可以帮助求职者和雇主更有效地匹配,人工智能的发展不是简单替代人类,而是会创造更多的新就业岗位,它会辅助开展新职业培训和技能提升,增加就业机会。在公共安全领域,人工智能被用于犯罪预防和灾害响应,以提高公共安全性,更好地保护人们的生命财产。

此外,人工智能在可持续发展领域的应用上也得到了大力推动,包括工业创新、环境保护、资源利用、能源管理、节能减排与"双碳"战略目标的达成,促进生物多样性等。

以上我们对人工智能的社会角色进行了基本定义,并描述了人类对人工智能所应发挥作用的美好愿景。Artificial这个英文单词,有人造的、人工的、仿造的、假的之意,这也暗示着无论人工智能的能力多强大,它依然是人为创造的一种能力,这是我们理解和认识人工智能社会角色的起点。在人工智能的发展和应用过程中,存在着各种背离这些角色和愿景的威胁和挑战,如果这些威胁和挑战不能很好地得到解决,人工智能就无法以其正确的社会角色发挥作用。

8.3 威胁和挑战

人工智能的社会角色所面临的风险、威胁和挑战包括根本背离其角色的风险,制约其正常发挥作用的安全威胁,以及在个人隐私、价值观、文化教育等方面所面临的伦理挑战。

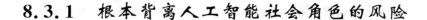

8.3.1　根本背离人工智能社会角色的风险

根本背离人工智能社会角色的风险,是指人工智能发展到一定阶段后,存在摆脱人类的控制,并对人类造成危害的风险。这时的人工智能已不再是人类的工具,而为人类服务。霍金曾多次表达过对于人工智能的担忧,他说,"人类创造智能机器的努力威胁着自身的生存",还说"开发彻底的人工智能可能导致人类灭亡"。深度学习之父辛顿在 2023 年 5 月从工作了十年的 Google 公司离职,离职后他多次谈到人工智能可能带来的危险,他说,"如果人工智能变得比人类聪明得多,就会对人类进行操控",也提到"使用 AI 的一些危险源于它可能会产生控制他人的欲望"。

这些担忧的基本前提是人工智能会产生独立意志,或叫独立意识,这当然是对人工智能原本第一属性,即能力属性的背离。其中有两个问题,一个是具有独立意志的人工智能是否出现的问题,另一个是具有独立意志的人工智能该不该开发的问题。对于前者,虽然业内多数人持否定观点,但也有一些人认为有可能,如辛顿。对于后者,无论是业内还是业外,绝大多数人都是持否定观点的,因为人类不希望制造出这样可怕的"敌人"。因此,有意造出具有独立意志的人工智能的可能性是极低的。但具有独立意志的人工智能是否自动涌现出来确实是一个有争议的话题,而这正是一些人对人工智能根本性地颠覆其角色存在担忧的根据。

相对于根本性地颠覆角色,制约其角色正常发挥作用的安全威胁,以及在个人隐私、价值观、文化教育等方面所面临的伦理挑战是更现实的问题。

8.3.2　人工智能角色作用面临的安全威胁

人工智能的社会角色所面临的安全威胁是一个大安全的概念。既包括人工智能系统直接对人的利益的安全威胁,如个人隐私数据的泄露,也包括恶意使用人工智能,以使其产生负面作用这样的安全威胁,还包括蓄意对人工智能系统进行攻击,以使其丧失正常功能、产生有害输出这样的安全威胁。下面分别对这几类安全威胁进行介绍和讨论。

1. 个人隐私数据泄露

个人隐私数据泄露主要包括以下方式。

(1)在预训练数据中包含个人隐私信息,在模型应用时,这些信息被非法提取和利用。

(2)在模型应用时,系统对用户的交互信息进行记录和学习,从而获取了用户的行为方式、兴趣爱好、经济状况、交友情况等特征,而这些特征被以不当的方式使用和泄露。

(3)系统通过学习获得了用户的面容、声音、体态、运动等特征,在此基础上进行用户图像或音视频的仿冒生成,并非法加以应用。

(4)在专业系统,如智能医疗系统中,患者的身体状况及医疗诊断数据如不能有效保护,存在泄露风险。

个人隐私数据泄露有很大的危害,不仅可能带来经济损失,还可能带来法律风险和信任危机。个人隐私数据泄露具有往往难于被察觉,一旦发生泄露就无法挽回,被恶意使用的方式无法预测等特点,这些特点使得防范个人隐私数据泄露既是人工智能安全中的一个重点,也是一个难点。

2．恶意使用人工智能

对人工智能系统进行恶意使用，是非常容易发生的一大类安全问题，其形式多种多样。常见的包括深度伪装、自动钓鱼攻击、开发恶意软件、舆论操控、网络攻击、客服滥用、制造歧视、伪装身份等。其中，深度伪造利用人工智能技术生成逼真的假音频或视频，可被用于诽谤、误导或欺诈；自动钓鱼攻击利用人工智能使钓鱼攻击过程自动化，发送个性化的钓鱼邮件或消息，以提高成功率，利用人工智能开发的恶意软件能够学习用户行为，规避检测，以进行难以防范的复杂攻击；舆论操控是指通过人工智能生成虚假评论或新闻，影响公众舆论或市场行情；基于人工智能的网络攻击可以使网络攻击过程自动化，包括自动扫描漏洞、发起攻击等；客服滥用是指将自动化客服系统用于传播虚假信息或误导用户等不良目的；制造歧视是指故意在有偏见的数据上训练模型，以使其在决策中表现出歧视性；伪装身份是指利用人工智能生成虚假的用户资料和进行虚假的社交网络活动等。

3．蓄意攻击人工智能系统

蓄意攻击人工智能系统主要是指寻找其脆弱环节对其进行对应攻击，以使其丧失正常功能、产生错误输出，以及获取其模型或训练数据中的敏感信息。攻击的方式同样有多种，主要包括数据投毒攻击、数据推断攻击、模型窃取攻击、模型逆向攻击、对抗样本攻击、后门植入攻击、算法欺骗攻击、供应链攻击等。

（1）数据投毒攻击是指攻击者在训练数据中故意引入错误的信息，以使模型学习产生攻击者所要利用的结果。

（2）数据推断攻击是指攻击者尝试推断特定的数据是否被用于模型的训练，以便后续采取相应的攻击行动。

（3）模型窃取攻击是指通过大量的｛查询-输出｝这样的数据，攻击者尝试推断被攻击模型的结构或参数，以便予以仿造。

（4）模型逆向攻击是指利用模型的输出信息尝试恢复训练数据中的敏感信息。

（5）对抗样本攻击采用在输入数据中故意加入细微的扰动等方法，以使模型在察觉不到攻击的情况下做出错误的预测或判断。

（6）后门植入攻击是指在模型中植入后门，使其在特定触发条件下表现出异常行为。

（7）算法欺骗攻击是指攻击者利用模型的决策逻辑，通过特定的输入误导模型做出错误的判断。

（8）供应链攻击是指攻击者通过篡改系统所依赖的外挂库或外挂框架来植入恶意代码。

根据攻击的目标归纳可分为数据攻击类、模型攻击类和算法攻击类。除了直接对人工智能系统进行攻击，攻击者还会寻找和发现其存在的软硬件漏洞，以等待在特定的时机和场合发动攻击。需要指出的是，各类攻击的危害性高低是难以比较的，取决于具体情况。并且，无论哪类攻击均可带来严重的后果。

8.3.3　人工智能角色作用面临的伦理挑战

人工智能深度融入社会，扮演原本只有人才能担当的角色，例如咨询、医疗、陪伴、教育、文化创作等，这便引发了潜在而深刻的伦理问题。

根据新华字典的定义，伦，是指人与人之间的关系，所谓伦理，是指人伦道德之理，指人与人相处的各种道德准则。也指一系列指导行为的观念，或从概念角度上对道德现象的哲学思考。简单地说，就是指做人的道理，包括人的情感、意志、人生观和价值观等方面。

可见，伦理原本只是涉及人的个人行为或与他人的关系，与机器或工具无关。但当人工智能有了深度的社会角色之后，其伦理问题便自然产生出来。例如，在人工智能与人交互时，它的言语行为是否能够遵守基本道德准则和人类普适价值观？在提供决策支持时，它能否遵守客观真实、公平公正的原则，不带偏见、不虚幻妄为？在生成精神作品和文化内容时，它能否尊重不同民族的文化传统，不违反公序良俗和道德公约，特别是不违反法律法规？这种由于人工智能的深度应用所产生的伦理问题不仅引发了人们的普遍关注和忧虑，而且也的确产生了一些现实问题。而妥善解决这类问题无论在技术上还是在法律法规和社会认知方面，都面临严峻的挑战。

人工智能在伦理方面所出现的现实问题主要包括个人隐私保护问题、信息茧房问题、算法歧视问题、价值观对齐问题、文化多样性问题、社会公平问题、法律追责问题等。

（1）个人隐私保护问题与前述的个人隐私泄露在本质上是同一问题，但二者侧重的角度不同。个人隐私保护问题强调的是从道德规范的角度保护个人隐私；而个人隐私泄露强调的是人工智能系统可能面临的安全威胁。

（2）所谓信息茧房是指人工智能算法根据用户的偏好向其提供和推送信息，导致用户被算法圈定在狭窄的信息空间中，形成所谓过滤气泡和回声室效应，进而造成社会不同人群之间的认知鸿沟，甚至是隔阂。

（3）算法歧视问题往往与算法的不透明性有关，在其判决过程中潜藏着对性别、种族、年龄等的偏见而不被发现，从而产生歧视的结果。这类问题常发生在在线购买商品、互联网服务、升学、就业、信贷等场合。

（4）价值观对齐是指人工智能系统需要与人的价值观对齐，以确保其输出的内容或决策与人的价值观一致。但问题的复杂性在于人与人之间也存在价值观的分歧，因此，以谁或哪类人的价值观为标准进行对齐便是一个根本性问题。例如，不同国家的文化之间存在差异甚至冲突，于是主要用某一个国家的数据训练的模型是难以与另外国家的价值标准对齐的。文化多样性问题以及社会公平问题的产生机理与上述问题的产生机理相类似。

（5）法律追责问题是指由人工智能系统的输出或决策导致不良后果时如何追究法律责任。例如，自动驾驶汽车发生交通事故时的追责问题；智能医疗诊断所引发的医疗事故的追责问题，老人服务机器人出现失误时的责任问题；等等。这类问题与前述的问题不同，它本身主要不是技术问题，无法通过技术的方法解决，而是需要在建立人工智能社会责任的人类共识和规范的基础上，用法律的方法解决。这本身又是一个新的挑战。

与法律追责问题相关但又有所不同的另一个问题是人工智能生成的内容，如歌曲、美术、字画等，产生使用价值或商业价值后，如何处理其版权问题。即这类作品是否应受版权保护，以及如何保护？这也是一个复杂的问题。

综上所述，人工智能社会角色作用的正常发挥面临着多种多样复杂严重的风险、威胁和挑战。为了规避和克服这些问题，需要技术、法律和行政等各种有效措施，并需要将多种有效措施进行综合运用。下面介绍相关的法律治理体系、技术防范方法和行政管理措施。

8.4 治理体系和防范方法

8.4.1 法律治理体系

人工智能法律治理体系的构建是保障人工智能正确发挥其社会角色作用的基础工程。所谓法律治理体系主要指以联合国及其他国际组织和专业机构所建立的公约、建议、指南、倡议等为指引，以各国的法律、条例、规定等为基础建立的法律架构及相应的运作机制。法律治理体系的构建终将是一个逐步推进的过程，需要长期的努力和合作。但迫于形势的压力，目前的工作正在加速。

2021年11月，联合国教科文组织发布《人工智能伦理问题建议书》。这部文书在2019年11月举办的联合国教科文组织第40届大会作出决定后，历经两年时间完成，最终获得全体会员国通过。这是关于人工智能伦理的首个全球标准制定文书，其发布具有重大的历史意义。其宗旨是促进人工智能为人类、社会、环境以及生态系统服务，并预防其潜在风险。

建议书指出，人工智能正从正负两方面对社会、环境、生态系统和人类生活包括人类思想产生深刻而动态的影响。其重要原因在于，人工智能的使用以新的方式影响着人类的思维、互动和决策，并且波及教育、人文科学、社会科学和自然科学。

建议书提供了规范人工智能发展应遵循的原则以及在原则指导下人工智能的应用领域。建议书指出，人工智能行业的自我调整不足以避免伦理问题，因此需要《人工智能伦理问题建议书》来提供指导，以确保人工智能的发展遵纪守法、避免伤害，并确保当伤害发生时，受害者可以通过问责制和补救机制来维护自身权益。

2022年10月，美国政府颁布《人工智能权利法案蓝图》，聚焦数据隐私、算法歧视和自动化系统使用的风险等问题，确立了美国政府对私营公司和政府机构在采用人工智能技术时的一般原则。

2024年5月，欧盟发布《人工智能法案》，成为全球首个人工智能监管法案。该法案根据人工智能系统对用户和社会的潜在影响程度，对人工智能的风险等级进行了明确的划分，并针对不同风险等级的人工智能系统制定了相应的监管措施。

该法案禁止任何试图操纵人类行为、利用人性弱点或支持政府社会评分的人工智能系统。对健康、安全、基本权利和法治构成重大威胁的人工智能系统属于高风险类。所有使用高风险人工智能系统的企业都必须履行相关义务，包括满足有关透明度、数据质量、记录保存、人工监督和稳健性的具体要求。在进入市场之前，它们还必须接受符合性评估，以证明它们满足法案的要求。

有限风险类人工智能系统被认为不会构成任何严重威胁，其主要风险是缺乏透明度。法案对有限风险类人工智能系统施加了一定的透明度义务，以确保所有用户在与人工智能系统互动时都能充分了解相关情况。法案允许自由使用最小风险类的人工智能系统，包括人工智能电子游戏或垃圾邮件过滤器等应用。

2023年10月，中央网信办发布《全球人工智能治理倡议》，提出发展人工智能应基于"以人为本、智能向善"的原则，坚持相互尊重、平等互利，各国无论大小、强弱，无论社会制度如何，都有平等发展和利用人工智能的权利。2024 年 7 月,世界人工智能大会暨人工智能全球治理高级别会议发表《人工智能全球治理上海宣言》,宣言强调共同促进人工智能技术发展和应用的必要性,同时确保其发展过程中的安全性、可靠性、可控性和公平性,促进人工智能技术赋能人类社会发展。宣言从促进人工智能发展、维护人工智能安全、构建人工智能治理体系、加强社会参与和提升公众素养、提升生活品质与社会福祉五个方面对人工智能全球治理的重要问题进行了系统阐述。它是一部具有全球影响力和号召力的纲领性文书。

在构建人工智能治理体系方面,宣言倡导建立全球范围内的人工智能治理机制,支持联合国发挥主渠道作用,欢迎加强南北合作和南南合作,提升发展中国家的代表性和发言权。宣言鼓励国际组织、企业、研究机构、社会组织和个人等多元主体积极发挥与自身角色相匹配的作用,参与人工智能治理体系的构建和实施。

宣言表示愿加强与国际组织、专业机构等合作,分享人工智能的测试、评估、认证与监管政策实践,确保人工智能技术的安全可控可靠。

宣言提出加强人工智能的监管与问责机制,确保人工智能技术的合规使用与责任追究。

8.4.2　技术防范方法

技术防范方法是保障人工智能正确发挥其社会角色作用的必要条件,是具体解决安全威胁和挑战的有效武器。针对前述的安全威胁和伦理挑战,目前的技术防范方法主要聚焦系统安全及鲁棒、隐私保护和数据治理、透明性及可解释性、算法公平及无歧视等方面的问题,以人工智能技术防范人工智能风险,初步形成了有针对性的技术体系。下面对这些方法进行具体介绍。

1. 系统安全及鲁棒

人工智能系统的安全及鲁棒问题是指系统模型被攻击破坏、算法缺陷导致功能脆弱、在干扰环境下易产生错误等问题。这些问题往往源自系统和算法本身,是需要首先解决的一类问题。

传统上,解决系统安全及鲁棒问题的有效技术包括漏洞发现、攻击检测与阻止、可信计算、防逆向攻击等。针对人工智能系统的安全及鲁棒问题,需要在传统技术基础上结合人工智能技术加以解决。也就是说,需要开发更加安全有效的智能漏洞发现、智能攻击检测与阻止、智能可信计算、智能防逆向攻击等技术。例如,结合人工智能的漏洞发现技术在数据预处理、模型建立及训练、模型测试与检验、模型评估与优化、动态污点分析、动态符号执行等各个环节中都在应用深度学习技术。这便是所谓的以人工智能技术防范人工智能风险。

对人工智能系统的攻击检测已经成为一个新的研究热点。主要方法包括基于异常数据发现的自动化检测、基于用户行为分析的检测、基于攻击模式识别的检测、基于对抗性训练的模拟攻击技术、基于异常检测算法的攻击检测等。其中,基于对抗性训练的模拟攻击技术是一种专门针对人工智能系统的攻击检测技术,相关研究十分活跃。

可信计算是一个有明确定义的专业性概念。这一概念源自 1985 年发布的《可信计算机系统评估准则》(TCSEC)。而可信计算组织(TCG)用实体行为的预期性来定义可信:如果一个实体的行为总是以预期的方式,朝着预期的目标前进,则该实体是可信的。可信计算的关键技术概念包括认证密钥、安全输入输出、内存屏蔽、封装存储、远程证明等,这些概念共同构成了一个完整可信系统所需的要素集合,使系统遵从 TCG 规范。为使人工智能系统具有较高的安全性，有必要以可信计算的标准在开发和应用环节对其进行约束和检验。

防逆向攻击指的是采取措施防止他人对软件、系统或数据通过逆向工程进行分析或破解，以保护知识产权、数据安全和软件产品的完整性。防逆向攻击技术往往包含加密、压缩技术等，以防止恶意用户或攻击者对软件进行反编译、破解或分析其内部结构和算法。

在保护人工智能系统的场合，防逆向攻击往往涉及对深度学习模型和数据隐私的保护。通过模型逆向攻击，攻击者可以重构敏感信息，如模型参数、模型结构等，这对系统安全构成了严重威胁。

2. 隐私保护和数据治理

隐私保护与数据治理是既相互关联又相互区分的两类防范方法。隐私保护既包括个人和团体的隐私数据保护，也包括系统和模型的隐私数据保护，是计算机信息处理领域的重要技术。如前文所述，在人工智能系统开发和应用中，隐私保护被赋予了新的内涵和重点。相对隐私保护，数据治理要解决的问题更宽泛。它不仅要解决数据隐私问题，还要解决数据质量、数据安全、数据伦理、数据责任等诸多问题。概括来讲，隐私保护是专门针对隐私泄露问题的技术性防范方法，而数据治理则是全面应对数据采集、存储、应用、效果等各环节问题的综合性防范方法。

在技术层面，隐私保护的研究领域主要关注基于数据失真的技术、基于数据加密的技术和基于限制发布的技术。基于数据失真的技术通过添加噪声等方法使敏感数据失真，同时保持某些数据或数据属性不变，以保持统计方面的性质。基于数据加密的技术采用加密技术在数据处理过程中隐藏敏感数据，而基于限制发布的技术则选择性地发布原始数据、不发布或发布精度较低的敏感数据，以实现隐私保护。

如联邦学习（Federated Learning）就是一种带有隐私保护、安全加密技术的分布式机器学习框架。其核心思想是在多个拥有本地数据的数据源之间，通过分布式模型训练，不交换本地数据而仅通过交换模型参数或中间结果来构建基于虚拟融合数据下的全局模型，从而实现数据隐私保护和数据共享计算的平衡。联邦学习强调在数据不出本地的情况下进行 AI 协作，实现"知识共享而数据不共享"，从而解决 AI 行业落地中的"数据孤岛"与"数据隐私保护"问题。

具体的隐私保护技术还包括无法重识别、数据脱敏、差分隐私、同态加密、隐私增强技术等。其中，无法重识别技术通过删除或修改数据集中的识别信息，使数据无法对应到具体的个人；数据脱敏通过部分屏蔽或模糊化处理数据，以保护敏感信息；差分隐私通过对原始数据进行微小的改变（如添加噪声），以掩盖个体输入的详细信息，同时保持数据的解释能力；同态加密允许在不暴露数据给处理方的情况下进行计算；数据所有者使用自己的密钥对数据进行加密，然后处理器可以在加密数据上执行计算，得到只有数据所有者的密钥能解密的结果；隐私增强技术通过专用处理工具对数据进行隐私增强，包括数据混淆工具、加密数据处理工具、联邦分布式分析、数据责任化工具等，以便在不同场景下保护数据隐私。

在人工智能领域，数据治理的主要作用是对数据的管理和控制，以确保数据的质量和可用性，同时保护数据的隐私和安全。数据治理在人工智能系统中的极端重要性主要来自模型依赖大量高质量的数据进行训练和决策。

在保证数据质量方面，要求数据具有准确性、完整性、一致性和可靠性。在保护数据隐私方面，要求保护个人和团体的敏感数据，遵守相关的数据保护法规和行政管理办法。在数据访问控制方面，要求严格执行按权限访问数据、操作数据的原则，以防止数据滥用、误用和恶用。

同时,实行数据生命周期管理,对数据在创建、存储、维护、归档和删除的全过程进行规范管理。加强数据共享和交换时的安全管理,确保数据的隐私和安全。明确数据收集、存储、使用和保护的负责人,以便在出现问题时有效追责。制定和实施数据治理框架和政策,为数据管理提供指导和规范。

3. 透明性及可解释性

人工智能模型,特别是基于大模型的生成式人工智能,虽然具有处理复杂任务的强大能力,但这些模型在透明性和可解释性方面存在不可忽视的问题。由于模型的透明性和可解释性不高,会产生预测、判断、决策的偏颇甚至失误而不为人知。

概括而言,透明性指的是模型的决策过程和内部工作机制对用户和开发者的可见程度;可解释性则是指模型的预测结果能够被人类理解和解释的程度。二者显然是相互关联的,通常会认为因为透明性低,所以导致模型的预测结果可解释性差。其实可解释性差也会反过来影响人们对模型透明性的评价。

具体地,人工智能模型在透明性和可解释性方面主要包括黑箱问题、复杂性问题、数据依赖问题和结果不一致等问题。黑箱问题是指模型内部的决策逻辑、权重参数甚至网络结构对用户不透明,因而难以理解其学习和推理过程。复杂性问题是指模型的复杂性高,使得即使是开发者也难以追踪和解释模型的每一个决策步骤。数据依赖问题是指模型依赖于大量数据进行训练,但数据中的偏差和噪声可能会影响模型的决策,而这些影响往往不为人所知。结果不一致性问题是指模型的预测结果与人类的直觉或道德标准不一致,甚至产生冲突。

解决上述问题需要从多个不同的角度寻求方法,并对多种方法进行综合,如下所述。

(1) 模型可视化是一种常见的方法。它通过可视化技术,如热力图、特征归因图等,展示模型在作出决策时考虑的特征和权重,从而提高模型的透明度。

(2) 解释性参考模型是利用更易于解释的模型,如决策树、逻辑回归等作为参考模型,研究大模型的可解释性的方法。由于参考模型和大模型的复杂度和决策机理不同,参考模型的决策过程和逻辑也会区别于大模型,但其在提供解释线索方面是有价值的。

(3) 模型简化是提高模型可解释性的一种直接方法。它通过剪枝、量化等技术简化模型结构,减少模型的复杂性,使其更加透明,以便于理解和解释。

(4) 多模态解释方法结合文本、图像等多种模态的信息,从不同的维度和视角提供更全面的解释,帮助用户理解模型的决策过程。

综合运用这些方法,可以显著提高人工智能模型的透明性和可解释性,增强用户对模型的信任,促进人工智能社会角色作用的正常发挥。然而这些方法目前还都存在局限性,如计算成本高、解释的准确性有限等。因此,解决人工智能模型的透明性和可解释性问题仍是一个长期的任务。

4. 算法公平及无歧视

算法公平及无歧视是人工智能正确发挥其角色作用的必要条件,是开发使用人工智能系统必须遵守的原则。然而由于技术和社会现实原因,这一原则的遵守并非轻而易举。技术上,由于人工智能模型的高复杂度所导致的“黑箱”问题致使算法缺乏透明度,存在不公时难以发现和纠正。另一方面,社会现实上存在的不公和歧视问题会通过数据和现有规则自然而然地渗透到算法设计之中。

为了解决这些问题,研究人员和开发者采取了多种技术和方法,从数据预处理、算法测试、模型训练、后处理调整、可解释性增强、用户反馈等不同方面进行纠偏,以保证人工智能系统的算法公平及无歧视。具体方法主要包括如下：

（1）公平性数据预处理：在数据收集和预处理阶段，确保数据的多样性和代表性，减少数据偏见。例如，通过重采样、数据增强等技术来平衡不同群体的代表性。

（2）算法公平性评估：使用统计测试和公平性指标（如平等机会、差异公平性等）来评估模型的公平性，对模型中可能出现的不公平现象进行识别和量化。

（3）公平性约束的模型训练：在模型训练过程中引入公平性约束，如公平性正则化，确保模型在不同群体上的表现一致。这种方法通常通过在损失函数中加入公平性约束来实现。

（4）后处理公平性调整：在模型训练后，通过调整模型的输出来提高公平性。例如，通过校准技术来调整模型的预测概率，使其在不同群体上更加公平。

（5）可解释性增强：提高模型的可解释性，使决策过程更加透明。可解释技术可以帮助用户理解模型的决策逻辑，发现潜在的不公平因素。

（6）多任务学习：在多任务学习框架中，同时考虑预测任务和公平性任务，使模型在完成主要任务的同时，也关注公平性。

（7）用户参与和反馈：让用户参与模型的设计和评估过程，提供反馈。用户的参与可以帮助发现和纠正不公平现象，增强模型的公平性和可接受性。

（8）持续监测和评估：在模型部署后，持续监测其表现，评估其公平性。以便及时发现和纠正不公平现象，确保模型的长期公平性。

通过这些技术和方法，可以有效提高人工智能系统的公平性和无歧视性，减少不公平现象，增强用户对系统的信任，使人工智能的角色作用得到更好地发挥。然而这些方法并不能从根本上杜绝人工智能的公平性和歧视性问题。所以人的参与，即所谓"人在环路"（Human-in-loop，HITL）是十分必要的。在重要的场合，人工智能一般不能作为最终决策者。

8.4.3 行政管理措施

行政管理措施是在法律约束和技术保障基础上的政府监管职能，即防范人工智能的风险、威胁和挑战需法律、技术、行政三管齐下，综合施治。而行政管理措施往往是为弥补法律空缺和技术不足的过渡性办法，是政府发挥监管职责的抓手。

近年来，欧盟、美英和中国出台多部文件，为防范人工智能的各类风险提供行政依据。

2018年12月，欧盟颁布《可信人工智能伦理指南草案》。

2021年9月，我国颁布《新一代人工智能伦理规范》。

2023年1月，美国颁布《人工智能风险管理框架》，为设计、开发、部署和使用人工智能系统提供资源，帮助管理人工智能风险，提升系统的可信度，促进负责任地开发和使用人工智能系统。该框架分为两部分，第一部分分析了人工智能系统的风险和可信性，概述了可信的人工智能系统的特征，包括有效、可靠、安全、灵活、负责、透明、可解释、保护隐私、公平和偏见可控等。第二部分概述了治理、映射、衡量和管理四个具体功能，以帮助在实践中解决人工智能系统的风险。

2023年3月，英国颁布《促进创新的人工智能监管方法》白皮书，提出人工智能在各部门的开发和使用中都应遵守五项原则：一是安全性、可靠性和稳健性；二是适当的透明度和可解释性；三是公平性；四是问责制和治理；五是争议与补救。白皮书指出，为鼓励人工智能的创新，并确保能够对日后产生的各项挑战作出及时回应，当前不会对人工智能行业进行严格立法规制。这使企业更容易创新发展,创造更多就业机会。

2023 年 8 月,我国颁布《生成式人工智能服务管理暂行办法》,包括总则、技术发展与治理、监督检查和法律责任三个方面。总则中提出,提供和使用生成式人工智能服务,应当遵守法律、行政法规,尊重社会公德和伦理道德,遵守以下规定:

(一)坚持社会主义核心价值观,不得生成煽动颠覆国家政权、推翻社会主义制度,危害国家安全和利益、损害国家形象,煽动分裂国家、破坏国家统一和社会稳定,宣扬恐怖主义、极端主义,宣扬民族仇恨、民族歧视,暴力、淫秽色情,以及虚假有害信息等法律、行政法规禁止的内容;

(二)在算法设计、训练数据选择、模型生成和优化、提供服务等过程中,采取有效措施防止产生民族、信仰、国别、地域、性别、年龄、职业、健康等歧视;

(三)尊重知识产权、商业道德,保守商业秘密,不得利用算法、数据、平台等优势,实施垄断和不正当竞争行为;

(四)尊重他人合法权益,不得危害他人身心健康,不得侵害他人肖像权、名誉权、荣誉权、隐私权和个人信息权益;

(五)基于服务类型特点,采取有效措施,提升生成式人工智能服务的透明度,提高生成内容的准确性和可靠性。

由此可见,这部行政法规是对人工智能技术应用的明确规范和约束,是防范人工智能风险的有效手段。

《生成式人工智能服务管理暂行办法》给出了此类法规的典型范例,对人工智能在法律、伦理、歧视、隐私、透明性等方面可能产生的风险进行了明确的行政管理和制约。

2023 年 9 月,我国又颁布《科技伦理审查办法(试行)》。这些草案、规范和办法直接针对人工智能的伦理问题,强调伦理规范性和技术健壮性,提出可信人工智能的要求和实现可信人工智能的技术和非技术性方法,并列出评估清单,以便于行政监管。

小　　结

本章对人工智能的社会角色问题进行了系统阐述。首先从人工智能的能力属性、工具属性和实用属性出发对其社会角色给出了基本定义,在此基础上描述了人类对人工智能角色作用的宏观愿景和期望。其后,深入分析了正确发挥人工智能角色作用所面临的风险、威胁和挑战,继而具体介绍了应对这些风险、威胁和挑战所构建和开发的法律体系、技术方法和行政措施。

本章的教学目的是使学生正确认识人工智能的社会角色,了解人类对人工智能角色作用的愿景,了解正确发挥人工智能角色作用所面临的风险、威胁和挑战,以及相应的法律、技术和行政措施。

思　考　题

8-1　决定人工智能社会角色的根本因素是什么?人工智能社会角色问题的本质是其与

人类的关系问题，这句话是否正确？

8-2 正确发挥人工智能的角色作用面临哪些风险、威胁和挑战？三者之间有何关系？

8-3 人工智能系统具有或面临哪些安全威胁？

8-4 何谓伦理？人工智能在发挥角色作用时存在哪些伦理挑战？

8-5 面对人工智能所带来的风险、威胁和挑战，需要从哪几个方面进行治理、防范和管理？

第9章
人工智能计算基础

第 9 章课件

9.1 引　　言

如前所述,人工智能的发展对计算技术提出越来越高的要求,同时,计算机技术的不断进步也为后续的人工智能发展奠定了不可替代的基础。进入 21 世纪以来,随着计算机硬件的飞速发展,以及并行计算和分布式计算技术的进步,人工智能领域迎来了革命性的变化。高性能计算系统的发展极大地推动了机器学习和深度学习算法的应用,使得处理大规模数据集和执行复杂的神经网络训练成为可能。

计算机是实现人工智能算法和模型的关键基础设施。从早期的单机计算到现代的云计算和分布式系统,越来越强大的计算能力不仅加速了算法的研发,也使得人工智能技术能够渗透到各行各业,解决实际问题。同时,随着人工智能应用的多样化,对计算机的需求也更加复杂。现阶段的人工智能计算技术具有如下一些特点。

(1)随着硬件技术的发展,计算机软件和算法得到了长足的进步,计算能力显著提升,能够处理更复杂的算法和大数据。计算机开始具备学习和适应的能力,这主要得益于机器学习和深度学习技术的发展,计算机更加智能化,可以分析数据,从中学习并做出预测或决策。

(2)计算机的视觉和听觉识别能力得到了加强,可以识别图像中的对象和语音中的命令。在理解和生成自然语言方面取得了进步,可以更自然地与人类交流。

(3)人工智能时代的计算机能够自动化执行许多任务。计算机与各种传感器和设备相连,形成了物联网,可以收集和处理来自现实世界的数据。计算机系统开始向更高级别的自主性发展,例如自动驾驶汽车、无人机等。

(4)云-边-端协同计算加快了"人工智能＋"在各行各业的应用。云计算技术使得数据存储和计算能力可以按需分配,而边缘计算则将数据处理能力分散到网络边缘,提高了响应速度和数据安全性。智能设备能够为用户提供个性化的服务。

(5)计算机系统和计算机网络的安全性也越来越受到人们的重视。随着人工智能的发展,计算机在处理数据时会更多考虑伦理和隐私问题。

目前的计算机都是以图灵机作为原型进行设计的，即基于处理器（CPU）和存储器的顺序程序执行方法，实现计算功能。但是，近年来的高性能并行计算服务器、计算机网络和分布式计算技术发展中采用了一些新型计算机体系结构，使计算平台的算力大幅提升，支撑了深度神经网络和大模型的训练，展示了生成式人工智能的计算能力，为人工智能在各行各业的应用发展奠定了基础。

本章将讲解人工智能算力系统的各类计算单元、芯片和架构的基本知识，以便为读者了解人工智能系统的算力基础，掌握必要的相关软硬件知识提供帮助。

9.2　计算机系统

计算机可以根据输入的信息，进行计算等处理，然后将结果输出。

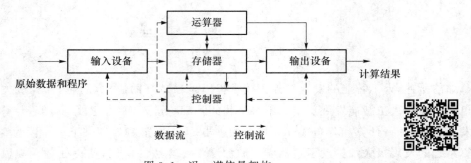

图 9.1　冯·诺依曼架构

CPU 的三级流水线

目前的电子数字计算机一般采用的是经典的冯·诺依曼架构，如图 9.1 所示，其工作机制大致如下：

（1）运算器负责计算，控制器负责实现各种控制功能。利用超大规模集成电路技术把运算器和控制器集成在一个半导体芯片上形成中央处理器（Center Processing Unit，CPU）。CPU 是计算机的核心部件。

（2）数据和进行数据处理的程序都以二进制代码形式表示，存放在主存储器（简称主存或内存）中。由高级程序设计语言编写的程序，经过编译、链接生成了可执行的机器语言程序，保存在外存储器（简称外存）。计算机要执行的程序，一定是由机器语言指令组成的程序。运行保存在外存中的程序时需要先将其复制到内存。

（3）计算机从输入设备将程序和数据读取到内存中，然后 CPU 从内存中顺序读取程序，根据程序的指令完成运算或控制功能，对内存或输入设备中的数据进行处理，最后写回内存，再通过输出设备显示出来，称为"存储程序工作原理"。存储程序工作原理是指先存储，再执行。

（4）输入/输出（Input/Output，I/O）设备除了键盘、显示器等基本设备外，高速设备如硬盘（Hard Disk Driver，HDD），USB（Universal Serial Bus）设备如 U 盘，网络适配器（网卡）等，也属于 I/O 设备。注意，从 CPU 的角度来讲，外存是输入/输出设备。

（5）总线是计算机各功能模块间传递信息的公共通道，一般由总线管理器以及一组导线组成。计算机的各功能部件通过总线相连,各部件之间的相互关系转变为各部件面向总线的单一关系。一个部件只要符合总线标准,就可以连接到采用该总线标准的计算机系统中,为系统功能的扩展、更新和产品的标准化、通用性提供了良好的基础。

　　CPU 是计算机的核心,主要功能是取指令、对指令进行译码和执行指令。传统 CPU 执行程序时,取指令、译码、执行指令是顺序串行执行的,即一条指令执行完成后,再执行下条指令。为了提高 CPU 的工作效率,现代处理器普遍采用指令流水线技术,即把三个阶段看作三个独立的"工人",若干条指令的不同执行阶段可以并行执行,这样每一时刻都有多条指令同时在执行过程中,减少了指令的平均执行时间。

　　以 CPU 为主体,配上内存、I/O 设备接口和总线,在物理上一般是计算机的主板。在主板的基础上,配上外部设备、机箱和电源,构成计算机系统的硬件。在计算机硬件的基础上,加载系统软件,就构成了完整的计算机系统,图 9.2 所示为计算机系统的组成。

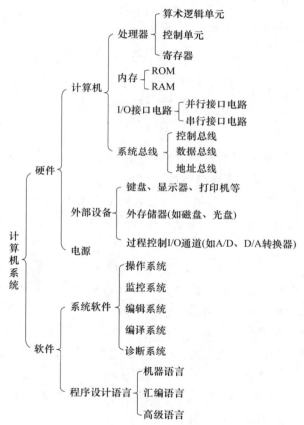

操作系统简介

图 9.2　计算机系统的组成

　　计算机是人工智能最基本的计算平台。下面分别介绍一些新型的计算机系统。但是无论何种计算机系统,大致都具有如图 9.3 所示的层次结构。

　　指令集是硬件功能部件和底层软件的界面。操作系统是高层软、硬件界面。其实,所有硬件的实现形式都是电路,所有软件的实现形式都是程序。

图 9.3　计算机系统的层次结构示意

9.3　并行计算

随着计算机应用的发展，人们对计算机性能的要求越来越高。早期计算机的性能遵循着摩尔定律逐年稳步提升，主要靠底层硬件技术的进步来推动上层应用软件的加速。但是近年来硬件的发展遇到了"瓶颈"，散热和功耗等限制使得传统 CPU 存储程序工作的性能几乎无法得到提升。在这种情况下，各种并行计算技术成了后摩尔定律时代的主要计算架构。

并行计算（Parallel Computing）是指同时使用多种计算资源解决计算问题的过程，是提高计算机系统计算速度和处理能力的一种有效手段。比如，使用多个处理器来协同求解同一问题，即将被求解的问题分解成若干个部分，各部分均由一个独立的处理器负责，多个处理器并行计算。同时，实际应用需求往往也支持并行计算加快计算速度。例如，卷积神经网络 CNN 用于图像处理，可以在各个层面上进行并行计算，如图 9.4 所示。首先，CNN 模型要处理的多幅图像可以并行计算，提取特征；其次，对于一幅图像的 3 个颜色通道可以并行处理，每个通道用不同的卷积核提取不同的特征也可以并行处理；最后，在特征图计算时，各个神经元也是并行处理的，可以采用多个处理器并行计算。

相对于串行计算来说，并行计算可分为时间上的并行和空间上的并行。时间上的并行就是指流水线技术，而空间上的并行则是指用多个处理器并发的执行计算。并行计算的研究大多指空间上的并行，可以按任务进行划分，或者按数据划分。并行计算系统既可以是专门设计的、含有多个处理器的超级计算机，也可以是以某种方式互连的若干台的独立计算机构成的集群。并行计算的分类如表 9.1 所示。

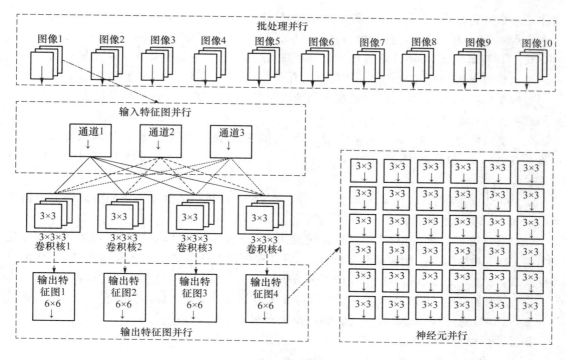

图 9.4　CNN 的并行计算需求

表 9.1　并行计算的分类

分类	高性能计算	计算机集群	分布式集群	网格计算
并行方式	Bit 级并行	指令级并行	数据并行	任务并行
实现方式	多核 CPU	多线程	多结点计算机	网络结点
协同方式	高速缓存 Cache	操作系统	同步管理	应用管理

　　网格计算或网格集群是一种与集群计算非常相关的技术。网格计算是针对有许多独立作业的工作任务做优化,在计算过程中,各作业间无须共享数据。网格主要服务于管理在独立执行工作的计算机间的作业分配。网格与传统集群的主要差别是,网格是连接一组相关并不信任的计算机,它的运作更像一个计算公共设施而不是一个独立的计算机,还有,网格通常比集群支持更多不同类型的计算机集合。

　　对于数据密集型任务:如数据库、数据仓库、数据挖掘和计算可视化等,可采用分布式集群计算,本节会简要介绍大数据处理分布式集群。

　　对于计算密集型任务:如大型科学工程计算与数值模拟等,可采用高性能计算方式,9.4节将讲解 GPU 服务器。

　　对于网络密集型任务:如协同计算和远程诊断等,9.5 节讲解云-边-端协同计算,其中云服务器属于高性能计算,并且云计算中心的服务器也往往需要构成计算机集群。

9.3.1　计算机集群基础

　　计算机集群简称集群,是一种计算机系统,由一组相互独立的、通过高速网络互联的计算机组成。这些计算机构成一个组,并以单一系统的模式加以管理。在某种意义上,他们可以被看作是一台计算机，一个客户与集群相互作用时，集群像是一个独立的服务器。

集群系统中的单个计算机称为结点，结点之间一般通过局域网连接，但也有其他的可能连接方式。一般情况下，集群计算机比单个计算机，比如工作站或超级计算机性能价格比要高得多。组成集群系统的计算机可以采用相同的体系结构，也可能使用异构计算机构成集群。

通过集群技术，可以在付出较低成本的情况下获得在性能、可靠性、灵活性方面的相对较高的收益。使用集群的目的是：

（1）提高性能：一些计算密集型应用，如天气预报、核试验模拟等，需要计算机要有很强的运算处理能力，一般都使用计算机集群技术，集中几十台甚至上百台计算机的运算能力来满足要求。

（2）降低成本：通常在达到同样性能的条件下，采用计算机集群比采用同等运算能力的大型计算机具有更高的性价比。

（3）提高可扩展性：用户若想扩展系统能力，需要购买更高性能的服务器，才能获得额外所需的 CPU 和存储器。如果采用集群技术，则只需要将新的服务器加入集群中即可，从用户角度来看，好像系统在不知不觉中完成了升级。

（4）增强可靠性：集群技术使系统在故障发生时仍可以继续工作，将系统停运时间减到最小。集群系统在提高系统的可靠性的同时，也大大减小了故障损失。

集群按功能可以分成以下三类。

1. 高可用性集群（High-availability clusters）

一般是指当集群中有某个结点发生故障时，集群软件迅速作出反应，将该结点的任务分配到集群中其他结点上执行。考虑到计算机硬件和软件的易错性，高可用性集群的主要目的是使集群的整体服务尽可能可用。如果高可用性集群中的主结点发生了故障，那么这段时间内将由次结点代替它。高可用性集群使服务器系统的运行速度和响应速度尽可能快。它们经常利用在多台机器上运行的冗余结点和服务，用来相互跟踪。集群的这种组织方式，还可以将集群中的某结点进行离线维护再上线，该过程并不影响整个集群的运行。因此，对于用户而言，集群永远不会停机。

2. 负载均衡集群（Load balancing clusters）

负载均衡集群为企业需求提供了更实用的系统。负载均衡集群使负载可以在计算机集群中尽可能平均地分摊处理。负载通常包括应用程序处理负载和网络流量负载。这样的系统非常适合向使用同一组应用程序的大量用户提供服务。每个结点都可以承担一定的处理负载，并且可以实现处理负载在结点之间的动态分配，以实现负载均衡。对于网络流量负载，当网络服务程序接受了高入网流量，以致无法迅速处理，这时，网络流量就会发送给在其他结点上运行的网络服务程序。同时，还可以根据每个结点上不同的可用资源或网络的特殊环境来进行优化。负载均衡集群运行时一般通过一个或者多个前端负载均衡器将工作负载分发到后端的一组服务器上，从而达到整个系统的高性能和高可用性。

3. 高性能计算集群（High-performance clusters）

高性能计算集群采用将计算任务分配到集群的不同计算结点来提高计算能力，因而主要应用在科学计算领域。高性能计算集群是并行计算的基础。通常需要为集群开发专用的并行应用程序，以解决复杂的科学问题。集群对外就好像一个超级计算机，这种超级计算机内部由十至上万个独立处理器组成，并且在公共消息传递层上进行通信以运行并行应用程序。

集群系统的构建可以说是模块化的，从硬件角度来看可以分为结点机系统、通信系统、存储系统等。从软件角度则主要有操作系统、集群操作系统(COS)、并行环境、编译环境和用户应用软件等。高性能计算机的通信、存储等硬件系统是伴随摩尔定律快速发展的,跟踪、测试、比较最新硬件设备构成的高性能计算机的可能方案也成了高性能计算机厂商的重要科研活动,而所有这些关键部件研发、系统方案研究以及厂商的自主部件研发的高度概括就是"整合计算"。整合硬件计算资源的同时,伴随着整合软件资源,其中集群操作系统 COS 是软件系统中连接结点机操作系统和用户并行应用的重要"黏合剂",也是高性能计算机厂商的技术撒手锏。

在实际的使用中,集群的这三种应用类型会相互交叉,类型划分是一个相对的概念。可管理性、集群的监控、并行程序的实现、并行化的效率以及网络通信的实现是构建计算机集群的几个技术难点。

9.3.2 分布式集群基础

1. 离线平台 HADOOP

Hadoop 是一个开源的框架,如图 9.5 所示,可编写和运行分布式应用,处理大规模数据,是专为离线和大规模数据分析而设计的。

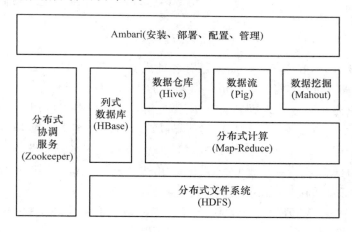

图 9.5 HADOOP 组件

Hadoop 框架最核心的设计就是:HDFS(Hadoop Distributed File System)和 Map-Reduce。HDFS 为海量的数据提供了存储,MapReduce 则为海量的数据提供了计算。

HDFS 有高容错性的特点,设计用来部署在低廉的硬件上,而且它提供高吞吐量来访问应用程序的数据,适合那些有着超大数据集的应用程序。Hadoop 的数据来源可以是任何形式,在处理半结构化和非结构化数据上与关系型数据库相比有更好的性能,具有更灵活的处理能力,不管任何数据形式,最终会转化为键/值(Key/Value)形式的基本数据单元。

Map-Reduce 是一种编程模型,用于大规模数据集的并行运算。它由 Map(映射)和 Reduce(简化)这两步完成。工作原理如图 9.6 所示。

Map 这一步所做的就是把在一个问题域中的所有数据在一个或多个结点中转化成 Key-Value 对,然后对这些 Key-Value 对采用 Map 操作,生成零个或多个新的 Key-Value 对,按 Key 值排序,然后合并生成一个新的 Key-Value 表。

Reduce 则把 Map 步骤中生成的新的 Key-Value 列表,按照 Key 放在一个或多个子结点中，用编写的 Reduce 操作处理，归并后合成一个列表，得到最终输出结果。

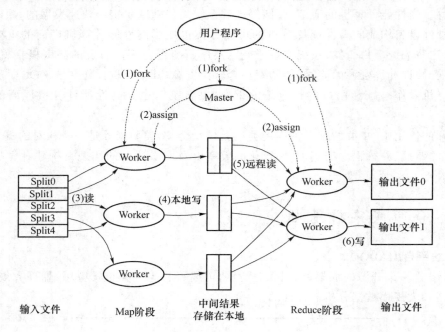

图 9.6　Map-Reduce 的工作原理

除上述主体部分外，在 Hadoop 周围还有各种配套项目，如 HBase、Hive、Zookeeper、Pig 等，这些项目连同 Hadoop 本身一起构成一个丰富的生态系统。

ZooKeeper，它是一个分布式服务框架，主要是用来解决分布式应用中经常遇到的一些数据管理问题，如统一命名服务、状态同步服务、集群管理、分布式应用配置项的管理等。

HBase 是一个可扩展的、面向列的分布式数据库，支持大表的结构化存储。

Hive 是基于 Hadoop 的一个数据仓库工具，用来进行数据提取、转化、加载，这是一种可以存储、查询和分析存储在 Hadoop 中的大规模数据的机制。

Mahout 提供一些可扩展的机器学习、数据挖掘领域经典算法的实现，旨在帮助开发人员更加方便快捷地创建智能应用程序。

Apache Pig 是 Map-Reduce 的一个抽象，它是一个工具，用于分析较大的数据集，将它们表示为数据流，使之适用于并行计算。

Ambari 是一个基于 web 的可视化工具，用来安装、部署、配置、管理 Hadoop 组件和 Hadoop 集群。

Hadoop 非常适合大数据处理。Hadoop 擅长日志分析，Facebook 就用 Hive 来进行日志分析，2009 年时 Facebook 就有非编程人员的 30％的人使用 HiveQL 进行数据分析；淘宝搜索中的自定义筛选也使用的 Hive；利用 Pig 还可以做高级的数据处理，包括 Twitter、LinkedIn 上用于发现您可能认识的人，可以实现推荐。

2. 在线平台 Storm

Storm 适用于 3 种不同场景：事件流处理（EventStream Processing）、持续计算（Continuous Computation）以及分布式 RPC(Distributed RPC)。针对这些场景，Storm 设计了自己独特的计算模型。Storm 用流数据处理技术很轻巧地突破瓶颈，正好弥补了 Hadoop 的不足。

在目前的企业应用案例看,Storm 主要用于实时分析,应用于对分析时效要求高的场景。

  Storm 集群中包含两类结点:主控结点和工作结点,如图 9.7 所示。主控结点上运行一个被称为 Nimbus 的后台程序,它负责在 Storm 集群内分发代码,分配任务给工作机器,并且负责监控集群运行状态。每个工作结点上运行一个被称为 Supervisor 的后台程序。Supervisor 负责监听从 Nimbus 分配给它执行的任务,据此启动或停止执行任务的工作进程。每一个工作进程执行一个拓扑图的子集;一个运行中的拓扑图由分布在不同工作结点上的多个工作进程(Worker)组成。

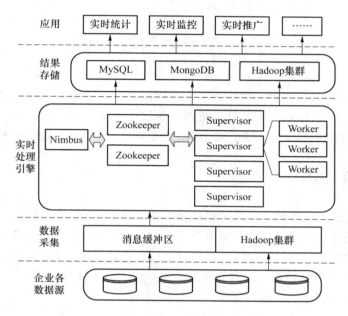

图 9.7　Storm 组件

  Nimbus 和 Supervisor 结点之间所有的协调工作是通过 Zookeeper 集群来实现的。Nimbus 和 Supervisor 进程在重启后可以继续工作,这个设计使得 Storm 集群有很好的稳定性。

3. 内存计算平台 Spark

  Spark 是 UC Berkeley AMP lab 所开源的通用并行计算框架,Spark 基于 Map-Reduce 算法实现分布式计算,拥有 Hadoop Map-Reduce 所具有的优点,但不同于 Map-Reduce 的是任务中间输出和结果可以保存在内存中,从而不再需要读写 HDFS,因此 Spark 能更好地适用于数据挖掘与机器学习等需要迭代的 Map-Reduce 的算法。其架构如图 9.8 所示。

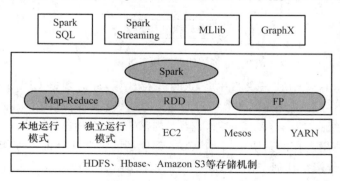

图 9.8　Spark 组件

在图 9.8 中，下面两层是 Spark 运行依赖的基础环境。可以看出 Spark 并不关心存储机制，可以支持在 EC2、YARN 等平台上进行并行计算。

RDD 是 Spark 中的抽象数据结构类型，任何数据在 Spark 中都被表示为 RDD。

Spark SQL 是 Spark 用来处理结构化数据的一个模块。MLlib 是 Spark 的机器学习库，集成了机器学习、数据挖掘的常用算法，其目标是使实际的机器学习具有可扩展性和易用性。Spark Streaming 支持对流数据的实时处理，例如产品环境 Web 服务器的日志文件。GraphX 是一个图计算库，用来处理图，执行基于图的并行操作。

9.4　深度学习服务器

在大数据的支撑下，深度神经网络成了人工智能第三次浪潮的主角。神经网络模型训练需要耗费大量的计算资源，使用通用计算机作为深度学习服务器，显得算力不足。本节介绍专门的深度学习服务器相关技术，充分利用神经网络各层面可以并行计算的性质，加快训练速度。

9.4.1　多核 CPU

曾经几乎所有的计算机都是以冯·诺依曼架构为基础的，即处理器从存储器中不断地取指、解码、执行。随着芯片集成度的不断提高，在一个半导体芯片上集成多个处理器已成为可能，这样的处理器被称为处理器内核（Core）。同时，随着处理器技术的发展，内存的读/写速度跟不上 CPU 的计算速度，被称为内存受限型系统。为了解决此问题，经典的解决方案是在处理器芯片中集成高速缓存（Cache），如图 9.9 所示。

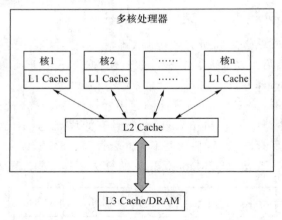

图 9.9　多核处理器与三级缓存结构

CPU 把多个 Core 集成在一块芯片里，进行并行计算，称为多核 CPU。每个 Core 可以有自己的一级高速缓存（L1 Cache），多个 Core 可以共享二级高速缓存（L2 Cache），在多核 CPU 芯片外部，还可以配置三级高速缓存（L3 Cache），或者与内存（DRAM）相连，称为三级缓存结构。

在多核 CPU 共享内存的系统中，各个 Core 都能访问需要执行的程序指令和数据，因此操作系统可以将任务分配给任何空闲的 Core，实现较高的 CPU 利用率。通过给 CPU 设立多级缓存，能大大地降低存储系统的压力，提高访问存储器性能，以提高系统的整体性能。

曾经基于多核 CPU 的计算机系统,不仅是大众欢迎的通用计算机,在高性能计算集群系统中,计算中心也使用多核 CPU 服务器作为结点。在分布式集群系统中,多个计算结点可以实现并行计算,但是内存空间分隔在单独的结点中,所以针对实际应用为了处理大规模的数据,也会借鉴 Cache 机制专门设计共享内存集群系统。

但是随着高速缓存容量的增大,使用更大缓存所带来的收益增速会迅速下降,需要寻找新的办法了。深度学习加速器是一种专门为加速深度神经网络的计算而设计的协处理器。深度神经网络主要由大量的线性代数运算组成(即矩阵-矩阵,矩阵-向量运算),这些运算很容易实现并行化,可以使用专门设计的硬件,来加速这些基本的机器学习计算过程,提高性能。

9.4.2　GPU

1. 图形处理单元

为了将三维物体投影到二维屏幕上,计算机的显示器 I/O 接口——显卡需要大量计算,因此设计了图形处理单元(Graphics Processing Unit,GPU)作为专用芯片,针对三维图形处理进行计算的优化。例如,在二维屏幕显示三维图形时常常需要进行图像平移、旋转等操作,如图 9.10 所示。通过计算进行显示的刷新,要比读取显卡的显示存储器,刷新整个屏幕的显示,要快很多。

$$
\begin{array}{l}
\bullet\ 平移 \\[4pt]
\begin{bmatrix} x' & y' & z' & 1 \end{bmatrix} = \begin{bmatrix} x & y & z & 1 \end{bmatrix} \begin{bmatrix} 1 & 0 & 0 & 0 \\ 0 & 1 & 0 & 0 \\ 0 & 0 & 1 & 0 \\ dx & dy & dz & 0 \end{bmatrix} \quad dx,\,dy,\,dz\ 的\\
\hspace{3.2cm} 局部坐标顶点 \hspace{3.6cm} 平移矩阵\\[10pt]
\bullet\ 沿\,z\,轴旋转 \\[4pt]
\begin{bmatrix} x' & y' & z' & 1 \end{bmatrix} = \begin{bmatrix} x & y & z & 1 \end{bmatrix} \begin{bmatrix} \cos r & \sin r & 0 & 0 \\ -\sin r & \cos r & 0 & 0 \\ 0 & 0 & 1 & 0 \\ 0 & 0 & 0 & 1 \end{bmatrix} \quad 以\,z\,轴为中心\\
\hspace{9.2cm} 的旋转矩阵
\end{array}
$$

图 9.10　图像平移、旋转运算

从图 9.10 可以看出,GPU 可以通过提高向量和矩阵计算的速度,提升系统的整体性能。图 9.11 是使用 GPU 的计算机系统结构。

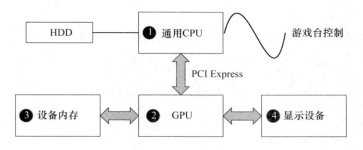

图 9.11　GPU 和 CPU 配合工作

其实最初是由于电子游戏的发展,对显卡提出了高速计算的需求,导致显卡的运算能力越来越强,在此基础上人们发现,所有需要大量的向量和矩阵计算的情况,都可以借助 GPU 实现并行计算。GPU 发展成了通用 GPU（General Purpose GPU，GPGPU）。目前我们提到 GPU 一般指的是 GPGPU。

2. 通用 GPU

最早 AMD 公司设计了通用的 GPU，属于并行计算里单指令多线程（Single Instruction Multi Thread，SIMT）的多核处理器 SIMD（Single Instruction Multi Data），如图 9.12 所示。

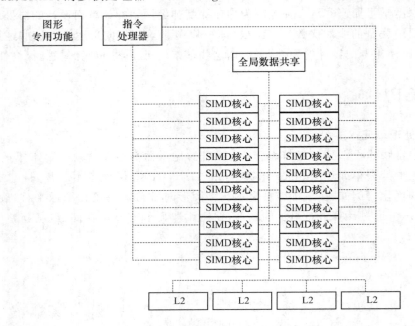

图 9.12 AMD 的 HD8870GPU 整体结构

其中 SIMD 核的内部结构如图 9.13 所示。各个 SIMD 核含有两个单元，每个单元由指令发送、8 个线程处理器、纹理单元和局部数据共享单元构成。

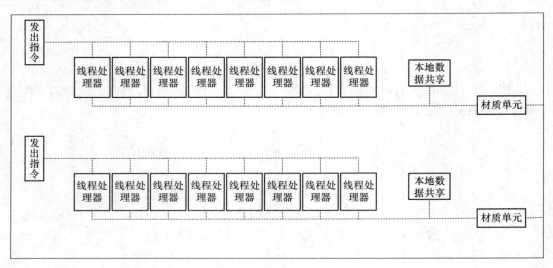

图 9.13 SIMD 核的内部结构

线程处理器的内部结构如图 9.14 所示，包含 5 个称为"流核心"的运算器，所以每个时钟周期可并行执行 5 次单精度浮点数(FP)乘法累加运算(MAD),矩阵运算能力与多核 CPU 相比成百倍增加。

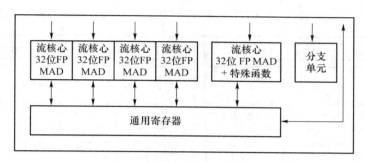

图 9.14　线程处理器

　　线程和进程是操作系统中的概念,操作系统负责程序任务和 CPU 的调度。进程是程序的一次运行,如果一个进程内部要同时运行多个"子任务",就称为多线程。线程是操作系统分配 CPU 时间的基本实体,多线程处理器负责多线程计算任务可以很好地实现并行计算。

　　NVIDIA 公司通用 GPU 芯片 TU102 采用 Turing 架构,主要功能模块包括流处理器、多级片内缓存以及网络互联结构,如图 9.15 所示。

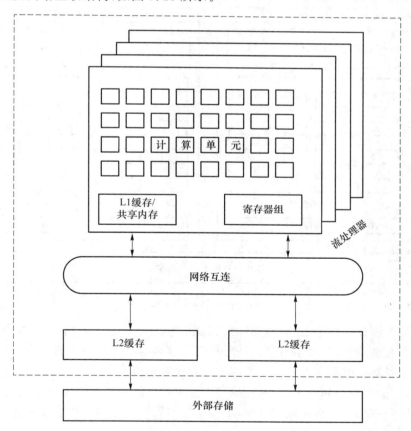

图 9.15　Turing 架构的 GPU

　　每个流处理器的内部结构如图 9.16 所示,包含 64 个 CUDA 核,负责 32 位单精度浮点数

(FP32)的计算。CUDA 核主要用来支持通用计算程序,可以通过 SIMT 在 CUDA 编程框架下编程调用,实现并行计算。每个流处理器还包括 8 个张量核,主要为深度神经网络算法提供更强大、更专用、更高效的算力,在 CUDA 框架下使用 WMMA 等指令实现对张量核的编程。

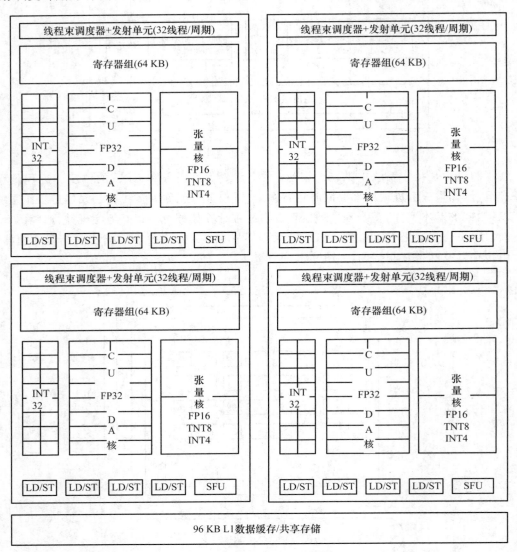

图 9.16   Turing 流处理器架构

GPU 的架构设计支持把 L1 数据缓存配置成共享内存的方式使用。L1 缓存的执行机制是:完全由硬件控制,对程序员不可见。如果作为共享内存的使用和分配,可以直接由程序员通过软件控制,这对于某些规律性强的数据并行程序来说极为有用。

使用多核处理器并行执行多线程,可以带来强大的计算能力。GPU 的多个线程处理器执行的是同样的指令序列,处理不同的数据,一组线程的局部内存和所有线程的全局内存相互独立,可以灵活使用支持并行计算。

与多核 CPU 相比,GPU 设计没有从指令控制逻辑角度出发,也没有不断扩大缓存。GPU 采用了比较简单的存储模型和数据执行流程,主要依靠挖掘程序内在的数据并行性来提高性能。CPU 侧重指令执行中的逻辑控制,GPU 在大规模密集型数据并行计算方面优势突出。为了优化某个程序,需要同时借助 CPU 和 GPU 各自的能力进行协同处理。

为实现二者相辅相成这一全新的计算方式,需要设计一种新的基础软件架构,可以在一个通用的统一框架内同时对 CPU 和 GPU 编程,英伟达公司提出了 CUDA(Compute Unified Device Architecture)。

目前常见的 GPU 板卡及其性能对比如表 9.2 所示。中国国产 GPU 厂商正发力,打破市场垄断,提升技术实力,加速市场份额增长。

GPU 与 CPU 的对比

表 9.2　常见 GPU 型号及性能对比

型号	发布时间	工艺	架构	单精度 FLOPS
NVIDIA GeForce GTX 1080	2016	16nm	Pascal 架构	9T
NVIDIA GeForce RTX 2080 Ti	2019	12nm	Turing 架构	13.4 T
NVIDIA GeForce RTX 3080	2020	8nm	Ampere 架构	30T
NVIDIA Tesla P100	2016	16nm	Pascal 架构	10.6T
NVIDIA Tesla V100	2017	12nm	Volta 架构	15.7T
NVIDIA Tesla T4	2018	12nm	Turing 架构	3.89T
NVIDIA Tesla A100	2020	7nm	Ampere 架构	19.5T
NVIDIA Tesla H100 PCIe	2022	4nm	Hopper 架构	51T
AMD Radeon RX 6800 XT	2020	7nm	RDNA 2 架构	23.04 T
AMD INSTINCT MI250	2021	6nm	CDNA 2 架构	45.3 T
寒武纪 MLU370-X8	2022	7nm	—	24T
华为 Ascend910B	2023	7＋nm	HUAWEI Da Vinci	—

表 9.2 中,FLOPS 是 Floating Point Operations Per Second 的缩写,即每秒浮点运算次数,T 是 Tera 的缩写,代表的是 10 的 12 次方,即一万亿。FLOPS 数据是理论峰值,实际应用中的性能可能会因软件优化、系统配置和工作负载特性等因素而有所不同。

2017 年随着 Volta 架构的推出,英伟达公司还同时推出了 NVLink 技术,用于连接多个 GPU 之间或连接 GPU 与其他设备(如 CPU、内存等)之间的通信。NVLink 引入了统一内存的概念,采用网状网络拓扑结构,可实现 GPU 之间更快的数据传输,从而实现更高效的并行处理,在处理大型训练数据集时尤其有用。

3. CUDA

使用传统 GPU 进行计算,程序中要通过图形设备接口(Graphics Device Interface,GDI)进行访问,编程调用 GDI 的应用程序接口(Application Programming Interface,API)。

英伟达把 CUDA 作为一个软件平台,与它们的 GPU 硬件配对,让开发者更容易构建软件,利用 Nvidia GPU 的并行处理能力加速计算。也就是说,GPU 是支持并行计算的硬件,而 CUDA 是为开发者提供 API 的软件层。

图 9.16 所示中的张量核通过精心的电路设计,保证每一个张量核在一个时钟周期内可以完成两个 4×4 矩阵相乘并累加一个 4×4 矩阵的操作:$D＝A×B＋C$,即每个张量核包含 16 个线程。

当张量核被用来实现更高维度的矩阵计算时,往往先将大矩阵分解成小矩阵并分布在多个张量核中分别独立计算,之后再累加合并成大矩阵的结果。张量核在 CUDA C＋＋编程接口中可以作为线程块来操作。例如,图 9.17 所示的代码可实现两个矩阵相加的功能。

```
_global_void MatAdd(float A[N][N],float B[N][N],float C[N][N]){
    int i = bloackIdx,x * bloackDim.x + threadIdx.x;
    int j = bloackIdx,y * bloackDim.y + threadIdx.y;
    if(i<N&&j<N)
        C[i][j] = A[i][j] + B[i][j];
}
int main(){
    ...
    //Kernel invocation
    dim3 threadsPerBlock(16,16);
    dim3 numBlocks(N/threadsPerBlock.x,N/threadsPerBlock,y);
    MatAdd<<<numBolcks,threadsPerBlock>>>(A,B,C);
}
```

图 9.17 CUDA 代码示例

CUDA(Compute Unified Device Architecture)可以同时对 CPU 和 GPU 编程,直接访问 GPU,使用类 C 语言作为编程语言,处理速度快。

4. 其他 AI 加速器

目前的 AI 加速器芯片可以分为 3 类,除了 GPU 芯片以外,一类是半定制化的 FPGA (Field-Programmable Gate Array)芯片,另一类是全定制化的 ASIC(Application Specific Integrated Circuit)芯片。它们的对比如表 9.3 所示。

表 9.3 AI 加速芯片对比

类别	GPU	FPGA	ASIC
目标	矩阵加速	通用可编程	专用
速度	中	低	高
功耗	高	中	低
灵活性	高	高	低
主要优点	计算能力强、产品成熟	平均性能较高、灵活性强	平均性能强、体积小
主要缺点	能效低	编程难度大	研发时间长
适用场景	云端训练和推理	云端和终端推理	云端训练和推理,终端推理

FPGA 称为现场可编程门阵列,用户可以根据自身需求进行重复编程。与 GPU、CPU 相比,具有性能高、能耗低、可硬件编程的特点,但是价格较为昂贵。自 Xilinx 在 1984 年创造出 FPGA 以来,在通信、医疗、工控和安防等领域得到广泛应用。近年来,由于云计算、高性能计算和人工智能的繁荣,FPGA 又得到了人们更多的关注。由于 FPGA 在计算能力和灵活性上大大弥补了 CPU 的短板,未来在深度学习领域,CPU＋FPGA 的组合将成为重要的发展方向,适用于研究开发阶段,以及应用推理阶段。

ASIC 是一种为专门目的而设计的集成电路,无法重新编程,效能高,功耗低,但价格昂贵。ASIC 不同于 GPU 和 FPGA 的灵活性,定制化的 ASIC 一旦制造完成将不能更改,所以初期开发周期长、成本高,使得进入门槛高,大多是具备 AI 算法又擅长芯片研发的巨头参与。下面会介绍华为公司的"昇腾"、Google 公司的 TPU,这样的芯片也常常被称为神经网络处理器(Neural-network Processing Unit,NPU)。由于完美适用于神经网络相关算法,ASIC 在性能和功耗上都要优于 GPU 和 FPGA,预计各种 ASIC 芯片将是解决未来 AI 计算的主要算力。

　　ASIC 的另一个未来发展是类脑芯片。类脑芯片是基于神经形态工程、借鉴人脑信息处理方式,适于实时处理非结构化信息、具有学习能力的超低功耗芯片,更接近人工智能目标,力图在基本架构上模仿人脑的原理,用神经元和突触的方式替代传统"冯·诺依曼"架构体系,使芯片能进行异步、并行、低速和分布式处理,同时具备自主感知、识别和学习能力。

9.4.3　昇腾 AI 处理器

　　华为公司设计的昇腾 AI 处理器在本质上是一个片上系统,如图 9.18 所示。芯片集成了多个 CPU 内核,每个内核有独立的 L1 和 L2 缓存,所有内核共享一个片内 L3 缓存。该处理器的算力担当是采用达·芬奇架构的 AI Core,如图 9.19 所示。

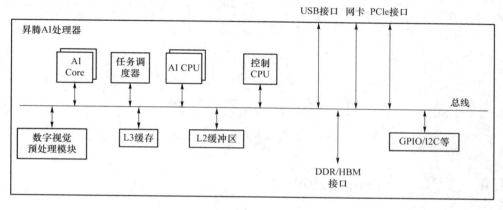

图 9.18　昇腾 AI 处理器逻辑图

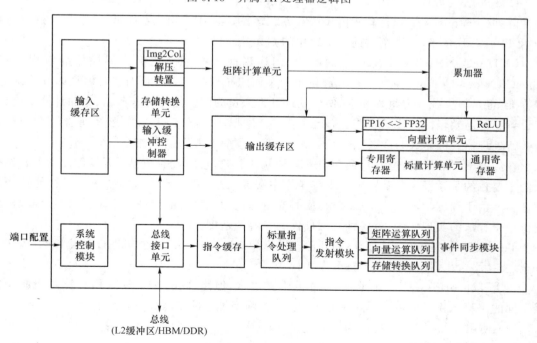

图 9.19　AI Core 架构图

昇腾 AI 处理器的矩阵指令 MMAD 可以使用一条指令实现矩阵 A 乘 B 加 C，结果 $D=A×B+C$，由矩阵计算单元执行，$A×B$ 的计算如图 9.20 所示，可以高效实现卷积运算。

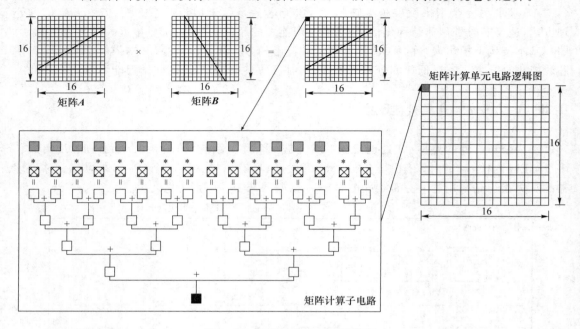

图 9.20　矩阵计算单元计算示意

9.4.4　TPU 和 Tensorflow

Google 公司设计的专用 AI 芯片 TPU(Tensor Processing Unit)，采用低精度 INT8，使用脉冲阵列(Systolic Array)优化矩阵乘法和卷积运算，与 GPU 相比功耗低、性能好。这里不再介绍 TPU 芯片技术，只介绍目前广泛应用的 Google 编程框架 TensorFlow。

CUDA 是 NVIDIA 公司独有的编程接口，因此一些标准化组织倡导标准编程接口，OpenCL(Open Computing Language)是第一个面向异构系统通用目的并行编程的开放式、免费标准，也是一个统一的编程环境，便于软件开发人员为高性能计算服务器、桌面计算系统、手持设备编写高效轻便的代码，而且广泛适用于多核心处理器(CPU)、图形处理器(GPU)等其他并行处理器。但是，CUDA、OpenCL 需要程序员关注底层硬件的细节。

在深度学习的发展过程中，涌现出了各种软件框架，它们大多开源。开发深度学习软件框架的主要目的是让程序员从繁琐的编程工作中解放出来，将主要精力集中在人工智能算法的改进上。由于深度学习算法发展很快，同时支持深度学习算力的硬件众多，需要使用编程框架支持一个算法的实现代码，对各种底层硬件的兼容和适配。

TensorFlow 是目前应用最广的开源软件框架之一，由 Google 公司进行开发和推广，文档齐全、支持平台广、接口丰富、支持分布式计算。

尽管 TensorFlow 以一个 Python 库的形式出现，但是 TensorFlow 采用计算图机制是完全不同的编程风格。使用 TensorFlow 开发神经网络程序的步骤如下：

（1）使用 TensorFlow 提供的接口定义计算图；

（2）使用正常的 Python 代码读取数据；

（3）提供数据给计算图，运行计算图，获得输出。

以图 9.21 的计算图为例，**A** 和 **B** 为向量经过元素积（Element-Wise Product）得到 **C**，之后与另一个标量相加后，得到 **D**。Python 代码如下：

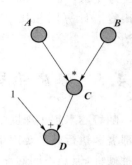

图 9.21　计算图示例

```python
import numpy as np
import tensorflow as tf
# 定义计算图
A = tf.placeholder(tf.int32, 10, 'A')
B = tf.placeholder(tf.int32, 10, 'B')
C = tf.multiply(A, B, 'Mult')
D = tf.add(C, tf.constant(1, tf.int32), 'Add')
# 运行计算图
with tf.Session() as sess:
    print(sess.run(D, feed_dict = {A:np.ones(10), B:np.ones(10)}))
```

TensorFlow 框架提供高级程序设计语言的编程接口，如图 9.22 所示。会话（Session）为整个计算图的计算提供上下文，包括 GPU 的配置信息等，支持本地运行，或者分布式运行。其中的图优化模块如图 9.23 所示，对上支持各种编程语言，对下支持各种硬件平台。

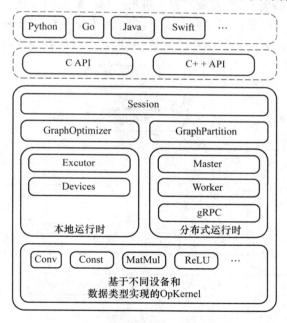

图 9.22　TensorFlow 整体架构

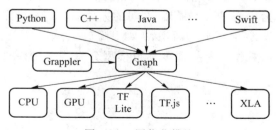

图 9.23　图优化模块

近年来，Facebook 公司推出的 PyTorch 是另一个开源的深度学习框架，与 TensorFlow 使用静态计算图相比，PyTorch 使用动态计算图，编程思路更接近 Python 语言，使用更为简洁。

9.4.5　深度学习编译框架

随着越来越多深度学习框架以及硬件产品的出现，研发人员想要高效地解决端到端的程序部署和执行越来越困难。尽管 TensorFlow 这样的框架本身能够支持 CPU、GPU、TPU 等多种硬件，但是不同的深度学习框架之间的算法模型迁移比较困难。不同的软件编程方法和框架在不同的硬件架构上的优化实现差异很大，比如移动终端手机、嵌入式设备或是计算中心的服务器等，这些因素加大了 AI 应用的使用成本。

仿照 LLVM（Low Level Virtual Machine）采用编译语言中间指令表达（Intermediate Representation，IR）解决各种高级程序设计语言与各种硬件的映射关系的方法，张量虚拟机（Tensor Virtual Machine，TVM）框架采用前端、中端和后端分离的方法，解决深度学习模型代码与具体执行硬件的适配问题，如图 9.24 所示。

（1）将不同框架的计算图表示转换成统一的神经网络虚拟机（Neural Network Virtual Machine，NNVM）的中间表示，并在此基础上进行计算图级别的优化。

（2）采用 TVM 提供张量级别的中间表示，将计算与调度分隔开来。

（3）针对不同的硬件采用不同的调度方式，并进行内核计算的优化。

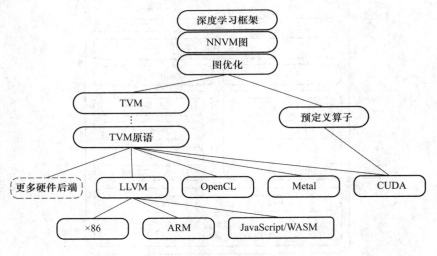

图 9.24　TVM/NNVM 架构

TVM 是一个用于深度学习系统的编译器堆栈，它旨在缩小以生产力为中心的深度学习框架与以性能和效率为中心的硬件后端之间的差距。TVM 与深度学习编程框架合作，为不同的后端提供端到端编译。换句话说，TVM 就是一种将深度学习工作负载部署到硬件的端到端 IR 堆栈，可以看作一种把深度学习模型分发到各种硬件设备上的、端到端的解决方案。

9.5　云-边-端协同计算

近年来,为了更好地实现人工智能应用,深度学习模型训练往往由云计算完成。而基于模型的应用推理在边缘侧或设备端进行。本节介绍云计算、边缘计算的原理和平台,出发点是探讨这些平台架构,如何对人工智能应用提供更好的支撑作用。当然,利用人工智能技术可以更好地实现对云计算、边缘计算的管理和优化,但是这里不做过多阐释。

9.5.1　云计算

1. 云计算的基本概念

云计算是一种分布式计算模式,是继计算机、互联网之后在信息时代出现的一个变革,大概在 2006 年首次被提出。对于一家企业来说,一台计算机的运算能力是远远无法满足数据运算需求的,那么公司就需要购置运算能力更强的服务器。对于规模比较大的企业来说,一台服务器的运算能力显然还是不够的,需要购置多台服务器,甚至演变成为一个具有多台服务器的计算中心,而且服务器的数量会直接影响这个计算中心的业务处理能力。除了高额的初期建设成本之外,计算中心的运营支出、网络的维护支出、能耗开销会比投资成本高得多,总费用是中小型企业难以承担的,于是云计算的概念便应运而生了。其基本思想是:把许多计算资源集合起来,通过软件实现自动化管理;计算能力作为一种商品,可以在互联网上流通;用户按需申请,就像使用自来水一样,按需付费。目前主流的云计算平台有:亚马逊 AWS、百度云、腾讯云、华为云、阿里云等。云计算的主要优势包括:

(1) 费用:用户无须在购买硬件、软件、配置和维护计算中心上进行资金投入。

(2) 速度:大多数云计算服务作为按需自助服务提供,赋予企业非常大的灵活性,并消除了容量规划的压力。

(3) 可扩展性:云计算服务的优点包括弹性扩展能力。对于云而言,这意味着能够在需要的时候从适当的地理位置提供适量的计算能力、存储空间、带宽等资源。

(4) 可靠性:云计算能够以较低费用简化数据备份、灾难恢复和实现业务连续性,因为可以在云提供商网络中的多个冗余站点上对数据进行镜像处理。

(5) 安全性:许多云提供商都提供了广泛地用于提高整体安全情况的策略、技术和控件,这些有助于保护数据、应用和基础结构免受潜在威胁。

2. 云计算的技术模型

(1) 公有云是最常见的云计算部署类型之一。公有云是指第三方提供商通过公共 Internet 提供的计算服务,面向希望使用或购买的任何人,允许用户仅根据 CPU 周期、存储或带宽使用量支付费用。在公有云中,所有硬件、软件和其他支持性基础结构均为云提供商所拥有和管理。公有云的用户与其他组织或云"租户"共享相同的硬件、存储和网络设备,并可以使用 Web 浏览器访问服务和管理账户。

公有云可为企业节省购买、管理和维护本地硬件及应用程序的成本,云服务提供商将负责系统的所有管理和维护工作。

（2）私有云也称作内部云或公司云，通过 Internet 或专用内部网络仅面向特定用户（而非一般公众）提供的计算服务。私有云由专供一个企业或组织使用的云计算资源构成。私有云为企业提供云计算的优势，比如自助服务、可扩展性。此外，私有云通过公司防火墙和内部托管提供更高级别的安全和隐私，确保第三方提供商无法访问操作和敏感数据。私有云可在物理上位于组织的现场办公中心，也可由第三方服务提供商托管。但是，在私有云中，服务和基础结构始终在私有网络上进行维护，硬件和软件专供组织使用。私有云由企业承担建设成本以及管理责任，适用于大型企业。

企业运行和维护私有云，有如下好处：灵活性更强，组织可自定义云环境以满足特定业务需求；控制力更强，资源不与其他组织共享，因此能获得更高的控制力以及更高的隐私级别；可扩展性更强，与本地基础结构相比，私有云通常具有更强的可扩展性。

（3）混合云为私有云和公有云的结合。在某些情况下，由于潜在的安全问题，企业不愿意将它们的整个计算中心迁移到公有云。但在许多案例中，企业可以将敏感数据存放在私有云，然后开发利用公有云。这样既不需要投资建设大型计算中心，又能按照业务需求快速增加或减少资源。

三种技术模型的关系如图 9.25 所示。

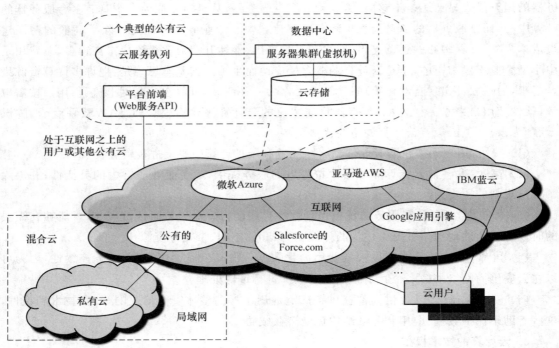

图 9.25　云计算的技术模型

3. 云计算的服务模型

（1）基础设施即服务（Infrastructure-as-a-Service，IaaS）。用户通过 Internet 可以从完善的计算机基础设施获得服务。IaaS 是把数据中心、基础设施等硬件资源通过 Web 分配给用户的商业模式。云计算服务提供商负责管理基础结构，用户购买、安装、配置和管理自己的软件（操作系统、中间件和应用程序），可根据需求快速纵向扩展，只需按实际使用量付费。

IaaS 提供商有 Google 公司计算引擎、亚马逊弹性计算云、华为云等。

（2）平台即服务（Platform-as-a- Service，PaaS）。PaaS 实际上是指将软件研发的平台作为一种服务，以 SaaS 的模式提交给用户。PaaS 是云中的完整开发和部署环境，因此 PaaS 也是 SaaS 模式的一种应用。但是，PaaS 的出现可以加快 SaaS 的发展，尤其是加快 SaaS 应用的开发速度。

类似 IaaS，PaaS 也包括服务器、存储空间和网络等基础结构，但它还包括中间件、开发工具、商业智能（BI）服务和数据库管理系统等。PaaS 旨在支持 Web 应用程序的完整生命周期：生成、测试、部署、管理和更新。

PaaS 提供商有微软 Azure 云服务、Google App 引擎、华为云、腾讯云等。

（3）软件即服务（Software-as-a- Service，SaaS）。SaaS 提供完整的软件解决方案，它是一种通过 Internet 提供软件的模式，用户无须购买软件，而是向提供商租用基于 Web 的软件，来管理企业经营活动。SaaS 模式大大降低了软件，尤其是大型软件的使用成本，并且由于软件是托管在服务商的服务器上，减少了客户的管理维护成本，可靠性也更高。

SaaS 所有基础结构、中间件、应用软件和应用数据都位于服务提供商的数据中心内。服务提供商负责管理硬件和软件，并根据适当的服务协议确保应用和数据的可用性和安全性。SaaS 让企业能够通过最低前期成本的应用快速建成投产。

4. 关键技术

云计算平台的体系结构由用户界面、服务目录、资源监控、自动化部署、监控和服务器集群组成。

（1）用户界面。主要用于云用户传递信息，是双方互动的界面。

（2）服务目录。顾名思义，服务目录是提供用户选择服务的列表。例如，华为云的用户界面和服务目录，如图 9.26 所示。

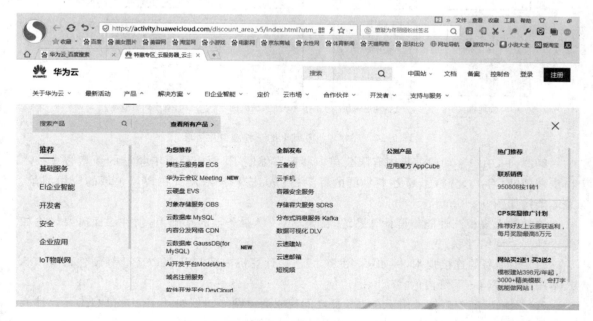

图 9.26　华为云的用户 WEB 界面和服务目录

（3）资源监控。云系统上的资源数据十分庞大，同时资源信息更新速度快，想要精准、可靠的动态信息，就需要有效途径确保信息的快捷性。而云系统能够为动态信息进行有效部署，同时兼备资源监控功能，有利于对资源的负载、使用情况进行管理。其次，资源监控作为资源管理的"血液"，对整体系统性能起关键作用，一旦系统资源监管不到位，信息缺乏可靠性，那么其他子系统引用了错误的信息，必然对系统资源的分配造成不利影响。因此，贯彻落实资源监控工作非常重要。在资源监控过程中，只要在各个云服务器上部署 Agent 代理程序便可进行配置与监管活动，比如通过一个监视服务器连接各个云资源服务器，然后以周期为单位将资源的使用情况发送至数据库，由监视服务器综合数据库有效信息对所有资源进行分析，评估资源的可用性，最大限度提高资源信息的有效性。

（4）自动化部署。对云资源进行自动化部署指的是基于脚本调节的基础上实现不同厂商对于设备工具的自动配置，用以减少人机交互比例、提高应变效率，避免超负荷人工操作等现象的发生，最终推进智能部署进程。

（5）虚拟化服务。云平台通常由多个物理机组成，构成服务器集群，同时，可以在执行独立任务的不同用户之间共享。实现云平台共享的方法之一是利用虚拟机监视器（Virtual Machine Monitor，VMM）Hypervisior 建立和运行虚拟机，实现虚拟化服务。

虚拟化的云平台常常构建在大规模计算中心之上，服务器集群通过网络互连，云致力于通过自动化的硬件、数据库、用户接口和应用程序环境把它们结构化为虚拟资源。

图 9.27 所示的是在物理机基础上的三种虚拟化情形。

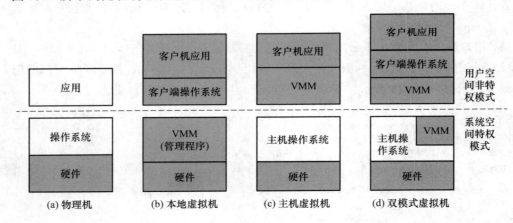

图 9.27　在物理机基础上的三种虚拟化情形

2024 年，中国移动通信集团有限公司中移智库编制了《面向超万卡集群的新型智算技术白皮书（2024 年）》，分析了超万卡集群的背景、挑战、核心技术及其在智算领域的应用前景。总体架构如图 9.28 所示。

这样的大规模高性能集群计算系统，在大量 GPU 服务器的基础上，硬件层面需要讨论如何设计高速网络互联。

（1）物理层的连接技术，例如：采用 PCIe 连接计算机内部 CPU 和 GPU 等硬件，NVLink技术用于连接同一系统内的多个 GPU。

（2）网络层的连接技术用于在服务器之间建立通信网络。例如：InfiniBand (IB) 是高性能计算机网络技术，RoCE 是以太网上的远程直接内存访问（Remote Direct Memory Access，RDMA），适用于数据中心网络。

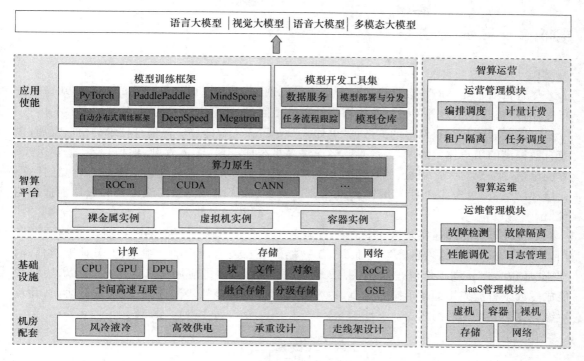

图 9.28　超万卡集群的总体架构

（3）NVSwitch 则是一种网络交换设备，用于实现多个 GPU 之间的高速互联。

（4）多卡并行计算 GDRDMA，即 GPUDirect 增加了对 RDMA 的支持，但需要保证 GPU 卡和 RDMA 网卡在同一个根复合体（Root Complex）下。在 PCIe 系统中，根复合体设备将处理器和内存子系统连接到由一个或多个交换设备组成的 PCIe 交换结构。

（5）高带宽内存（High Bandwidth Memory，HBM），提供 GPU 与内存之间的高速数据传输。

在硬件和网络的基础上，为了实现并行计算，软件层面的技术提供了管理和优化这些网络通信的手段，用于实现和管理 GPU 服务器互联，包括操作系统、虚拟化（VMware、KVM）等、云平台（Kubernetes 、Openstack、Docker）、监控系统和配置管理数据库（ Configuration Management Database，CMDB）系统等。具体技术就不再赘述了，有些技术会在 9.5.2 小节中有所阐述。

大模型催生了对高效能、高并发计算能力的巨大需求，推动了云计算和边缘计算的快速发展，可以满足其分布式训练和部署需求。表 9.4 中列举了几个大模型训练的计算需求。

表 9.4　大模型训练的算力需求

大模型	消耗 GPU 卡的数量	训练时长
LLaMA-65B	2 048 张 A100 80 GB	21 天
GPT3-175B	1 024 张 A100 40 GB	34 天
GLM-30B	768 张 A100 40 GB	2 个月
GPT4-1800B	2.5 万张 A100	90＋天

9.5.2 边缘计算

1. 基本概念

尽管目前企业不断将数据传送到云端进行处理,但是某些应用需要实时地与终端设备进行交互,等待数千米之外的云计算中心将结果反馈回来,这是不现实的。

随着互联网和物联网上的大数据"爆炸式"增长,人工智能、5G 等信息技术的快速发展,以及日益提高的用户体验需求,云计算已经无法满足智能家居、无人驾驶、虚拟现实、远程医疗、智能制造等场景对大计算量、低时延的高要求。边缘计算的思想是把云计算平台(包括计算、存储和网络资源)迁移到网络边缘,帮助企业近乎实时地分析信息,围绕设备和数据创造新的价值。

边缘计算可以加速实现人工智能就近服务于数据源或使用者。随着边缘计算的逐渐应用,本地化管理变得越来越普遍。如果人工智能部署在边缘计算平台中,加上云计算、物联网构成"云-边-端"协同工作模式,如图 9.29 所示,可以大力推进应用需求的落地,所以,边缘智能成了人工智能应用的新形态。但是,边缘计算的出现不是替代云计算,而是互补协同,并且边缘计算是一个相对的概念。

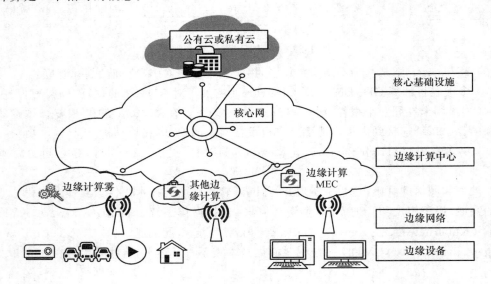

图 9.29 云—边—端协同计算架构

边缘计算概念的典型代表如下所述。

(1) 微云。2009 年,OEC(Open Edge Computing)提出"微云"Cloudlet,基于云操作系统 OpenStack 开源项目进行扩展。微云是拥有完整计算和存储能力的计算机或计算机集群,且与边缘设备在一起,本地化地部署在同一个局域网中。

微云的主要技术支撑是虚拟机合成和 OpenStack,虚拟机合成实现将计算任务卸载到微云,OpenStack 提供虚拟计算和存储服务的资源。

(2) 雾计算。2012 年思科公司提出了雾计算,思科公司的主要产品是网络设备,所以将边缘计算定义为:迁移云计算中心任务到网络边缘设备执行的一种高度虚拟化的计算平台。雾计算就是本地化的云计算,如果说云计算是广域网(Wide Area Network,WAN)计算,那么雾计算就是局域网(Local Area Network,LAN)计算。

雾计算更强调地理位置,是对云计算的补充。在思科公司的原始定义中,"雾"主要由边缘网络中的设备构成,这些设备可以是传统的网络设备(路由器、交换机、网关等),也可以是专门部署的本地服务器。这样的雾结点各自散布在不同地理位置,雾平台由数量庞大的雾结点组成,区别于资源集中的计算中心。

(3) 移动边缘计算 MEC。2014 年,欧洲电信标准化协会(ETSI)定义的移动边缘计算(Mobile Edge Computing,MEC):通过在无线接入侧部署通用服务器,从而为无线接入网提供 IT 和云计算能力。之后,有研究把 MEC 中的"M"进一步扩展,重新定义为"多接入"(Multi-Access)。

移动边缘计算模型强调在云计算中心与边缘设备之间建立边缘服务器,在边缘服务器上完成终端数据的计算任务。MEC 系统通过部署于无线基站内部或无线接入网边缘的边缘云,提供本地化云服务,并可连接其他网络如企业内部的私有云实现混合云服务。

(4) 边缘计算产业联盟。2016 年,边缘计算产业联盟(Edge Computing Consortium,ECC)在北京成立。2019 年提出的架构如图 9.30 所示。

边缘计算参考
架构 3.0 白皮书

无论边缘计算的概念如何演变,在人工智能应用中,相信云-边-端协同计算可以更好地提供服务。例如,在图 9.31 所示的应用中,智能摄像头基于训练好的深度神经网络模型,进行人脸识别和跟踪计算,边缘计算服务器负责特征提取、人脸匹配等,与设备端配合完成实时推理。远端云服务器可以集成多个结点的人脸数据集进行模型训练,提供给边缘计算结点和智能摄像头进行推理。

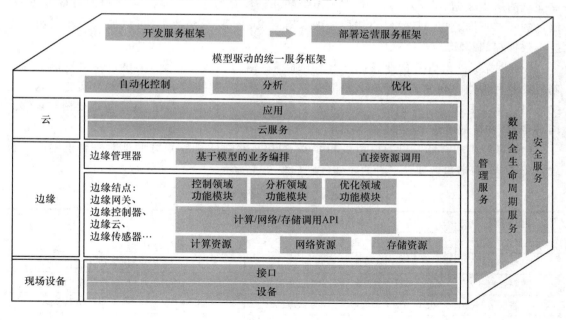

图 9.30　ECC 边缘计算架构

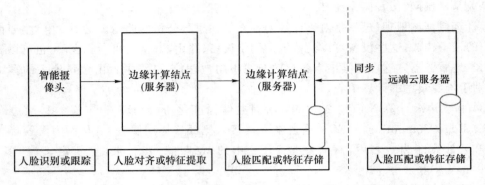

图 9.31　边缘计算示例

2. 关键技术

任何的边缘计算平台架构,涉及的基础资源都包括计算、网络和存储三个模块,以及虚拟化服务。

（1）计算。异构计算是边缘计算的硬件架构。计算要处理的数据种类日趋多样化,既要处理结构化数据,也要处理非结构化数据,因此各种计算单元协同的架构,可以实现性能、成本、功耗、可移植性等方面的均衡。

边缘服务器是边缘计算结点的核心,应能够提供高密度计算和存储能力。一般需要多核CPU、大容量内存,以及大容量硬盘等。

（2）存储。数字世界需要实时跟踪物理世界的动态变化。物联网需要使用时序数据库存储完整的历史数据。视频应用需要存储海量的非结构化数据。不同应用场景对存储类型、存储量的要求不同。边缘计算结点需要考虑应用需求,分类、分级存储,可以使用分布式数据库进行数据存储管理。

（3）网络。边缘计算的业务执行离不开通信网络的支持。边缘计算的网络既要满足与控制相关业务传输时间的确定性和数据完整性,又要能够支持业务的灵活部署与实施。软件定义网络技术会是边缘计算网络部分的主流实现方案。同时,服务器和/或设备等要预留足够的网络带宽,支持低时延、实时通信等需求。

（4）虚拟机和容器。借助虚拟机和容器,边缘计算结点能够更方便地对平台上的业务负载进行整合、编排和管理。二者的主要区别如表 9.5 所示。

表 9.5　虚拟机和容器

对比项目	虚拟机	容器
虚拟化位置	硬件	操作系统(OS)
抽象目标	从硬件抽象 OS	从 OS 抽象应用
资源管理	每个虚拟机有自己的 OS 内核、二进制和库	容器有同样的主机 OS 和需要的二进制和库
密度	几 GB,服务器能够运行有限的虚拟机	几 MB,服务器上可以运行很多容器
启动时间	秒级	毫秒级
安全隔离度	高	低

虚拟机和容器的选择主要依赖于业务需要。若业务之间需要达到更强的安全隔离,虚拟机是较好的选择;如果更看重节省资源、轻量化和高性能,容器则更好。容器可以单独运行在

主机操作系统之上，也可以运行在虚拟机中。Docker 等容器技术在多数应用中更适合边缘计算场景。但是，依然有些边缘计算场景需要使用传统虚拟机，包括同时需要支持多个不同操作系统的场景，例如 Linux、Wondows 或者 VxWorks；以及业务间差异较大并对相互隔离要求更高的时候，例如在一个边缘计算结点中同时运行工业实时控制、机器视觉和人机界面等。

　　图 9.32 所示的是一个简化的边缘计算系统。其中，容器 Kubernetes(K8S)的主要组成如图 9.33 所示。

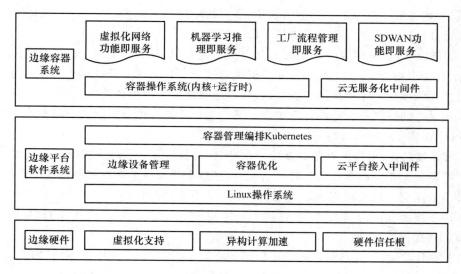

图 9.32　简化的边缘计算系统

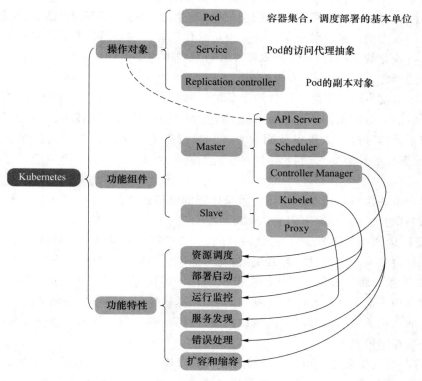

图 9.33　K8S 的主要组成部分

9.5.3 智能设备

1. 基本概念

智能硬件的发展把人工智能进一步推向设备侧，智能设备成了目前的一个研究热点。借助云-边-端协同计算，可以大力促进物联网设备的智能化，适合具有低时延、高带宽、高可靠、海量连接、异构汇聚等业务要求的应用场景，实现物联网各行业数字化转型，也将催生新的产业生态和商业模式。智能设备主要应用于以下场景。

（1）智能家居：目前的智能家居设备基本上都是单品，比如密码锁、智能照明、智能空调、安防监控、智能卫浴等，基本上都是使用手机端通过云平台实现远程控制。这种情况在网络出现故障时将无法使用。采用边缘计算技术，可以把智能家居数据存放在边缘计算结点，也可以实现智能单品之间的联动。边缘计算结点定期与云计算同步更新控制和设备状态。所以，云-边-端协同计算是今后的发展趋势。

（2）可穿戴设备：可穿戴设备即直接穿在身上，或是整合到用户的衣服或配件的一种便携式设备。可穿戴设备多以具备部分计算功能、可连接手机及各类终端的便携式配件形式存在，通过软件与云端交互来实现强大的功能，可穿戴设备将会对我们的生活、感知带来很大的转变。例如以手腕为支撑的 Watch 类，以脚为支撑的 Shoes 类，以头部为支撑的 Glass 类，以及智能服装、书包、拐杖、配饰等。

（3）工业自动化：工业自动化的应用领域主要集中在汽车制造、物流、金属加工、塑料和化工等行业，通过机器人完成搬运、装运、拆卸、焊接等工作环境恶劣、自动化精度高、安全性要求高的工作场景。工业机器人将会是人工智能的重要应用前景之一。

（4）智慧城市：构建"宜居、舒适、安全"的城市生活环境，实现城市"感知、互联、智慧"，智慧城市建设是各类信息系统综合集成的大型信息化工程。物联网技术将为城市基础设施的整体升级提供智能化的支撑，而边缘计算将丰富智慧城市的应用场景。

2. 关键技术

（1）计算卸载。计算卸载是将智能设备的计算任务卸载到边缘或云计算中心，解决设备在计算、存储、能效等方面的不足。计算卸载主要涉及执行框架、卸载决策、资源分配等方面。执行框架包括计算卸载的流程以及卸载方式。决策需要决定是否卸载以及卸载多少计算任务，针对不同服务的性能要求，制定不同的优化目标。决定卸载之后，要考虑计算资源的分配问题。

如何权衡本地执行的成本与迁移到边缘计算的通信成本，对计算任务进行分割和卸载决策，是计算卸载的关键。根据不同的指标可以划分为：

① 静态卸载和动态卸载。静态卸载是卸载决策在程序开发过程中就被设定了；动态卸载是根据任务交付的实时情况进行卸载决策，会考虑识别和网络的变化信息。

② 全部卸载和部分卸载。全部卸载指识别将计算任务全部卸载到边缘计算，比较简单；部分卸载只卸载一部分计算任务到边缘网络中，计算任务由设备和边缘网络共同完成，需要考虑计算任务的依赖关系、计算顺序，决策相对复杂，但是有些应用是不支持全部卸载的，而某些计算任务必须在本地执行。

③ 单结点卸载和多结点卸载。目前多数研究都基于单结点卸载，即将任务分割为两个部分，分别在设备侧和边缘侧执行。而在多结点卸载中，考虑多个边缘计算结点参与计算，任务

分割和卸载决策需要考虑不同边缘结点的负载情况、运算能力以及与设备的通信能力。

（2）编程框架。随着人工智能的快速发展，边缘设备需要执行越来越多的智能算法任务，例如家庭语音助手需要进行自然语言理解，智能驾驶汽车需要对街道目标检测，手持翻译设备需要翻译实时语音信息等。在这些任务中，机器学习、深度学习算法占有很大比重，使硬件设备更好地执行以深度学习算法为代表的智能任务是目前的研究热点。

而设计面向智能设备的高效的算法执行框架是一个重要的方法。目前有许多针对机器学习算法特性而设计的执行框架，如 TensorFlow，但是这些框架更多地运行在计算中心，不能直接应用于智能设备。在云计算中心，算法框架更多地执行模型训练任务，输入的是大规模的数据集，关注训练速度、收敛性、框架的可扩展性等。智能设备更多地执行预测推理任务，输入的是实时的小规模数据，由于智能设备计算资源和存储资源的相对受限性，更关注算法执行框架推理时的速度、内存占用量和能效。

为了更好地支持智能设备执行推理任务，2017 年，Google 发布了适用于移动设备和嵌入式设备的轻量级计算框架 TensorFlow Lite，如图 9.34 所示，通过优化应用程序的内核、预习激活和量化内核等方法来减少推理任务的执行时间和内存占有量。TensorFlow Lite 帮助用户在多种设备上运行 TensorFlow 模型。TensorFlow Lite 提供了转换 TensorFlow 模型，并在移动端（Mobile）、嵌入式（Embeded）和物联网（IoT）设备上运行 TensorFlow 模型所需的所有工具。

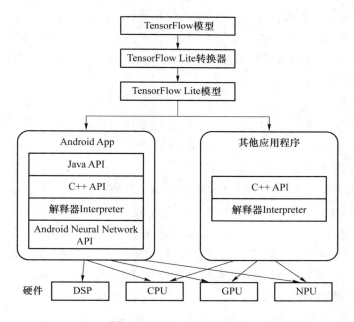

图 9.34　TensorFlow Lite

TensorFlow Lite 转换器（Converter）是一个将训练好的 TensorFlow 模型转换成 TensorFlow Lite 格式的工具。转换模型减小了模型文件大小，并引入了不影响准确性（Accuracy）的优化措施（Optimizations）。开发人员可以在进行一些取舍的情况下，选择进一步减小模型文件大小，并提高执行速度。

转换器以 Python API 的形式提供。下面的代码说明了将一个 TensorFlow SavedModel

转换成 TensorFlow Lite 格式的过程：

```
import tensorflow as tf
    converter = tf.lite.TFLiteConverter.from_saved_model(saved_model_dir)
    tflite_model = converter.convert()
    open("converted_model.tflite", "wb").write(tflite_model)
```

TensorFlow Lite 解释器(Interpreter)是一个库(Library)，它接收一个模型文件(Model File)，执行模型文件在输入数据(Input Data)上定义的运算符(Operations)，并提供对输出(Output)的访问。该解释器(Interpreter)适用于多个平台，提供了一个简单的 API，用于从 Java、Swift、Objective-C、C++ 和 Python 运行 TensorFlow Lite 模型。

（3）模型压缩。相较于计算机集群或者深度学习服务器，智能设备可以使用的资源可以说十分有限。所以对于深度学习的研究，一方面是科研人员不断寻求更为强大、也更为复杂的网络模型，另一方面是工程人员需要将现有的模型部署到实际硬件和应用场景中，在保证算法性能的同时还要满足实时性的要求、计算资源的限制。所以工程实践面临的首要问题就是模型压缩。

训练好的深度神经网络模型参数众多，在部署到智能设备进行推理之前可以采用一些方法进行模型压缩。

目前很多网络都具有模块化设计，在深度和宽度上都很大，也造成了参数的冗余，设计更加精细的模型，在保证性能的情况下，尝试缩小模型的尺寸是必要的。

如果在训练的过程中，对权重参数进行诱导，使其稀疏化，减少权重参数的个数，也是模型压缩的一个办法。对于已训练好的网络模型，可以寻找一种有效的评判手段，将不重要的连接或者滤波器进行裁剪，可以减少模型的冗余。

Song Han 等人的论文 *Deep Compression* 通过剪枝、量化、编码三个步骤的压缩过程，可以在保证模型准确率的情况下，达到 38～49 倍的模型压缩效果。下面对权重量化进行介绍。

在深度神经网络训练时，常使用 32 bit 浮点数(FP32)保存权重参数，每个参数的存储要占用 4 Byte 内存。

Deep Compression
原文

内存的工作模型如图 9.35 所示，通常按字节编址组织存储器。每个存储单元有一个唯一的地址，可以存放 8 bit 二进制数据。图 9.35 中，"20002000H"是用十六进制数表示的 32 bit 地址，存储单元中的"10000101"是用二进制数表示的在存储器中存放的内容，可以是 8 bit 数据，也可能是程序指令。如果要存储一个 16 bit 二进制数，有两种存储格式：小端模式会把低字节存放在低地址，例如图 9.35 所示的情况，内存中如果是一个 16 bit 二进制数，读出来为"0010111110000101"；大端模式则会把高字节存放在低地址，图 9.35 中存储的 16 bit 二进制数，读出来为"1000010100101111"。不同的 CPU 可能采用不同模式访问内存。

计算机中的数据往往带有符号，而且通常含有小数，用浮点数表示，如图 9.36 所示。阶码为整数，常用补码表示；尾数为原码表示的纯小数。尾数和阶码均为带符号数。尾数的符号表示数的正负；阶符表示阶码的正负。

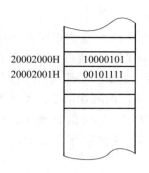

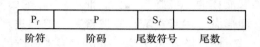

图 9.35　内存的工作模型　　　　　　图 9.36　浮点数的表示方法

浮点数的格式、字长因机器而异。FP32 表示字长为 32 bit，即 4 Byte。

在智能设备中，其内存有限，所以希望把 4 Byte 表示的数据存储成 1 Byte。假设采用线性量化，如图 9.37 所示，把 FP32 映射成 8 bit 整数（INT8），那么每个参数的存储只占用 1 Byte 内存。

图 9.37　量化

① 找到 FP32 表示的权重参数中的最大值 max 和最小值 min。

② 把（max-min）的范围等分成 256 份。

③ 计算出把 INT8 换算回 FP32 的比例因子，（max-min）/256。例如图 9.37 中 FP32 表示的原始范围是 0～1，INT8 的数值范围是 0～255，那么比例因子是 1/256。

④ 把 FP32 表示的权重参数，按照对应区间换算成 INT8。在智能设备中，一个权重参数只保存 1 Byte。

⑤ 在推理计算时，把保存的权重参数乘以比例因子，仍然可以使用 FP32 进行计算。

事实上，目前许多推理框架已经采用了权重量化方法进行模型优化，比如 TensorFlow Lite。并且，在 AI 加速器硬件设计中，也采用了类似思路。

9.6　未　来　展　望

未来人工智能计算技术的发展趋势：

（1）随着人工智能技术在各行各业的深入应用，定制化硬件能够针对特定类型的人工智能工作负载进行优化，比如为图像处理、语音识别或自然语言处理等任务设计专业芯片。这种趋势要求硬件制造商与人工智能开发者紧密合作，共同推动硬件计算的发展。

（2）随着人工智能应用对计算能力需求的多样化，异构计算平台，即集成了不同类型的处理器如 CPU、GPU、FPGA 和 ASIC 的系统，正变得越来越重要。异构计算平台需要不同任务的需求动态分配计算资源，从而提高整体的计算效率。

（3）量子计算作为一种新兴的计算范式，它利用量子力学的原理来增强计算能力，可以加速机器学习算法的训练过程。然而量子计算目前仍处于研究和开发的早期阶段，量子算法的设计和量子硬件的稳定性是当前面临的主要挑战。

（4）神经形态计算也被称为类脑计算，是借鉴生物神经系统信息处理模式和结构的计算理论、体系结构、芯片设计以及应用模型与算法的总称。它不同于传统冯·诺依曼存算分离的特性，基于仿生的脉冲神经元实现信息的高效处理，具有低功耗、低延迟、强容错、并行性好等技术优势，在智能机器人、自动驾驶汽车和物联网设备中有广泛的应用前景。类脑智能有望形成兼具生物智能体的环境感知、记忆、推理、学习能力和机器智能体的信息整合、搜索、计算能力的新型智能形态。尽管类脑计算取得了一定的进展，但总体上仍处于起步阶段。类脑芯片需要在材料、器件、电路和算法等多个层面寻求研究的突破。

（5）随着 AI 应用的广泛部署，计算平台的能耗和环境影响日益受到关注。绿色计算强调在不牺牲性能的前提下，通过优化算法和硬件设计来减少能源消耗。

小　结

本章旨在为读者提供人工智能算力技术的基本知识，主要介绍计算机系统的基础知识；计算机集群的类型和工作过程；深度学习服务器的组成及 GPU 的工作原理；云-边-端协同工作模式以及各个组成部分。以使读者了解各种计算平台在人工智能应用中的作用，理解计算机软、硬件都是通过划分功能模块，再组成一个有机整体进行协同工作的机制。

思 考 题

9-1　如何理解 CPU 在计算机系统中的地位？如何理解计算机系统在人工智能中的地位？

9-2　为什么需要并行计算？并行计算有哪些类型？

9-3　在各种分布式集群系统中，为什么需要软件模块化？

9-4　深度学习服务器为什么需要用 GPU？深度学习服务器还需要用 CPU 吗？为什么？

9-5　CUDA 是如何实现软硬件配合工作的？TensorFlow 是如何实现软硬件配合工作的？

9-6　云计算中心可以使用深度学习服务器吗？为什么？

9-7　边缘计算有哪些典型模型？在云-边-端协同计算中可以跳过边缘计算，由设备端与云计算直接配合工作吗？为什么？

9-8　智能硬件的计算和存储能力有限，深度学习算法需要进行模型压缩、裁剪才能在智能硬件上适用，具体有些什么做法请举例说明。

9-9　训练大模型为什么需要消耗大量算力？

参 考 文 献

[1] MIKOLOV，TOMAS，et al. Efficient Estimation of Word Representations in Vector Space[D]. International Conference on Learning Representations，2013.

[2] BENGIO Y，DUCHARME R，VINCENT P. A neural probabilistic language model [J]. Advances in neural information processing systems，2000，13.

[3] DEVLIN J，CHANG M W，LEE K，et al. BERT：Pre-training of Deep Bidirectional Transformers for Language Understanding[C]//Proceedings of the 2019 Conference of the North American Chapter of the Association for Computational Linguistics：Human Language Technologies，Volume 1 (Long and Short Papers)，2019：4171-4186.

[4] VASWANI A，SHAZEER N，PARMAR N，et al. Attention is all you need[J]. Advances in neural information processing systems，2017，30.

[5] PETERS M E，NEUMANN M，IYYER M，et al. "Deep contextualized word representations," in Proc. Conf[D]. North American Chapter of the Association for Computational Linguistics，New Orleans，USA，2018，2227-2237.

[6] SHANAHAN M. Talking about large language models[J]. Communications of the ACM，2024，67(2)：68-79.

[7] CHANG Y，WANG X，WANG J，et al. A survey on evaluation of large language models[J]. ACM Transactions on Intelligent Systems and Technology，2024，15(3)：1-45.

[8] WEI J，TAY Y，BOMMASANI R，et al. Emergent Abilities of Large Language Models[J]. Transactions on Machine Learning Research，2022.

[9] LECUN Y，BENGIO Y，HINTON G. Deep learning[J]. nature，2015，521(7553)：436-444.

[10] KRIZHEVSKY A，SUTSKEVER I，HINTON G E. Imagenet classification with deep convolutional neural networks[J]. Advances in neural information processing systems，2012，25：1097-1105.

[11] HE K，ZHANG X，REN S，et al. Deep residual learning for image recognition[D]. IEEE conference on computer vision and pattern recognition，2016：770-778.

[12] DENG J，GUO J，XUE N，et al. Arcface：Additive angular margin loss for deep face recognition[D]. Proceedings of the IEEE/CVF Conference on Computer Vision and Pattern Recognition，2019：4690-4699.

[13] HOWARD A G，ZHU M，CHEN B，et al. Mobilenets：Efficient convolutional

neural networks for mobile vision applications[J]. arXiv preprint arXiv:1704.04861，2017.

[14] HUANG G B，RAMESH M，BERG T，et al. Labeled faces in the wild：A database for studying face recognition in unconstrained environments[D]. Technical Report 07-49，Amherst[D]. University of Massachusetts，2007.

[15] ZHENG T，DENG W. Cross-pose lfw：A database for studying cross-pose face recognition in unconstrained environments[J]. Beijing University of Posts and Telecommunications，Tech. Rep，2018，5：7.

[16] ZHONG Y，DENG W. Towards transferable adversarial attack against deep face recognition[J]. IEEE Transactions on Information Forensics and Security，2020，16：1452-1466.

[17] WANG M，DENG W. Mitigating bias in face recognition using skewness-aware reinforcement learning[D]. Proceedings of the IEEE/CVF Conference on Computer Vision and Pattern Recognition. 2020：9322-9331.

[18] ZE LIU，YUTONG LIN，YUE CAO，et al. Swin Transformer：Hierarchical Vision Transformer using Shifted Windows[D]. 2021 IEEE/CVF International Conference on Computer Vision（ICCV）

[19] Mostafa Dehghani，Josip Djolonga，Basil Mustafa，at al. Scaling Vision Transformers to 22 Billion Parameters[D]. Proceedings of the 40th International Conference on Machine Learning，PMLR 202：7480-7512，2023.

[20] 赵力. 语音信号处理[M]. 北京：机械工业出版社，2016.

[21] 俞栋，邓力. 解析深度学习：语音识别实践[M]. 北京：电子工业出版社，2016.

[22] 洪青阳，李琳. 语音识别：原理与应用[M]. 北京：电子工业出版社，2020.

[23] 周志华. 机器学习[M]. 北京：清华大学出版社，2016.

[24] BISHOP C M. Pattern Recognition and Machine Learning[M]. Berlin：Springer-Verlag，2006.

[25] 山下隆义. 图解深度学习[M]. 张弥，译. 北京：人民邮电出版社，2018.

[26] GÉRON A. Hands-on machine learning with Scikit-Learn，Keras，and TensorFlow：Concepts，tools，and techniques to build intelligent systems[M]. Sevastopol：O'Reilly Media，2019.

[27] RADFORD A，METZ L，CHINTALA S. Unsupervised representation learning with deep convolutional generative adversarial networks[J]. arXiv preprint arXiv:1511.06434，2015.

[28] ISOLA P，ZHU J Y，ZHOU T，et al. Image-to-image translation with conditional adversarial networks[C]//Proceedings of the IEEE conference on computer vision and pattern recognition，2017：1125-1134.

[29] KIRILLOV，ALEXANDER，et al. Segment anything[D]. Proceedings of the IEEE/CVF International Conference on Computer Vision，2023.

[30] ZHAO W X，ZHOU K，LI J，et al. A survey of large language models[J]. arXiv preprint arXiv:2303，18223，2023.

［31］ WEI J，WANG X，SCHUURMANS D，et al. Chain-of-thought prompting elicits reasoning in large language models［J］. Advances in neural information processing systems，2022，35：24824-24837.

［32］ HU E J，SHEN Y，WALLIS P，et al. Lora：Low-rank adaptation of large language models［J］. arXiv preprint arXiv：2106，09685，2021.

［33］ KOJIMA T，GU S S，REID M，et al. Large language models are zero-shot reasoners ［J］. Advances in neural information processing systems，2022，35：22199-22213.

［34］ WEI J，TAY Y，BOMMASANI R，et al. Emergent abilities of large language models ［J］. arXiv preprint arXiv：2206，07682，2022.